跨境电子商务实务

（第 2 版）

主　编　许　辉　张　军

副主编　李明芳　查林涛

参　编　陈静红　陆亚文　韦全方

主　审　胡坚达

北京理工大学出版社

BEIJING INSTITUTE OF TECHNOLOGY PRESS

内 容 简 介

在经济全球化不断加深和传统贸易发展受阻的今天，互联网的快速发展促使传统对外贸易模式开始转型，跨境电商正成长为推动中国外贸增长的新动力。本书引入大量企业真实案例，根据跨境电商业务工作流程，分为八项内容，分别为认识跨境电子商务、开通店铺、跨境电商选品、跨境物流、产品定价与发布、推广与营销、出货与客户服务、跨境电子商务进口。本书既可作为高等职业院校跨境电商、国际贸易、电子商务等相关专业的教材，也可供跨境电商从业人员学习与参考。

图书在版编目（CIP）数据

跨境电子商务实务 / 许辉，张军主编. -- 2 版.
北京：北京理工大学出版社，2025. 2.
ISBN 978-7-5763-4341-0

Ⅰ. F713. 36

中国国家版本馆 CIP 数据核字第 2024R553F4 号

责任编辑：武丽娟　　**文案编辑**：武丽娟
责任校对：刘亚男　　**责任印制**：施胜娟

出版发行 / 北京理工大学出版社有限责任公司
社　　址 / 北京市丰台区四合庄路 6 号
邮　　编 / 100070
电　　话 /（010）68914026（教材售后服务热线）
（010）63726648（课件资源服务热线）
网　　址 / http://www.bitpress.com.cn

版 印 次 / 2025 年 2 月第 2 版第 1 次印刷
印　　刷 / 唐山富达印务有限公司
开　　本 / 787 mm×1092 mm　1/16
印　　张 / 15
字　　数 / 355 千字
定　　价 / 80. 00 元

序 言

创建于2015年6月的宁波市电子商务学院，是由宁波市教育局和宁波市商务委员会授权浙江工商职业技术学院牵头组建的一所集电子商务人才培养培训平台、电子商务创业孵化平台、电子商务协同创新平台、电子商务服务与政策咨询为一体的特色示范学院。学院主要依托各级政府、电商产业园、行业协会、电商企业，探索“入园办学”和“引企入校”的模式，发挥教学育人、服务企业和公共平台等功能，充分体现了产教融合、校企合作的办学理念。

浙江工商职业技术学院正是秉承了产教融合、服务地方经济建设的办学理念，将电子商务、国际贸易（跨境电商）、市场营销等多个专业的教学与实训置于电商产业园区之中，形成了颇具特色的产教园教学模式。这种“入园办学”的模式对教师的专业知识与能力来说无疑是个十分严峻的挑战，而应对挑战的唯一路径就是教师深入企业，参与企业运营与管理，甚至自主创业。经过多年努力，成果是斐然的。电子商务学院的张军老师2013年年初作为指导教师参与浙江慈溪崇寿跨境电子商务产教园项目的运作，至今已成为浙江盈世控股公司的创始人之一，该公司营业额达20亿元，员工1 200人。目前，该公司名下的电商生态园为学校提供一流的学习与实践基地。周锡飞老师获得了全国教师技能竞赛一等奖；许辉老师成为全国知名的电商培训师；蔡简建老师指导学生参加比赛，获得浙江省职业院校“挑战杯”创新创业竞赛一等奖两项、全国高职高专大学生管理创意大赛金奖。更多的教师则是兼任了企业电子商务运营总监、项目负责人等，他们在产教园中成功地孵化多个学生创业团队，其中“飞凡电商”2018年销售额达3亿元之多。

“师者，所以传道授业解惑也”。将自主创业或者参与企业运作、指导学生实战的教学经验与理论形成书面文字，编写成教材，必受益于广大读者，善莫大焉。基于此，浙江工商职业技术学院与北京理工大学出版社共同策划了这套产教融合电子商务系列教材。教材专委会聘请富有创业实践经验的企业家和富有教学经验的专业教师共同开发编写教材，邀请资深电子商务职业教育专家担任教材主审，最大限度地保证教材的先进性与实用性，充分体现产教融合的理念。专委会希望本套教材会对广大同行与学生起到有益的作用。

习近平总书记在党的十九大报告中指出的“完善职业教育和培训体系，深化产教融合、校企合作”，为高职教育在新时代推进内涵建设和创新发展进一步指明了方向。国务院办公厅印发的《关于深化产教融合的若干意见》指出，“深化产教融合，促进教育链、人才链与产业链、创新链有机衔接，是当前推进人力资源供给侧结构性改革的迫切要求，对新形势下全面提高教育质量、扩大就业创业、推进经济转型升级、培育经济发展新动能具有重要意义。”因此，对高职院校而言，必须与行业企业开展深度合作，提高人才培养质量，才能提升学校在地方经济社会发展中的参与度和贡献率。浙江工商职业技术学院的电子商务类专业正是沿着这一正确的道路在前行。

产教融合电子商务系列教材专家委员会

前言

党的二十大报告中提出，未来我国将“加快构建新发展格局，着力推动高质量发展”，推进高水平对外开放，加快建设贸易强国。具体做法是稳步扩大规则、规制、管理、标准等制度型开放；营造市场化、法治化、国际化一流营商环境；推动共建“一带一路”高质量发展；有序推进人民币国际化；深度参与全球产业分工和合作，维护多元稳定的国际经济格局和经贸关系等。这为我国跨境电商行业迎来了新发展、新机会、新利好。以“产教融合”为契机，加快构建国际贸易和跨境电商产教融合人才生态链，从产业需求出发，将教育与区域经济发展、企业需求、产业转型升级相融合是职业教育发展的重要路径。跨境电商是一种数字经济，数字经济时代下许多外贸企业和电商企业都寻求向跨境电商方向进行转型，但由于跨境电商平台较多、跨境贸易涉猎较广、相关理论体系不完善、平台规则和跨境物流变化快等问题，高质量的跨境电商教材一直比较缺乏，在这种情况下，编写组分析了现行主流的跨境平台，根据最新行业情况抽象跨境电商业务流程并打造为教学项目形成了本教材的主体框架，按跨境电商课程标准编写了本教材。

教材中穿插了许多与教学内容相关联的【学习目标】【项目引例】【项目导图】【任务】【资源链接】【习题】【技能拓展】【德育园地】【项目评价】等模块，便于学生阅读和教师使用。本教材经过精心策划和编写，形成了以下特色：

一、任务设计导图引导构建项目化教材

在每个项目的前部加入了项目导图，让读者对本章内容的逻辑结构一目了然，同时突出任务导向，以初入跨境电商行业员工的视角阐述所遇到的问题，章节内容随之展开。

二、利用信息化手段打造新形态教材

本教材以习近平新时代中国特色社会主义思想为指导，贯彻落实党的二十大精神，选取符合专业方向的适当案例和拓展资料，结合现在线上教育的趋势，利用信息化手段，把一些内容以二维码的形式加入教材中，同学们用扫一扫即可观看和阅读扩展的内容。教师亦可加入在线开放课程教师团队，利用在线开放课程辅助教学。

三、跨境企业真实案例引入体现产教融合

此次编写团队中加入了具有丰富实践经验的跨境企业一线从业人员，加入了大量的企业真实案例，以增强本书内容的实用性。作者团队由高校教师与跨境电商企业人员共同构成，其中高校主编是跨境电子商务方向的负责人；企业主编是宁波跨境电商龙头企业经理，精通跨境电商多平台运营；参编教师全部为双师型骨干教师。

四、课程思政因素融入内容，推进立德树人

通过跨境电商的学习，让学生了解到我国跨境产品货出全球的良好势头，结合“一带一路”倡议，培养学生的民族自豪感和文化自信；通过实践操作，培养学生诚实守信的品质和遵守规则的意识，为日后参与国际竞争打下基础。以立德树人为根本任务，深化产教融合，促进教育链、人才链与产业链有机结合。

本教材由浙江工商职业技术学院许辉、浙江工商职业技术学院讲师兼浙江盈世控股股份公司董事张军任主编，浙江工商职业技术学院李明芳、皖西学院查林涛任副主编。浙江工商职业技术学院陈静红，杭州科技职业技术学院陆亚文，宁波正熙跨境电子商务有限公司总经理韦全方参与编写，并提供了大量企业真实业务素材。项目一、项目五、项目六由许辉编写，项目二、项目三由李明芳编写，项目四由陈静红、韦全方编写，项目七由查林涛编写，项目八由陆亚文编写。许辉进行了全书统稿。

本教材在编写过程中得到了北京理工大学出版社姚朝晖先生的热情帮助，得到了浙江盈世控股股份公司、宁波正熙跨境电子商务有限公司、宁波达文西网络科技有限公司、宁波思动电子商务有限公司等跨境电商龙头企业的大力支持，谨表感谢。

由于跨境电子商务发展迅速，企业跨境电子商务模式和做法日新月异，这给教材的编写者带来了比较大的挑战，也就难免在教材编写过程中存在纰漏与不足之处，敬请批评指正。

编者

目 录

项目一

认识跨境电子商务

学习目标

知识目标

了解我国跨境电商行业发展的现状、特点及趋势

了解跨境电商产业生态

掌握跨境电商行业相关概念和分类

掌握不同跨境电商平台的特点

技能目标

能运用信息化手段搜索和记录跨境电商行业发展情况

能解析跨境电商产业生态的各主体及其职能

能及时获取和分析我国跨境电商产业的最新政策

素养目标

通过行业分析养成关心时事的习惯

通过货出全球建立大国情怀和民族复兴自信

树立远大的职业理想

教学重点

跨境电商行业发展现状、概念、分类、产业生态

教学难点

学会获取跨境电商相关政策、业务信息

【项目导图】

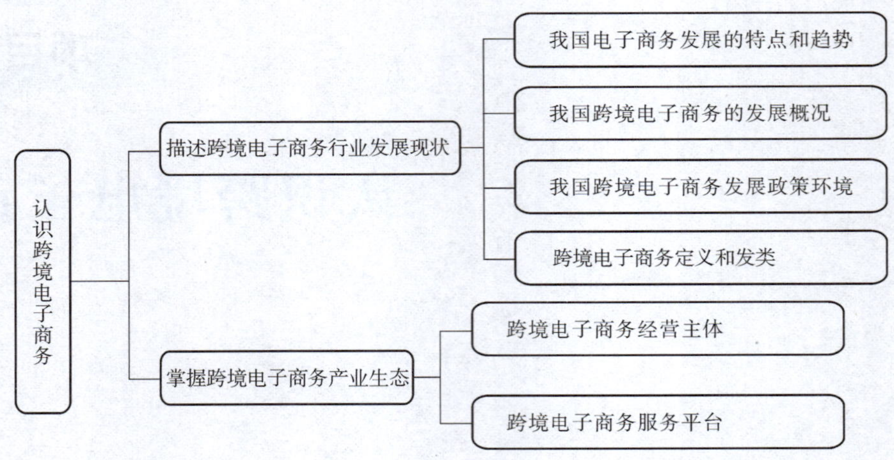

项目引例

驰骋“一带一路”，跨境电商勇攀高峰

海关总署发布的数据显示，2023 年中国跨境电商进出口额达 2.38 万亿元，增长 15.6%。其中，出口 1.83 万亿元，增长 19.6%；进口 5 483 亿元，增长 3.9%。

中国跨境电商进出口额迅猛增长的背后，是“一带一路”共建国家市场释放出的巨大潜力。近日，全球支付平台 PingPong 发布的《2023 跨境市场洞察报告》（以下简称《报告》）指出，“一带一路”共建国家已成为全球贸易的重要区域市场。截至 2023 年 12 月 12 日，经该平台跨境电商出口的交易结算规模增长显著的国家中，泰国、墨西哥等共建国家表现亮眼，2023 年分别比 2022 年增长 216%、144%。此外，《报告》还显示，同属共建国家的印尼、波兰、菲律宾的跨境电商出口交易规模 2023 年以来的增幅也相当可观，分别比 2022 年增长 214%、107%、103%。

大潜力也让共建国家跻身为中国跨境电商企业的“出海”新选择。2023 年以来，一个专门面向阿拉伯国家的跨境电商数字贸易平台——阿小贝，悄然在阿拉伯国家的消费者中走红。该平台依托中国优质的供应链基础，采用“电商+社交媒体+本地网红”的营销模式，在社交平台上传播潮流资讯、开展线上活动、拓展客户资源，旨在通过“网上丝绸之路”将更多海外订单引进中国，把中国好货推向海外。

据了解，该平台由宁夏银川综合保税区跨境电商产业孵化基地负责人杨万龙和他的团队研发搭建运营。杨万龙是一家年销售额超 2 000 万元的跨境电商企业的负责人，目前他的“卖全球”业务已覆盖欧洲、北美洲、拉丁美洲等的数十个国家和地区；销售产品千余种，既有宁夏当地特产，也有其他省区的轻工业产品。

由于十分看好共建“一带一路”带来的发展机遇，特别是在第五届中国—阿拉伯国家博览会上看到了阿拉伯市场的巨大潜力，杨万龙萌生了把中国好物卖到阿拉伯国家的想法。在后续两年时间里，他和团队打造了阿小贝平台。在 2023 年 9 月举行的第六届中国—阿拉伯国家博览会跨境电商展暨跨境电商创新发展大会上，阿小贝迎来了新一轮发展机遇，其义乌运营服务中心暨银川跨境电商义乌中转仓项目在现场完成签约，预计将迎来更加广阔的发展前景。

除了面向“一带一路”共建国家搭建专属的跨境电商平台外，中国企业还在海外仓建设方面进行一系列探索，有效打通了跨境电商进入共建国家市场的“最后一公里”。

智诚环球跨境电商产业园董事长吴瑕从事海外仓业务多年。截至目前，她已在美国、加拿大、德国等 11 个国家设立 32 万平方米的海外仓，为国内 2 986 家外贸企业提供仓储、配送、售后等服务，业务遍及全球 18 个国家和地区。与此同时，她将目光投向了“一带一路”共建国家。

“我们目前在‘一带一路’共建国家设立的海外仓数量占公司海外仓总量的 20%左右。”吴瑕表示，通过 2023 年 5 月在西安举行的中国—中亚峰会，她看到了中亚市场的广阔机遇。借此契机，企业将乘着东风，加快在“一带一路”共建国家布局海外仓，让“中国制造”远销全球。

实际上，吴瑕的新选择是许多中国跨境电商企业的共同选择。近年来，一个个海外仓如雨后春笋般出现在共建国家。以“跨境电商之都”深圳市为例，数据显示，截至 2023 年 11 月，深圳企业建设运营的海外仓面积超过 380 万平方米，比 2022 年新增约 100 万平方米。其中在“一带一路”共建国家建设运营海外仓面积近 60 万平方米，特别是在东南亚、中东等地区增长较快。

在企业积极出海的同时，政策的春风也为其提供助力。在第三届“一带一路”国际合作高峰论坛开幕式上，中国提出支持高质量共建“一带一路”的八项行动，其中就包括创建“丝路电商”合作先行区。中央经济工作会议也提出，要加快培育外贸新动能，巩固外贸外资基本盘，拓展中间品贸易、服务贸易、数字贸易、跨境电商出口。

与此同时，商务部等部门也将以务实举措支持跨境电商高质量发展。商务部外贸司司长李兴乾在接受媒体采访时表示，围绕扩大跨境电商出口，商务部将“支持综试区、行业组织和企业等积极参与‘丝路电商’‘一带一路’经贸合作”。

任务一　描述跨境电子商务现状

【任务描述】：获取信息，描述现状

【相关知识】

一、我国电子商务发展的特点和趋势

近年来，我国跨境电商业务快速发展，尤其是疫情下成为稳外贸的重要力量，其发展模式包括 B2B、B2C 和 C2C 三种。我国跨境电子商务发展呈现了以下特征：

第一，从事跨境电商贸易的企业持续增加，外贸企业梯队基本形成。

2014 年以来我国跨境外贸企业数量不断增长，从市场主体构成来看，截至 2019 年年末，40%的跨境电商外贸企业年销售额在 500 万美元以上，24.7%的企业销售额在 50 万美元以下，19.8%的跨境电商卖家出口额在 50 万～100 万美元，10%的企业年销售额在 1 亿美元以上。这表明除了存在大量中小卖家外，头部、中部的外贸企业梯队已基本形成。

第二，出口跨境电商贸易市场趋向多元化。

跨境电商市场规模快速增长，从2014年的4.2万亿元增长到2019年的10.5万亿元，同时市场结构更加优化。一是与传统外贸市场相似，跨境电商贸易市场主要为北美、欧洲和东南亚，50%以上从事跨境电商业务的企业开通了欧美业务。二是“一带一路”沿线的跨境电商贸易增长较快。在发达国家保护主义抬头和推动再工业化、“一带一路”建设持续推进等背景下，外贸企业利用跨境电商平台的优势，积极开拓“一带一路”沿线国家和新兴市场，带动我国跨境电商出口在中东欧、俄罗斯、拉丁美洲等市场的布局增加。截至2019年，我国与乌兹别克斯坦等22个国家建立了双边电子商务合作机制，2019年与合作国家的跨境电商进出口额达245.7亿元，同比增长87.9%，其中我国出口额增加143.6亿元，同比增长207.1%。

第三，跨境电商交易中，外贸企业更加重视产业升级和品牌建设。

根据艾瑞咨询研究院的统计，中国全球化50强企业的品牌吸引力在2019年实现了15%的增长，2020年继续创造出了8%的增长。同时东南亚电商平台Shopee公布的数据显示，2019年“双11”来自中国卖家的产品销量超过2018年同期的10倍，当天售出超过8 000万件商品。在户外运动、家居用品和电子产品领域，已经有多个中国知名品牌实现出海，国际品牌形象进一步提升。这主要是由于跨境电商交易使企业面对更广泛的销售市场和激烈的竞争，推动外贸企业升级产品和加强品牌建设。

第四，“一带一路”、RCEP协定和数字技术发展下，跨境电商业务发展前景广阔。

展望未来，推动跨境电商发展的积极因素较多，预计跨境电商业务将保持高增长，继续作为稳定外贸的重要力量。一是RCEP和“一带一路”持续推进，利好我国跨境电商出口增长。RCEP协定生效后，参与国之间90%的货物贸易将实现零关税，这将大幅降低跨境出口成本。同时RCEP协定有利于中国在产业链上游巩固与东南亚一体化发展的趋势，促进国内产业链向高技术含量升级。同时，共建“一带一路”倡议下，中国商务部已与越南、新西兰、巴西、意大利等20多个国家签署了电子商务合作备忘录，并建立长效双边电子商务合作机制。二是大数据、物联网技术快速发展，助力跨境电商业务增长。物联网、智慧仓储等技术逐步与跨境电商企业的研发生产、物流配送、精准营销等环节相融合，并实现对跨境物流运输、仓储的可视化管理，提高平台交易撮合效率。总的来看，RCEP、“一带一路”和技术进步将促进跨境电商在未来实现高增长。

我国电子商务的蓬勃发展，离不开党中央、全国人大、国务院的高度重视，离不开各部门、各地方的协同推进，离不开广大市场主体的积极实践。展望未来，随着“互联网+”和数字经济的深入推进，我国电子商务还将迎来新机遇。新一轮科技革命为电子商务创造了新场景，新一轮全球化为电子商务发展创造了新需求，经济与社会结构变革为电子商务拓展了新空间，我国电子商务将步入规模持续增长、结构不断优化、活力持续增强的新发展阶段。总体来看，我国电子商务将呈现服务化、多元化、国际化、规范化的发展趋势。

一是线上线下深度融合，电子商务转变为新型服务资源。未来围绕消费升级和民生服务，电子商务的服务属性将更加明显。电商数据、电商信用、电商物流、电商金融、电商人才等电子商务领域的资源将在服务传统产业发展中发挥越来越重要的作用，成为新经济的生产要素和基础设施。以信息技术为支撑、以数据资源为驱动、以精准化服务为特征的新农业、新工业、新服务业将加快形成。

二是网络零售提质升级，电子商务发展呈现多元化趋势。随着人民生活水平的提升和新一代消费群体成长为社会主要消费人群，消费者将从追求价格低廉向追求产品安全、品质保障、个性需求及购物体验转变。社交电商、内容电商、品质电商、C2B 电商将成为市场热点，新技术应用更快，电子商务模式、业态、产品、服务将更加丰富多元。

三是“丝路电商”蓄势待发，电子商务加快国际化步伐。“一带一路”高峰论坛的成功召开进一步促进了沿线国家的政策沟通、设施联通、贸易畅通、资金融通、民心相通，为电子商务企业拓展海外业务创造了更好的环境和发展空间。商务部会同发展改革委、外交部等围绕“一带一路”倡议，加强与沿线国家合作，深入推进多层次合作和规则制定，推动“丝路电商”发展，服务跨境电商企业开拓新市场。

四是治理环境不断优化，电子商务加快规范化发展。电子商务相关政策法律陆续出台，“通过创新监管方式规范发展，加快建立开放公平诚信的电子商务市场秩序”已形成共识和政策合力。发展改革委、中央网信办、商务部等 32 个部门建立了电子商务发展部际综合协调工作组，为加强电子商务治理提供了组织保障。电子商务企业成立“反炒信联盟”等自律组织，不断强化内部管理，促进电商生态规范可持续发展。

二、我国跨境电子商务的发展概况

跨境电商与二十大

（一）中国跨境电商行业快速发展

在经济全球化的情况下，跨境电商已成为当今社会经济贸易不可或缺的经济模式，据统计，2020 年中国跨境电商市场规模达 12.5 万亿元，同比增长 19.04%。图 1-1 为跨境电商行业交易规模及其增长率数据图。

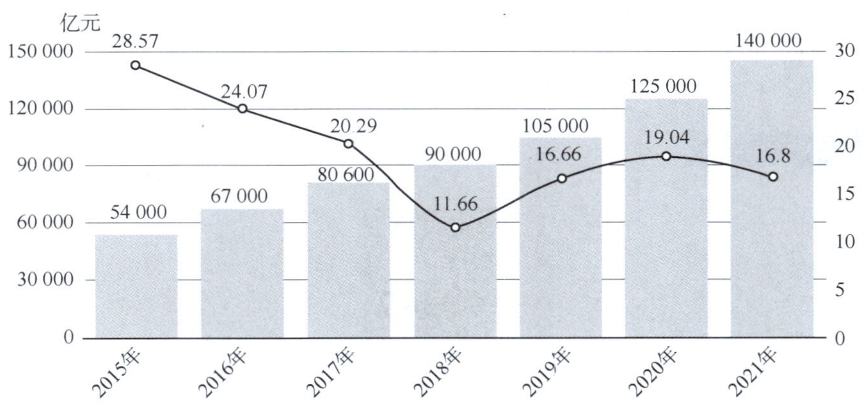

图 1-1　跨境电商行业交易规模及其增长率数据图

在跨境电商进出口结构上，2020 年中国跨境电商的进出口结构上出口占比达到 77.6%，进口达到 22.4%。行业加速发展有多方因素，包括：政策加持、外贸加快转型、电商需求增长等。跨境电商模式结构上，2020 年中国跨境电商的交易模式中跨境电商 B2B 交易占比达 77.3%，跨境电商 B2C 交易占比 22.7%。2020 年，B 端线上销售与采购习惯加速养成，大量B端商家将销售行为转到线上，以无接触采购来满足下游买家的采购需求，带动B2B电商平台上游供应商与下游用户规模的基数增长。从推动国民经济“双循环”的大背景来看，具备联通内外作用的跨境电商，未来将大有可为。

国货出海的背后离不开物流企业的持续出海和建设，助力中国品牌、中国制造不断直接触达海外消费者。2021年11月月初，在杭州跨境电子商务综合试验区，海关工作人员正在对一批出口跨境电商包裹进行过机查验。完成查验后，这批货物将被运到杭州萧山机场，搭乘跨境电商货运航班直飞欧洲。顺丰国际开通了包括中国至美洲、欧洲以及南亚和东南亚等地区在内的国际全货机航线30条；物流平台菜鸟也启动了比利时列日eHub（智慧物流枢纽），服务进出口双向贸易；百世已在美国、日本、英国、法国等11个海外国家开展业务。据海关总署统计，2021年上半年跨境电商进出口额达8 867亿元，同比增长28.6%，其中，出口6 036亿元，增长44.1%。

（二）中国跨境电商区域情况

由上海社会科学院课题组编著的跨境出口电商行业指数显示，2019—2020年中国各省跨境电子商务出口发展指数综合得分中，广东、浙江、江苏位列前三。该指数反映了中国各省跨境电商出口现状和水平，并对其发展潜力、产业竞争力、基础设施建设水平进行了评估分析。

（三）中国跨境电商服务体系

大额跨境电商贸易主要集中在B2B交易中。为适应跨境电商发展，互联网金融、供应链金融等服务业态蓬勃发展。目前企业可以通过第三方支付平台完成小额外汇结汇，在小额结汇方面常见的方式有以下几个：①集中报关结汇。②利用第三方支付平台结汇。③海外账户。

跨境电商采用的发货模式主要有海外直邮模式和保税仓发货模式两种，对应着保税仓+国内物流和自建跨境物流+国内物流两种物流模式。据中国国家邮政局统计，2018年上半年，国际/港澳台快递业务量和业务收入分别为5.2亿件和289.7亿元，同比分别增长43.1%和20.3%。

【德育园地】

潮玩“出海”彰显文化自信

通关便利化程度大幅提升。据世界银行统计，中国跨境贸易环境在全球的排名从2017年的97位上升到2018年的65位。与2016年相比，中国出口单证合规时间从21.2小时降至8.6小时；出口单证合规成本从84.6美元降至73.6美元；出口边境合规成本从484.1美元降至314美元；进口单证合规时间从65.7小时降至24小时；进口边境合规时间从92.3小时降至48小时；进口单证合规成本从170.9美元降至122.3美元；进口边境合规成本从745美元降至326美元。

表 1-1 为跨境通关模式对比。

表 1-1　跨境通关模式对比

通关模式	优势	劣势	适合业务	有无海关单据
快件清关	比较灵活、有订单才发货、不需要提前备货	申报品名要求高、物流通关效率低、量大时成本会增加	企业创业初期，业务量少	无
集货清关	无需提前备货，相比快件清关，物流效率更高，成本低	需要在海外完成打包操作，成本高、海外发货物流时间长	业务量迅速增长的企业，每周有多笔订单	有
备货清关	需提前批量备货，国际物流成本低，通关效率高、可及时响应售后服务要求	使用保税仓储成本，备货会占用资金	业务规模较大、业务量稳定的企业	有

海关监管代码与通关方式：

三、我国跨境电子商务发展政策环境

（一）跨境电商行业监管体系

1. 行业主管部门

跨境电子商务行业行政管理部门主要包括工信部、商务部、工商总局、海关总署、国家市场监督管理总局及相应的地方各级管理机构。

（1）工信部负责统筹推进国家信息化工作，组织制定相关政策，促进电信、广播电视和计算机网络融合；统筹规划公用通信网、互联网、专用通信网，依法监督管理电信与信息服务市场，会同有关部门制定电信业务资费政策和标准并监督实施，负责通信资源的分配管理及国际协调，推进电信普遍服务，保障重要通信。

（2）商务部负责推进流通产业结构调整，指导流通企业改革、商贸服务业和社区商业发展，推动流通标准化和连锁经营、商业特许经营、物流配送、电子商务等现代流通方式的发展；拟订规范市场运行、流通秩序的政策，按有关规定对特殊流通行业进行监督管理。

（3）工商总局负责指导广告业发展，负责广告活动的监督管理，以及负责监督管理市场交易行为和网络商品交易及有关服务的行为。

（4）海关总署负责监管进出境运输工具、货物、物品；征收关税和其他税费；查缉走私；编制海关统计和办理其他海关业务。

（5）国家市场监督管理总局负责出入境商品检验、出入境卫生检疫、出入境动植物检疫、进出口食品安全和认证认可、标准化等工作。

2. 行业监管体制

根据2000年9月25日颁布实施的《互联网信息服务管理办法》和2014年1月26日颁布实施的《网络交易管理办法》之规定，国务院信息产业主管部门和省、自治区、直辖市电信管理机构，依法对互联网信息服务实施监督管理；新闻、出版、教育、卫生、药品监督管理、工商行政管理和公安、国家安全、海关总署、国家市场监督管理总局等有关主管部门，在各自职责范围内依法对互联网信息内容、交易商品实施监督管理。

（二）跨境电商行业政策及法规

中国跨境电商政策发展经历了四大阶段：政策起步期、政策发展期、政策爆发期、政策调整期。政策起步期为2004年至2007年，政策发展期为2008年至2012年，政策爆发期从2013年到2016年3月，政策调整期从2016年4月到现在。

其中，《关于实施支持跨境电子商务零售出口有关政策意见的通知》的颁布实施，是国家第一次将跨境电商提高到国家政策扶持的高度；《关于支持外贸稳定增长的若干意见》则首次明确出台跨境电子商务贸易便利化措施；《关于促进跨境电子商务健康快速发展的指导意见》也明确提出跨境电子商务对国家经济发展升级和打造经济新增长点具有积极的推动作用。

表1-2为跨境电商主要政策梳理。

表1-2 跨境电商主要政策梳理

法律法规	发布时间	发布单位	主要内容
《国务院办公厅关于加快发展外贸新业态新模式的意见》	2021年7月9日	国务院办公厅	提出要在全国适用跨境电商B2B直接出口、跨境电商出口海外仓监管模式，便利跨境电商进出口退换货管理，优化跨境电商零售进口商品清单；扩大跨境电商综试区试点范围；到2025年，力争培育100家左右的优秀海外仓企业，并依托海外仓建立覆盖全球、协同发展的新型外贸物流网络
《关于完善跨境电子商务零售进口监管有关工作的通知》	2018年11月28日	商务部、发展改革委、财政部、海关总署、税务总局、市场监督管理总局	明确跨境电商零售进口商品监管的总体原则，在现行15个试点城市基础上，将政策适用范围扩大至北京等22个新批跨境电商综试区城市
《关于实时获取跨境电子商务平台企业支付相关原始数据接入有关事宜的公告》	2018年12月3日	海关总署	自2019年1月1日起，支付相关原始数据的接口文档及接入方式按照《海关跨境电商进口统一版信息化系统平台数据实时获取接口（试行）》；跨境电子商务平台需使用数字签名技术向海关提供数据，并对所提数据承担法律责任

续表

法律法规	发布时间	发布单位	主要内容
《国务院关于印发优化口岸营商环境促进跨境贸易便利化工作方案的通知》	2018 年 10 月 19 日	国务院	简政放权，减少进出口环节审批监管事项；加大改革力度，优化口岸通关流程和作业方式；提升通关效率，提高口岸物流服务效能
《中华人民共和国电子商务法》	2018 年 8 月 31 日	第十三届全国人民代表大会常务委员会第五次会议	为了保障电子商务各方主体的合法权益，规范电子商务行为，维护市场秩序，促进电子商务持续健康发展
国务院《关于同意在北京等 22 个城市设立跨境电子商务综合试验区的批复》	2018 年 7 月 24 日	国务院	同意在北京市、呼和浩特市、沈阳市、长春市、哈尔滨市、南京市、南昌市、武汉市、长沙市、南宁市、海口市、贵阳市、昆明市、西安市、兰州市、厦门市、唐山市、无锡市、威海市、珠海市、东莞市、义乌市等 22 个城市设立跨境电子商务综合试验区
质检总局《关于跨境电商零售进出口检验检疫信息化管理系统数据接入规范的公告》	2017 年 8 月 1 日	质量监督检验检疫总局	免费提供总局版跨电系统清单录入功能；公开总局版跨电系统经营主体（企业）对接报文标准
《关于增列海关监管方式代码的公告》	2016 年 12 月 6 日	海关总署	海关总署新增了“1239”监管代码，全称“保税跨境贸易电子商务 A”，简称“保税电商 A”，适用于境内电子商务企业通过海关特殊监管区或保税物流中心（B 型）一线进境的跨境电子商务零售进口商品
《关于跨境电子商务零售进口税收政策的通知》	2016 年 3 月	财政部、海关总署、税务总局	跨境电子商务零售进口商品按照货物征收关税和进口环节增值税、消费税。跨境电子商务零售进口商品的单次交易限值为人民币 2 000 元，个人年度交易限值为人民币 20 000 元。在限值以内进口的跨境电子商务零售进口商品，关税税率暂设为 0%；进口环节增值税、消费税取消免征税额，暂按法定应纳税额的 70% 征收。超过单次限值、累加后超过个人年度限值的单次交易，以及完税价格超过 2 000 元限值的单个不可分割商品，均按照一般贸易方式全额征税

续表

法律法规	发布时间	发布单位	主要内容
国务院《关于同意在天津等12个城市设立跨境电子商务综合试验区的批复》	2016年1月12日	国务院	同意在天津市、上海市、重庆市、合肥市、郑州市、广州市、成都市、大连市、宁波市、青岛市、深圳市、苏州市等12个城市设立跨境电子商务综合试验区
《关于促进跨境电子商务健康快速发展的指导意见》	2015年6月16日	国务院	聚焦困扰跨境电商发展的深层次障碍，有针对性地提出了关、检、税、汇、金融五个方面的支持措施。营造更加宽松、便利的发展环境，有效促进跨境电子商务这一新兴业态健康快速发展
《关于改进口岸工作支持外贸发展的若干意见》	2015年4月	国务院	支持跨境电子商务综合试验区建设，加快出台促进跨境电子商务健康快速发展的指导意见，支持企业运用跨境电子商务开拓国际市场
《关于同意设立中国（杭州）跨境电子商务综合试验区的批复》	2015年3月12日	国务院	着力在跨境电子商务各环节的技术标准、业务流程、监管模式和信息化建设等方面先行先试，通过制度创新、管理创新、服务创新实现协同发展；试验区主要包括3个产业园区：中国（杭州）跨境电子商务产业园、杭州跨境贸易电子商务产业园（下沙）、杭州空港跨境贸易电子商务产业园（萧山）
2014年第66号（区域通关一体化）	2014年9月	海关总署	在广东地区（广州、深圳、拱北、汕头、黄埔、江门、湛江）海关启动通关一体化改革
2014年第65号（区域通关一体化）	2014年9月	海关总署	在长江经济带（上海、南京、杭州、宁波、合肥、南昌、武汉、长沙、重庆、成都、贵阳、昆明）海关启动通关一体化改革
《关于增列海关监管方式代码的公告》	2014年8月	海关总署	增列“跨境电商”海关监管方式代码“1210”
《关于跨境贸易电子商务进出境货物、物品有关监管事宜的公告》	2014年7月	海关总署	即56号文件。对个人物品和货物进行了明确区分，规定了针对二者的不同的报关手续，有利于跨境电商行业合法化、正规化发展
《关于支持外贸稳定增长的若干意见》	2014年5月20日	国务院	制定激发市场活力、提振外贸企业信心、促进进出口平稳增长的16项举措，并明确提出进一步加强进口、出台跨境电子商务贸易便利化的措施

续表

法律法规	发布时间	发布单位	主要内容
《关于大力发展电子商务加快培育经济新动力的意见》	2015 年 5 月 4 日	国务院	抓紧研究制定促进跨境电子商务发展的指导意见，积极推进跨境电子商务通关、检验检疫、结汇、缴纳进口税等关键环节“单一窗口”综合服务体系建设，简化与完善跨境电子商务货物返修与退运通关流程，提高通关效率
《关于跨境电商服务试点保税进口模式有关问题的通知》	2014 年 3 月	海关总署	上海、宁波、杭州、郑州、重庆、广州 6 座城市的海关，重新定义分类个人物品和货物，按照不同手续和税率办理通关
《关于增列海关监管方式代码的公告》	2014 年 2 月	海关总署	增列“跨境电商”海关监管方式代码“9610”
《网络交易管理办法》	2014 年 1 月 26 日	工商行政管理总局	明确了网络商品交易的形式和范围，对消费者退货行为、第三方交易平台的信息审查和登记、网络商品交易中的“信用评价”“推广”等行为做了明确规定
《关于跨境电子商务零售出口税收政策的通知》	2014 年 1 月 1 日	财政部、税务总局	对跨境电子商务零售出口有关税收优惠政策予以明确规定
《关于实施支持跨境电子商务零售出口有关政策意见的通知》	2013 年 8 月 29 日	国务院	在现行管理体制、政策、法规及现有环境条件已无法满足跨境电商市场需求的背景下，提出了 6 项具体措施，主要集中在海关、检验检疫、税务和收付汇等方面
《支付机构跨境电子商务外汇支付业务试点指导意见》	2013 年 2 月 1 日	外汇管理局	便利机构、个人通过互联网进行电子商务交易，规范支付机构跨境互联网支付业务发展，防范互联网渠道跨境资金流动风险
《关于利用电子商务平台开展对外贸易的若干意见》	2012 年 3 月 12 日	商务部	明确要为电子商务平台开展对外贸易提供政策支持，鼓励电子商务平台通过自建或合作方式，努力提供优质高效的支付、物流、报关、金融、保险等配套服务，实现“一站式”贸易

（三）国家层面跨境电商行业政策汇总

近年来，我国政府对跨境电子商务非常重视，国务院提出要改革和完善跨境电商新业态的相关政策，此后政府出台了各种扶持政策以支持跨境电商发展，主要有以下几个方面（表 1-3）。

一是进一步扩大跨境电商综合试验区试点。

2019 年年底增设第四批 24 个跨境电商综试区；2020 年 4 月，国务院决定在全国已有 59 个跨境电商综试区的基础上再设 46 个综试区，跨境电商零售进口试点扩大至 86 个城市和海南全岛。

二是发展跨境电商新模式。

支持市场采购贸易和跨境电商融合发展，指导综试区帮助企业充分利用海外仓扩大出口，新增 17 个市场采购贸易方式试点，积极探索保税维修、离岸贸易等新业务。

三是大力推进贸易便利化。

表 1–3　国家层面跨境电商政策汇总

政策名称	发布时间	发布单位	重点内容
两会	2019 年 3 月	2019 年两会	改革完善跨境电商等新业态扶持政策，推动服务贸易创新发展，引导加工贸易转型升级、向中西部转移，发挥好综合保税区作用。优化进口结构，积极扩大进口，办好第二届中国国际进口博览会，加快提升通关便利化水平
关于扩大跨境电商零售进口试点的通知	2020 年 1 月	商务部等 6 部门	在北京等 37 个城市试点运行，2020 年进一步扩大至 86 个城市及海南全岛，覆盖 31 个省、自治区和直辖市
关于跨境电商零售进出口商品退货有关监管事宜公告	2020 年 3 月	海关总署	跨境电子商务出口企业、特殊区域内跨境电商相关企业或其委托的报关企业可向海关申请开展跨境电商零售出口、跨境电商特殊区域出口、跨境电商出口海外仓商品的退货业务
国务院常务会议	2020 年 4 月	国务院	推出增设跨境电商综合试验区、支持加工贸易、广交会网上举办等系列举措，积极应对疫情影响努力稳外贸；延续实施普惠金融和小额贷款公司部分税收支持政策
关于同意在雄安新区等 46 个城市设立跨境电子商务综合试验区的批复	2020 年 5 月	国务院	同意在雄安新区、大同市、满洲里等 46 个城市和地区设立跨境电子商务综合试验区
关于支持贸易新业态发展的通知	2020 年 5 月	国家外汇管理局	从事跨境电子商务的企业可将出口货物在境外发生的仓储、物流、税收等费用与出口货款轧差结算，并按规定办理实际收付数据和还原数据申报。跨境电子商务企业出口至海外仓销售的货物，汇回的实际销售收入可与相应货物的出口报关金额不一致。跨境电子商务企业按现行货物贸易外汇管理规定报送外汇业务报告

续表

政策名称	发布时间	发布单位	重点内容
关于开展跨境电商企业对企业出口监管试点的公告	2020 年 6 月	海关总署	跨境电商 B2B 出口货物适用全国通关一体化，也可采用“跨境电商”模式进行转关。在北京海关、天津海关、南京海关、杭州海关、宁波海关、厦门海关、郑州海关、广州海关、深圳海关、黄埔海关开展跨境电商 B2B 出口监管试点。根据试点情况及时在全国海关复制推广
区域全面经济伙伴关系协定	2020 年 11 月	中国等 15 方成员	RCEP 协定详细列出了电子商务的具体条款，在第 12 章第四节“促进跨境电子商务”中，提出“计算设施的位置和通过电子方式跨境传输信息”。在通过电子方式跨境传输信息上，一是缔约方认识到每一缔约方对于通过电子方式传输信息可能有各自的监管要求。二是缔约方不得阻止涵盖的人为进行商业行为而通过电子方式跨境传输信息等

四、跨境电子商务定义和分类

（一）跨境电子商务定义

跨境电子商务，简称跨境电商，其概念有广义和狭义之分。广义的跨境电商，指的是分属不同关境的交易主体，通过电子商务的方式完成进出口贸易中的展示、洽谈和交易环节，并通过跨境物流送达商品、完成交割的一种国际商业活动。

从狭义上看，跨境电商基本等同于跨境零售，指的是分属于不同关境的交易主体，借助计算机网络达成交易、进行支付结算，并采用快件、小包等行邮的方式通过跨境物流将商品送达消费者手中的交易过程。国际上对跨境电商的流行叫法为“Cross-border E-commerce”，其实指的就是跨境零售。然而，由于现实中对小型商家用户与个人消费者进行明确区分界定难度较大，所以跨境零售交易主体中往往还包含了一部分碎片化小额买卖的商家用户。

与传统国际贸易相比，跨境电商依托于互联网技术而存在，在物流方式、交易流程、结算方式等方面都大不相同。一方面，跨境电商让传统贸易实现了电子化、数字化和网络化，无论是订购，还是支付环节都可以经由互联网完成，甚至数字化产品的交付都可以通过网络完成。跨境电商交易过程中，运输单据、交易合同以及各种票据都是以电子形式存在的。因此，跨境电商贸易实际上是包含货物的电子贸易、在线数据传递、电子资金划拨、电子货运单证等多方面环节与内容的一种新型国际贸易方式。另一方面，由于信息在互联网上流动的便捷和快速，跨境电商使得国际贸易卖方可以直接面对来自不同国家的消费者，因而最大限度地减少了传统贸易所必须涉及的交易环节，且可消除供需双方之间的信息不对称。这也是跨境电商最大的优势所在。

跨境电商与传统外贸流通环节的比较如图 1-2 所示。

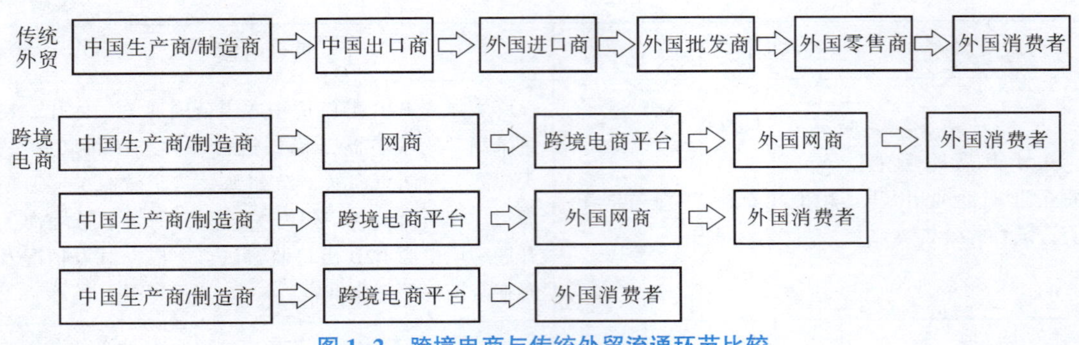

图 1-2 跨境电商与传统外贸流通环节比较

（二）跨境电商分类

按商品流向分类

按商品流向分，跨境电商可以分为出口跨境电商和进口跨境电商。

出口跨境电商，又称出境电商，是指本国生产或加工的商品通过电子商务平台达成交易、进行支付结算，并通过跨境物流送达商品、输往国外市场销售的一种国际商业活动。

进口跨境电商，又称入境电商，是指将外国商品通过电子商务平台达成交易、进行支付结算，并通过跨境物流送达商品、输入本国市场销售的一种国际商业活动。

按商业模式分类

按商业模式分，跨境电商主要有 B2B、B2C 和 C2C 三种模式。

B2B 跨境电商，即 Business to Business，又称在线批发，是外贸企业间通过互联网进行产品、服务及信息交换的一种商业模式。B2B 跨境电商企业面对的最终客户为企业或企业集团。目前，中国跨境电商市场交易规模中，B2B 跨境电商市场交易规模占总交易规模的90%以上，代表企业主要有敦煌网、中国制造、阿里巴巴国际站和环球资源网等。

B2C 跨境电商和 C2C 跨境电商统称在线零售。B2C，即 Business to Consumer，是跨境电商企业针对个人消费者开展的网上零售活动。目前，B2C 类跨境电商在中国整体跨境电商市场交易规模中的占比不断升高，代表企业主要有速卖通、兰亭集势、米兰网、大龙网等。

C2C 跨境电商，即 Consumer to Consumer，是从事外贸活动的个人对国外个人消费者进行的网络零售商业活动。目前，我国的跨境电商出口以 B2B 和 B2C 为主，进口以 B2C 为主。

除上述三种之外，F2C 跨境电商也日渐兴起。它指的是 Factory to Consumer，即从工厂到消费者。F2C 模式直接把出自加工厂的产品送到消费者手中，可以理解为工厂借助于网络平台进行的产品直销。F2C 使消费者在线向工厂下订单成为可能，是 B2C 模式的升级版。

按运营方式分类

按运营方式分，现阶段跨境电商主要有两种类型：平台运营跨境电商和自建网站运营跨境电商。平台运营跨境电商，是指从事跨境电商的交易主体在亚马逊、eBay 等诸多电商平台上开设网店从事外贸业务活动；自建网站运营跨境电商，如兰亭集势、环球易购等，则是企业自建网站从事相关外贸业务活动，其中兰亭集势属综合类跨境电商企业，环球易购属垂直类跨境电商企业。

从长期发展趋势看，平台运营跨境电商和自建网站运营跨境电商两种模式的融合度日益增强。在跨境电商平台开设网店的企业做到一定规模后，囿于无法从平台获取客户数据，往往选择自建网站；一些做独立网站的跨境电商企业同样也会选择在类似亚马逊和 eBay 这样流量大的平台上开设店铺，典型如环球易购。

由于资金和营销推广能力等诸多因素限制，入驻平台往往是中国企业介入跨境电商业务的第一选择，其中，亚马逊、eBay 和全球速卖通是可供选择的主要平台。中国的跨境电商企业集中分布在上海、广州、深圳和杭州等城市，服装、电子和家居是它们切入的主要细分市场。代表企业除上面提及的一些企业，还包括：3C 电子产品销售商湖南海翼电子商务有限公司（ANKER），中国本土品牌智能手机及周边产品的自建电商 Antelife，义乌外贸饰品零售网店 Gofavor 和遥控飞机出口网店 Hobby-Wing 等。这些企业中，跨境电商年销售额过亿的大约有 80 家。

按海关监管方式分类

按海关监管方式分，跨境电商主要包括两大类型：直邮和备货。

（1）跨境电商直邮出口。

这指境内企业或个人通过自建平台、第三方跨境电商平台或其他方式向境外购买方进行商品销售，通过跨境快递包裹方式将所售商品递送至境外购买方的商业活动。

（2）跨境电商直邮进口。

这指境外企业或个人通过自建平台、第三方跨境电商平台或其他方式向境内购买方进行商品销售，通过跨境快递包裹方式将所销售商品递送至境内购买方的商业活动。

（3）跨境电商备货出口。

这指通过自建平台、第三方跨境电商平台或其他方式完成商品销售，商品通过一般贸易方式出口至海外仓，直接从境外将商品递送至境外购买方的商业活动。

（4）跨境电商备货进口。

备货进口又称网购保税进口，指通过自建平台、第三方跨境电商平台或其他方式完成商品销售，商品通过一般贸易方式进口至境内，直接从境内将商品递送至境内购买方的商业活动。

案例分析

品牌战略+海外建仓，这家企业年销 2 000 万美金

从传统 OEM 生产做出口到转型搭建自有品牌做跨境电商；从布局海外线下市场到推进线上模式；从整合国内优质工厂资源打通线上线下渠道，再到独立运营海外仓……不得不承认，张毅对于市场风向的变化总是有着敏锐嗅觉，也将自家企业的跨境电商生意做得风生水起。

杭州圣德义塑化机电有限公司（下文简称“圣德义”）作为一家具有 25 年螺丝刀工具生产、经营经验的生产型企业，彼时，它还是依靠做贴牌生产的传统生产型企业。但是从 2002 年开始，圣德义积极打造自主品牌，到 2007 年开拓海外市场将产品卖出国门，再到三年前确立“跨境电商+海外仓”模式，圣德义走出了一条线上与线下结合、国内与国外同步拓展的跨境电商之路。其跨境电商销售额也从 2015 年的 500 万美元增长至 2 000 万美元，占公司整体销售额的 60%，成为杭州跨境领域当之无愧的先行者。

品牌战略：从OEM到做自主品牌

与大部分同类企业一样，张毅的工厂刚开始走的是OEM的道路，这种模式存在着太多不确定性。为了摆脱这种“受制于人”的局面，张毅下定决心走品牌化道路。

从2004年起，张毅先后在国内外注册了SEDY（圣德义）、ETERNAL、NORVSAYP三个品牌，打开了低中高各个档次的品牌市场。“基于品牌战略，我们从单一的生产型企业发展成工贸结合的企业。现在，除了一部分自主生产的产品，有80多家企业为我们生产贴牌产品，贴的就是我们圣德义自己的品牌。”张毅补充道，“在不久前，圣德义又注册了两个品牌送审，并打算通过这两个品牌拓展其他品类。”

触网转型：从做外贸到深耕跨境电商

圣德义“触网”的起点，是从澳大利亚开始的。此前，圣德义已经以当地华裔超市为切入口，开辟了澳洲市场，并在澳洲注册成立了子公司。但是，由于对外国人的购物习惯和消费模式不了解，在很长一段时间内，实体销售举步维艰。

借着跨境电商发展新路径，圣德义公司稳步拓宽销售渠道，产品相继在亚马逊、速卖通等六大跨境电商平台上线，数个海外仓相继建立，产品种类也逐步扩展到包括手工工具、电动工具、汽保工具、户外工具等6 000多个品种。

海外建仓：做产品到做渠道

当前，国内各大城市的跨境电商综合试验区，都不约而同地把推进公共海外仓建设放到一个战略性高度上去布局谋划、推进。在这点上，圣德义无疑又成了一个先行者。

2010年，圣德义在墨尔本租下了一个1 200平方米的仓库，前台办超市零售，后仓用于产品仓储。2014年，圣德义买下了面积为2 800平方米的海外仓。基于前期品牌建设、平台运营以及海外贸易所积累下的经验和资源，从2015年开始，圣德义开始发展海外公共仓，不仅为国内企业提供租仓业务，还可提供集清关运输、仓储管理、库存管理、物流配送、售后服务、线下体验、终端市场售后服务等为一体的全系统服务，此外，圣德义海外电商平台还能帮助合作伙伴进行协助推广销售。

这套线上线下相结合的“跨境电商+海外仓”运营模式，为圣德义开辟出了一条与一般传统外贸和一般跨境电商所不同的商业模式。张毅将这种模式称为实现由做产品转变成做“渠道”。近几年，圣德义公司精准把握国内国际双循环，瞅准了数字化改革的先机。于是，“跨境集货仓”数字化应用场景很快在圣德义公司落地。投资5 000余万元、占地1.2万平方米的智能仓储拔地而起，背后则是“政府主导、企业投入、市场运作”建设模式的支撑。很快50余家企业先后通过品牌合作或代运营的方式试水跨境电商，带动跨境电商出口500万美元以上，打开了共同富裕的新路子。

任务二　掌握跨境电子商务产业生态

【任务描述】：掌握跨境电子商务产业生态。

【相关知识】

跨境电子商务产业生态圈主要包括跨境电商平台、支付企业、物流企业、仓储企业和综合服务企业（图1-3）。

电商平台
支付企业
物流企业
仓储企业
综合服务企业

图 1-3　跨境电子商务产业生态圈图

1. 跨境电子商务经营主体

根据业务不同，跨境电子商务经营主体主要有四类，即自建跨境电子商务平台企业、第三方跨境电子商务平台、跨境电子商务服务企业、基于第三方平台的跨境电子商务应用企业。

（1）自建跨境电子商务平台企业。

自建跨境电子商务平台企业是利用互联网信息技术建立的信息展示与交易空间，销售自有产品或服务的企业。

（2）第三方跨境电子商务平台。

第三方跨境电子商务平台经营主体是指这样一些企业：它们利用互联网信息技术建立商品信息展示与交易空间，为其他企业或组织和个人提供开立账户和网页空间、创建虚拟交易空间（虚拟店铺）、接入供应链、撮合交易和信息发布等服务；同时为买卖双方在其平台上的交易行为设置规则、规范，管理交易当事人及相关方行为。

（3）跨境电子商务服务企业。

跨境电子商务服务企业是为从事跨境电子商务经营活动提供跨境商务信息处理、跨境物流仓储配送、跨境支付结算、通关报关代理等服务的经营主体，包括外贸综合服务平台。

（4）基于第三方平台的跨境电子商务应用企业。

基于第三方平台的跨境电子商务应用企业是以入驻第三方平台的形式开展跨境电子商务贸易的企业或个人。该类主体利用第三方平台提供的功能和服务，遵守第三方平台的运营规则开展业务，销售自有产品，或连接代发型供货渠道进行“一件代发”式的跨境电子商务分销。

2. 跨境电子商务服务平台

跨境电子商务服务平台包括跨境电子商务通关服务平台和跨境电子商务公共服务平台。

（1）跨境电子商务通关服务平台。

跨境电子商务通关服务平台由海关总署中国电子口岸数据中心开发，是为方便企业向海关报送通过电子商务模式成交的进出境物品通关数据而设的。跨境电子商务通关服务平台“依托地方电子口岸，优化通关监管模式，提高通关管理和服务水平，实现外贸电子商务企业与口岸管理相关部门的业务协同与数据共享”，以此解决以邮递、快件运输出境的跨境贸易电子商务预售商品快速通关、结汇、退税问题。具体流程如图 1-4 所示。

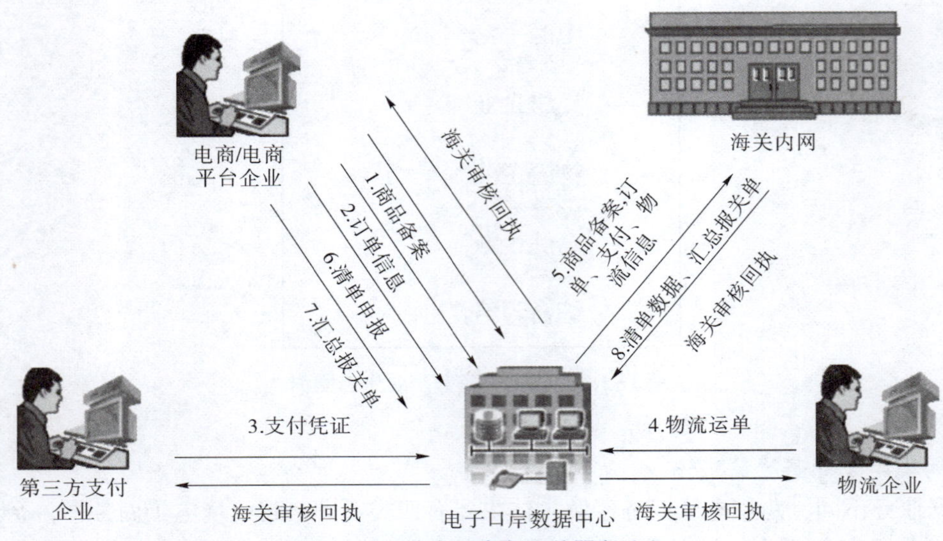

图 1-4　跨境电子商务通关服务流程

（2）跨境电子商务公共服务平台。

跨境电子商务公共服务平台是各地政府打造基于“单一窗口”的支撑平台。通过这一平台，政府可以完成跨境电子商务经营主体备案管理，为进出口电商和支付、物流、仓储等企业提供数据交换服务，为海关、检验检疫、税务、外管等部门提供信息共享平台，实现“一次申报、一次查验、一次放行”，提高口岸监管便利化水平。

案例分析

全域推进，风采跨境

2012 年，杭州成为全国首批跨境贸易电子商务试点城市，跨境电子商务的星星之火在杭州点燃。

2015 年 3 月，杭州获批成为全国首个跨境电商综合试验区，开启了全国跨境电商第一区的先行先试。

十年来，设立中国（杭州）跨境电子商务综合试验区编入《中国共产党一百年大事记》；在商务部跨境电子商务综合试验区评估中杭州综试区位列全国第一档“成效明显”，取得了一定的成绩：

制度创新策源

全国最早开展跨境电子商务“小包出口”“直邮进口”“网购保税进口”、跨境 B2B 出口、保税出口等业务试点，率先探索跨境电商退换货中心、“全球中心仓”、定点配送、“保税进口+零售加工”等新模式。

贸易联通世界

跨境电商平台、独立站渠道多元化发展，全国三分之二跨境电商零售出口平台落地杭州。跨境电商新技术、新业态应用发达，跨境电商贸易联通欧美和“一带一路”新兴市场等 220 个国家和地区。

规模裂变增长

十年来，杭州跨境电商交易额增长857倍；杭州跨境电商卖家数由2012年的不足百家增长到2022年的52 000家；年跨境电商交易额超千万美元龙头企业达219家。

品牌触达全球

规模达2 000万元以上跨境电商品牌企业达411家，跨境电商企业注册商标数2 085个，估值过1亿美元的跨境电商企业22家，花西子、张小泉剪刀等一批新国货品牌影响力辐射全球。

服务生态优化

集聚跨境电商服务商1 063家，跨境电商海外仓达283个，面积达576.9万平方米，数量和面积分别占全国的六分之一和三分之一。常态化运营国际货运航线18条，跨境支付交易额占全国七成，培育菜鸟网络、“三通一达”等全国头部跨境物流企业总部，年培训各类跨境电商人才达8.6万人次。

分析其成功原因，有以下经验和做法：

1. 出台政策措施，打造跨境电商创新发展策源地

发挥全国首个跨境电商综试区优势，着力在跨境电子商务各环节的技术标准、业务流程、监管模式和信息化建设等方面先行先试。一批首创性制度创新举措落地，首创跨境电商进出口退换货模式、全球中心仓模式、寄递渠道进口个人物品数字清关模式和跨境电商进口商品质量安全公共服务平台，不断创新跨境电商零售进口新模式，构建“数据多跑路、人为少干预、货物快通关、退货更便捷”的新型监管模式。推进税收和外汇便利化，探索跨境电商零售出口“无票免税”及所得税核定征收等试点经验并在全国推广，推出9710、9810出口退税便利化措施。开展贸易外汇收支便利化试点，引导连连支付、乒乓智能、珊瑚支付等跨境支付结算便利化发展。出台便利化措施，近年来，累计出台落实跨境电商相关便利化政策218条，促进跨境电商发展政策措施492条，出台落实国家重大战略且与跨境电商相关的政策措施144条，组织、参与编写跨境电商相关国家、行业标准20项。

2. 实施专项行动，加快跨境电商高质量发展

发挥杭州跨境电商平台集聚优势，首创政企联动促进产业转型新模式，每年推出一项促进产业发展专项活动，加快跨境电商高质量发展。市级财政每年拿出5 000万元用于跨境电商产业发展，扶持跨境电子商务主体培育、品牌培育、人才培育、产业园区、仓储物流、公共服务和氛围营造。特别是2021年以来，杭州综试区开展跨境电商产业三年倍增行动，将重点放在抓好一批成长性好、带动性强、交易量大的龙头跨境电商卖家，加快培育一批顶天立地的头部卖家和服务企业；开展高新技术企业认定培训，提供上市辅导，高层次人才认定、品牌赋能及供应链、人才孵化、服务资源对接等全方位支持，推进产业链强筋壮骨，加快吸引国内跨境电商领域总部企业投资兴业。

3. 大力发展海外仓，打造双循环战略新支点

杭州综试区在做强海外仓仓储服务功能、覆盖全球主要电商市场的同时，积极构建海外服务网络，优化境外最后一公里服务，加快构建双循环战略新支点。大力支持海外仓发展，出台海外仓扶持政策，支持各类主体投资运营海外仓，推动海外仓与跨境电商企业间信息互通、资源共享、业务协同。打造“一键达海外仓”应用场景，整合第三方公共海外仓运营企业的海外数字仓储数据，打通海外仓供需双方信息壁垒，为外贸企业、跨境电商企业提供多种赋能。搭建海外服务网络，构建跨境电商海外合作园区、海外合作站点、海外仓等服务网络，提供仓储物流、终端配送、合规缴税等功能，已覆盖30个国家地区，服务点达108个。杭州发挥跨境电商先发优势，务实推进中欧交流合作入选中欧区域政策合作中方案例地区。

4. 打造标杆园区，建设最优跨境电商生态圈

杭州综试区以产业园区为平台，以加快特色产业发展为重点，以优化服务配套体系为支撑，加快建设最优跨境电商生态圈。坚持差异化定位。做好跨境电商产业园区发展规划，按照“专业运营、强优汰劣、错位发展、协同并进”思路，以上城、拱墅、滨江、西湖为跨境电商发展核心区，以钱塘区、萧山区、临平区为东翼，以余杭区、临安区、富阳区、建德市、桐庐县、淳安县为西翼，形成“一核两翼”的杭州跨境电子商务产业总体布局。坚持特色化运营。坚持“一区一品”“一地一特色”，做强一批跨境电商通关功能园、特色产业园和服务应用园。积极鼓励专业运营商参与园区运营，集聚跨境电商平台、第三方服务商和应用企业等各类服务资源。拱墅园区一期3万平方米已集聚了涵盖跨境电商B2B、B2C进出口应用企业、服务商、跨境直播、人才培训孵化等一大批产业链服务企业，成功拓展二期2万平方米园区。

5. 加快主体培育，打造大众创业万众创新新热土

整合政府、平台、培训机构和服务商资源，加快跨境电商主体培育，推动跨境电商成为“大众创业万众创新”的新热土。实施“E揽全球·杭品出海”跨境电商专项行动，从跨境电商品牌出海主体培育、跨境电商品牌运营模式创新、跨境电商品牌服务生态优化等三个方面入手，带动贸易转型、产业链升级和价值链重塑。联合媒体、高校成立全球跨境电商品牌研究中心，出刊《跨境电商评论》杂志，着力搭建跨境电商品牌出海经验交流新平台。设立全球跨境电商品牌与设计创新中心，开展跨境电商企业国际化产品设计、国际化品牌发展、数字化用户交互体验等多领域跨境产品品牌和设计。设立全球跨境电商品牌运营中心，聚焦出海全周期的精细运营，专注本土化品牌形象升级，直达跨境咨询、品牌塑造、数字营销领域的全球化合作伙伴。联合跨境电商平台举办品牌出海高峰论坛，推出品牌出海联合扶持计划，鼓励跨境电商品牌企业做大做强。开展跨境电商品牌基地园区评选，培育跨境电商品牌化发展标杆。加快跨境电商人才培养。获批全国首批跨境电商本科专业，推出全国首套跨境电商教材，组建全国首个跨境电商人才联盟，创新中国（杭州）跨境电商学院培育模式。联合阿里巴巴“百城千校计划”、亚马逊“101时代青年计划”、eBay“E青春计划”，加快培育复合型人才。举办全国大学生电子商务“创新、创意及创业”挑战赛跨境电商实战赛、阿里巴巴AGI全球商业挑战赛，开展跨境电商精英人才培训班培训，多层次培育孵化跨境电商人才。

【习题】

【技能拓展】

浏览亚马逊、速卖通、敦煌网等跨境电子商务平台，做一份跨境电子商务调研报告，分析我国产品如何通过跨境电子商务平台让全世界的消费者接受和喜爱。

了解跨境

【德育园地】

疫情下的跨境电商——危中有机

2020年伊始，突如其来的疫情打破了人们原本平静的生活，各行各业也纷纷受到不同程度的影响，其中，跨境电商行业尤其令人关注。在这场旷日持久的风波中，一部分卖家把握住了行业的红利实现了业绩的增长，但同时，日渐严苛的政策和激烈的行业竞争也让一部分卖家望洋兴叹，迷雾重重的跨境电商行业究竟是红海还是蓝海？是机遇还是挑战？

近年来，跨境电商行业的市场规模一直保持着高速稳定的增长，根据海关总署的数据统计，2019年中国进出口总值为31.54万亿元，其中，跨境电商市场规模达到10.5亿，为进出口总值贡献了三分之一的份额。作为投资、出口、消费的三驾马车之一，有效地拉动了经济的增长，由此可见，跨境电商行业一直处于快速发展阶段的红利期。到了2020年，跨境电商进出口额依旧保持强势增长，截至第三季度，跨境电商进出口额已达到1 873.9亿元，超过2019年全年的进出口总额。尽管受到疫情影响，前两个季度的货物贸易进出口增速持续放缓，但在第三个季度成功地实现了逆转。

2020年前三季度海关监测的跨境电商进出口额

2020年中国外贸进出口增长情况

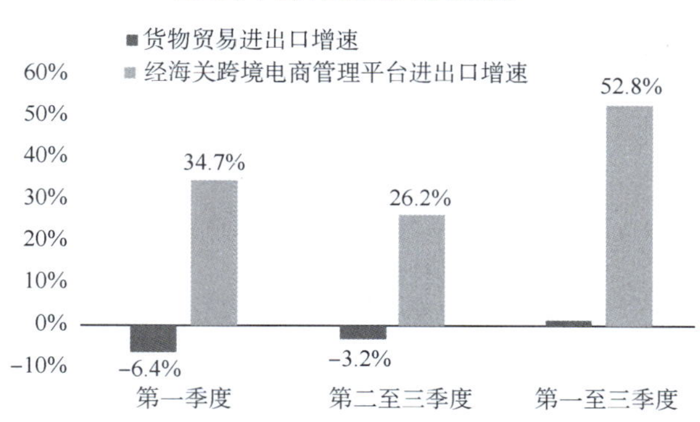

2020年疫情的到来，虽然使全球陷入困境，但在一定程度上成为跨境电商行业发展的机遇。保持社交距离和线下活动场所的封闭成为生活的常态，而这也成为电商行业发展的助推剂，可以说2003年的非典激活了我国的电子商务行业，随后以淘宝网为典型代表的电商模式迅速崛起，而后也直接带动了三通一达、德邦、顺丰等物流巨头的上市。而2020年的新冠则成功地激活了全世界范围内电子商务行业的发展，人们开始纷纷打破传统的购物习惯，更多地依赖于电子商务。以美国为例，2020年美国第二季度总体零售支出下降了3.6%。与此同时，美国第二季度的电子商务渗透率达到了16.1%，高于去年同期的10.8%。不包括汽车、汽车零件、酒吧和餐厅的销售额，电子商务的渗透率超过22%。据统计有

52%的美国人在疫情开始后减少支出，然而63%的人保持或增加了在线上电商平台的支出。相同的情况也同样发生在欧洲、拉美和东南亚地区，而对于拉美，很多消费者之前都没有网购的习惯，电子商务行业更是从0到1地破土而出后迅速发展起来，这是不是印证了“危中有机”的道理呢？如此广阔的市场无疑给了跨境电商从业者机会，许多人看好跨境电商行业并纷纷开始布局。据海关统计，2020年，我国货物贸易进出口总值为32.16万亿元人民币，比2019年增长1.9%。2021年前11个月，我国货物贸易进出口总值达35.39万亿元人民币，同比增长22%。其中，对东盟、欧盟、美国等主要贸易伙伴的进出口均保持两位数增长，成为全球唯一实现货物贸易正增长的主要经济体。

[https：//zhuanlan.zhihu.com/p/349533475]

思考：疫情下的跨境电商发展给了你哪些启示？在世界经济受疫情冲击严重的情况下，中国经济为何能逆势上扬？（制度自信、道路自信）

【项目评价表】

在线课平台成绩（30%）			得分：
知识掌握与技能提高（40%）			得分：
任务	评价指标	评价结果	备注
跨境电商行业调研	1. 相关行业知识 2. 企业岗位分析 3. 行业发展概况	A□ B□ C□ D□ E□ A□ B□ C□ D□ E□ A□ B□ C□ D□ E□	
跨境电商产业生态	1. 经营主体 2. 服务平台	A□ B□ C□ D□ E□ A□ B□ C□ D□ E□	
跨境电商产业政策	1. 政策法规 2. 市场环境 3. 监管体系	A□ B□ C□ D□ E□ A□ B□ C□ D□ E□ A□ B□ C□ D□ E□	
职业素养思想意识	1. 爱岗敬业、职业理想 2. 遵纪守法、职业道德 3. 顾全大局、团结合作	A□ B□ C□ D□ E□ A□ B□ C□ D□ E□ A□ B□ C□ D□ E□	
学生自评（10%）			得分：
小组评价（10%）			得分：
团队合作	A□ B□ C□	协作能力	A□ B□ C□
教师评价（10%）			得分：
教师评语			
总成绩		教师签字	

项目二

开通店铺

学习目标

知识目标

了解不同跨境电商平台开店注意事项

了解不同跨境电商平台规则

掌握跨境电商店铺开通的基本流程

掌握店铺后台的基本结构与功能

技能目标

能正确准备店铺开通所需要的资料

能进行店铺注册和管理店铺后台

会根据需要进行店铺装修

能正确设置店铺支付模块和收款账户

素养目标

树立勇往直前的职业精神

建立科学发展观

教学重点

掌握跨境电商店铺注册、实名认证及入驻的方法、流程及注意事项

教学难点

店铺装修的基本方法及技巧；跨境电商常用的支付工具及收款账户的创建方法

【项目导图】

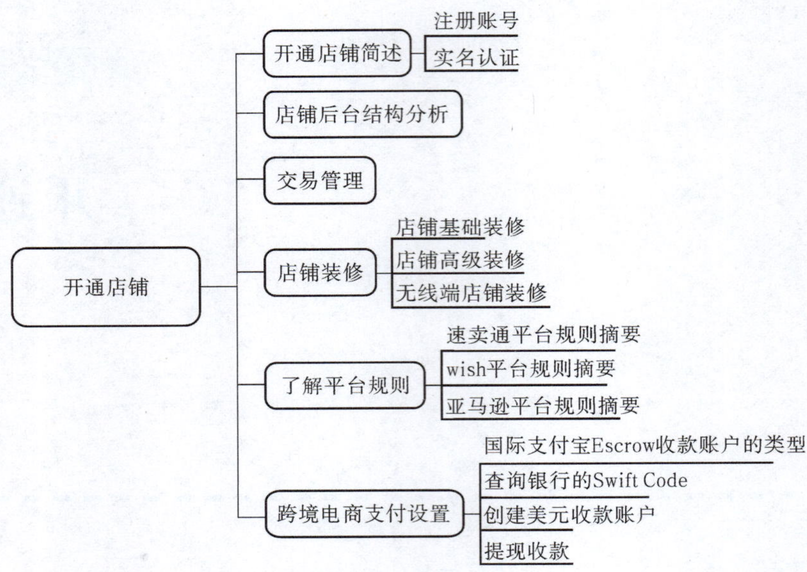

项目引例

开通店铺

宁波市江北区雁北电子商务有限公司（进出口有限公司计划转型做跨境电子商务）跨境业务部门员工叶妮接到了工作任务：要在速卖通平台上开通店铺，熟悉店铺后台结构及功能，完成店铺的装修及收款账户开通。

任务一　开通店铺简述

【任务描述】开通店铺是跨境电商运营的第一步，虽然不同跨境电商平台开店的程序不完全相同，但大同小异，要学会按平台的要求开通店铺。

为了卖家能够提供更加专业的产品和服务，大部分跨境电商平台都主张卖家集中精力经营一个品类，速卖通、敦煌网等平台在店铺注册的时候即要求卖家绑定一个产品类目，绑定后，卖家只能在自己选定的产品类目中进行选品和上架。这要求卖家在注册店铺时就对未来自己主营的产品类目方向有较为清晰的认知。

一、注册账号

（一）入驻要求

要在跨境电商平台开通店铺，首先要了解各平台的入驻要求。以全球速卖通为例，全球速卖通（英文名：AliExpress）是阿里巴巴集团旗下面向全球市场的跨境新零售平台，成立于2010年，经历9年高速发展，已成为世界最大跨境B2C出口平台之一，用户覆盖220多个国家。速卖通网站地址为www. aliexpress. com。

入驻速卖通是免费的，平台会收取每笔成交交易5%~8%的佣金。入驻速卖通平台需要符合以下三个要求：

要求一：企业

个体工商户或企业身份均可开店，须通过企业支付宝账号或企业法人支付宝账号在速卖通完成企业身份认证，请先注册一个企业支付宝或企业法人支付宝。（平台目前有基础销售计划和标准销售计划供商家选择，个体工商户商家在入驻初期时仅可选择基础销售计划。）

要求二：品牌

卖家若拥有或代理品牌，可根据品牌资质选择经营品牌官方店、专卖店或专营店。若不经营品牌，可跳过这个步骤（仅部分类目必须拥有商标才可经营，具体以商品发布页面展示为准）。

要求三：技术服务费

卖家须缴纳技术服务年费，各经营大类技术服务年费不同，请查看资费标准。经营到自然年年底，拥有良好的服务质量及不断壮大经营规模的优质店铺都将有机会获得年费返还奖励。

（二）准备材料

在了解以上要求后，我们要做好入驻前的准备。入驻前需要准备的材料有：

- 一个邮箱
- 公司商业信息，如公司注册名称、注册邮箱信息、公司注册码、注册地等
- 税务及银行信息，如V. A. T. 财务码、银行账户信息等

（三）注册账号

准备好所有的材料，就可以进行速卖通账号的注册操作了，通过邮箱和手机即可注册账号。

（1）首先，单击注册链接：https：//login. aliexpress. com/newseller/htm（图2-1）。

（2）填写注册信息。

- 选择语言
- 填写邮箱地址
- 设置店铺登录密码

（3）打开邮箱获取验证码。

（4）输入验证码。

（5）选择公司所在国家。

（6）填写公司商业信息。

（7）填写税务及银行信息。

（8）申请完毕，等待审核2~3个工作日。

（9）申请成功后，打开登录链接，填写邮箱及登录密码，自动开通店铺。

亚马逊账号有两种类别：个人卖家（Individual）和专业卖家（Professional）。

很多人从字面上理解，以为个人卖家（Individual）是指用个人资料注册卖家，专业卖家（Professional）是指以公司资料通过全球开店注册的账号，其实不然。

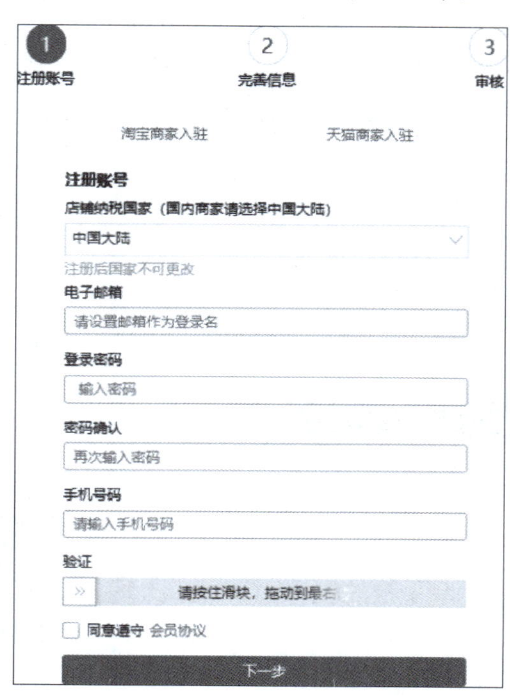

图2-1　注册账号

账号类型和注册的方式无关，对于所有的亚马逊卖家账号，都可以归属于这两种类别，卖家可以根据自己的实际运营需要，对账号进行升级或者降级调整。个人卖家可以升级为专业卖家，专业卖家也可以降级为个人卖家。简单的理解就是，即便是个人资料通过自注册方式注册的账号，同样可以是专业卖家，而且，个人卖家级别的账号会有很多销售方面的限制，比如，不能批量操作，不能下载订单数据报表，没有购物车，不能使用站内促销工具等。Individual plan 无需店铺租金，费用是每卖出一个产品会收取 0.99 美金和销售每个产品亚马逊所收取的佣金。Professional plan 要收取 39.99 美元/月的店铺租金和销售每个产品亚马逊所收取的佣金。

二、实名认证

注册完成后，就可以进行实名认证（图 2-2）。目前，速卖通平台有两种认证方式，分别是企业和个体户。这里仅以企业认证为例，个体户认证方式与企业认证方式相同。

企业认证又分为企业支付宝授权认证和企业法人支付宝授权认证。

（1）企业支付宝授权认证：登录企业支付宝即认证成功。

（2）企业法人支付宝授权认证。

第一步　上传资料

- 公司名称
- 注册号/统一社会信用代码
- 法人代表姓名
- 营业执照图片
- 法人身份证号

第二步　登录法人实名认证支付宝账号

第三步　人工审核

第四步　完成认证

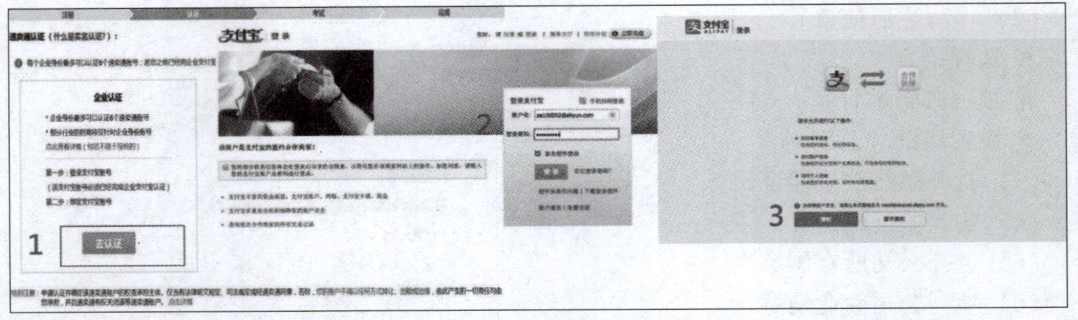

图 2-2　实名认证

【德育园地】

宁波帮精神—诚信

任务二　店铺后台结构分析

【任务描述】了解店铺后台，了解各功能模块的布置和作用。了解各模块控件的使用方法，以便于运营人员管理店铺。

一、店铺后台首页

店铺后台首页（图2-3）包括导航栏、快速入口、服务等级、违规扣分、新手必知、店铺动态中心、新手入门必读、最新公告等模块。各模块的主要功能如下：

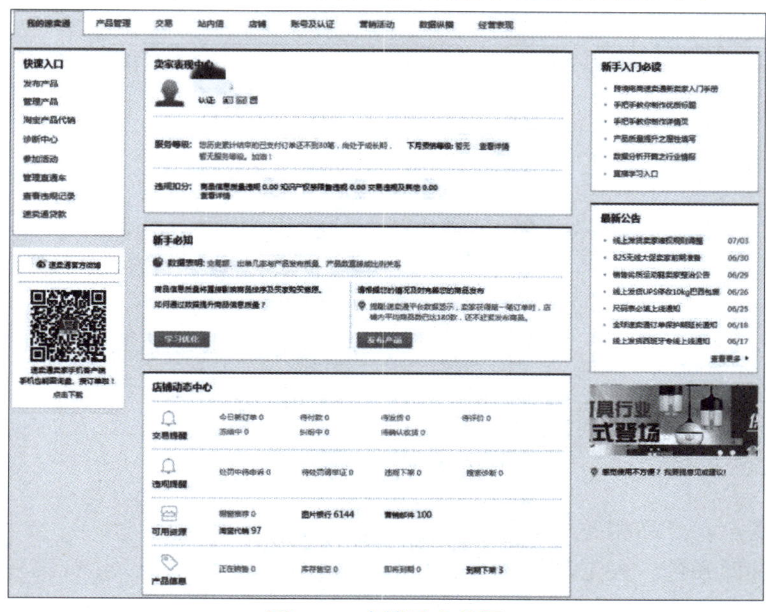

图2-3　店铺后台首页

（1）导航栏：卖家后台所有频道、功能入口。

（2）快速入口：常用的功能入口。

（3）服务等级：显示店铺订单数据和成长指数，体现店铺整体经营状况。

（4）违规扣分：记录店铺违规扣分的行为。知识产权禁限售违规、交易违规及其他，满48分店铺将被关闭。

（5）新手必知：推荐给新手卖家学习的版块，在此可以查看关于运营、交易等方面的经验分享和在线课程。建议新手单击“学习优化”，有针对性地学习了解速卖通平台。

（6）店铺动态中心：动态交易情况、运营情况、违规情况、资源情况等。

（7）新手入门必读：基础运营知识。

（8）最新公告：规则调整会在此公布。

二、导航栏结构及功能介绍

导航栏包含产品管理、交易、消息中心、店铺、账号及认证、营销活动、数据纵横、经营表现等内容。具体介绍如下：

（一）产品管理

产品管理页面如图 2–4 所示。

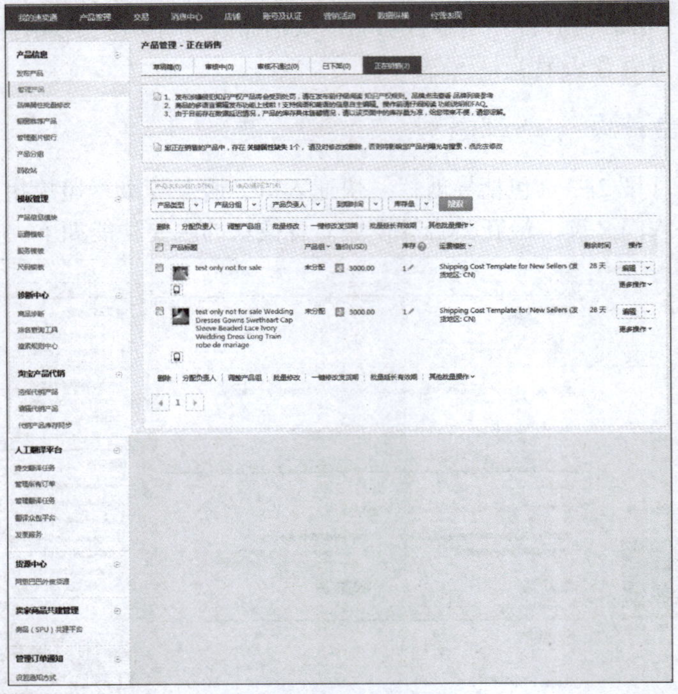

图 2–4　产品管理页面

（1）产品信息：产品相关的运营、发布产品、管理产品等。

（2）人工翻译平台：人工翻译服务，可以在此提交翻译需求，会有第三方翻译公司提供有偿服务。

（3）淘宝产品代销：淘宝代销功能。

（4）货源中心：链接进入 1688 平台。

（5）诊断中心：了解店铺产品设置情况，是否出现重复铺货、类目放错、属性错选、标题堆砌、标题类目不符、运费不符等问题。

（6）模板管理：包括产品信息模板、运费模板、服务模板、尺码模板，在开店初期设置好模板可以为后期运营带来很多方便。

（7）管理订单通知：当有订单成交时，你希望通过哪些渠道收到通知，以便可以第一时间跟进；可以在这里设置产品所处的几个不同环节。

（二）交易

交易页面如图 2–5 所示。

（1）交易核心区域：订单的详细情况，包括今日新订单、等待发货、买家申请取消、有纠纷的订单、等待卖家验款、等待留评、等待放款、未读留言；等待买家付款、等待买家确认收货。这块区域是卖家每天必关注的区域。

（2）管理订单：这包括和订单相关的操作。在这里可以导出订单信息，导出 Excel 格式的文件，便于进行统计。

（3）物流服务：如果需要线上发货的，可以在这里进行操作。

（4）资金账户管理：这包括和资金相关的操作。在这里可以查询放款订单的信息、资金进出记录，可以向蚂蚁微贷申请贷款。

（5）交易评价：订单评价的管理。

图 2-5　交易页面

（三）消息中心

消息中心页面如图 2-6 所示。

（1）买家消息：包括站内信和订单留言。国外大部分买家喜欢通过站内信和卖家沟通，包括售前咨询、讨价还价和售后问题等；订单留言包括买家对订单的特别要求等，卖家要留意观察。

（2/3）消息搜索：通过搜索和筛选功能可以快速找到具体某条信息。

（4）可以对站内信和订单留言做标示，方便查找。

注：暂不支持半年前的数据查询；暂不支持超出 500 页的查询。

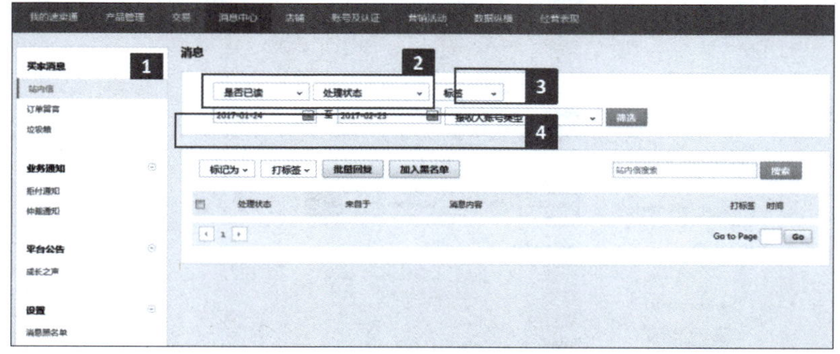

图 2-6　消息中心页面

（四）店铺

店铺页面如图 2-7 所示。

（1）店铺表现情况，分为卖家服务分和商品服务分。

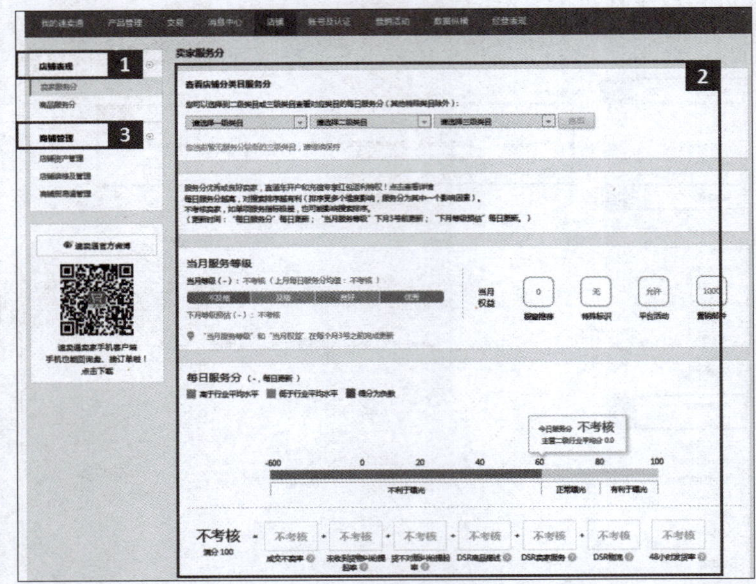

图 2-7　店铺页面

（2）卖家服务分和商品服务分的具体情况。比如图中右侧是卖家服务分的考核指标，查看店铺分类目服务分、当月服务等级和每日服务分。页面下方是各项指标的分数情况，数据更新时间："当月服务等级"和"当月权益"在每个月 3 日之前完成更新。

（3）店铺管理：分为店铺资产管理、店铺装修及管理和商铺贸易通管理。

（五）账号及认证

账号及认证页面如图 2-8 所示。

（1）旺旺账号。

（2）管理子账号：在此可以设置运营、客服等不同岗位。

图 2-8　账号及认证页面

（六）营销活动

营销活动页面如图 2-9 所示。

（1）营销活动：营销活动分为平台活动和店铺活动。平台活动指速卖通平台不定期组织的活动，如双 11 大促、行业活动等，卖家后台会呈现所有可以报名的活动，并且可以线上报名。店铺活动则为店铺营销提供不同的营销工具。

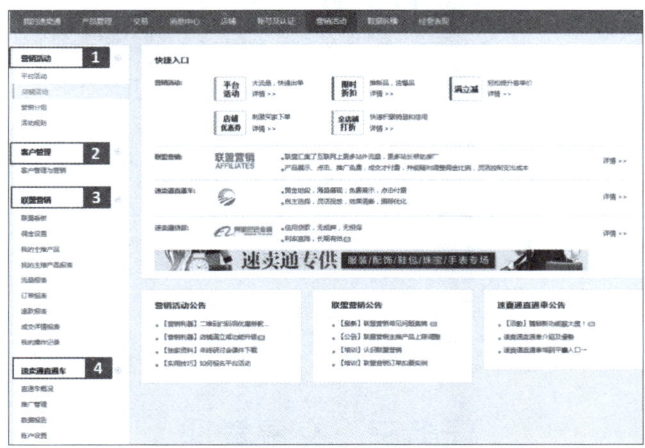

图 2-9　营销活动页面

（2）客户管理。

（3）联盟营销：加入联盟营销可以在这里进行设置。

（4）速卖通直通车。

（七）生意参谋

生意参谋页面如图 2-10 所示。

（1）流量看板：包括店铺核心指标、商品核心指标、转化核心指标三大类。

（2）店铺来源：包括店铺流量来源分布及来源趋势、来源明细、入店页面排行、离店页面排行四大核心模块，流量来源包括搜索、推荐、基础工具、直接站外流量、间接站外流量和其他。

（3）实时播报：分析店铺的实时流量数据情况。

（4）商品排行：商品的支付榜、访客榜、收藏榜、加购榜等。

（5）物流概况：店铺内物流的整体情况，包括实时物流订单、物流时效、物流分析等。

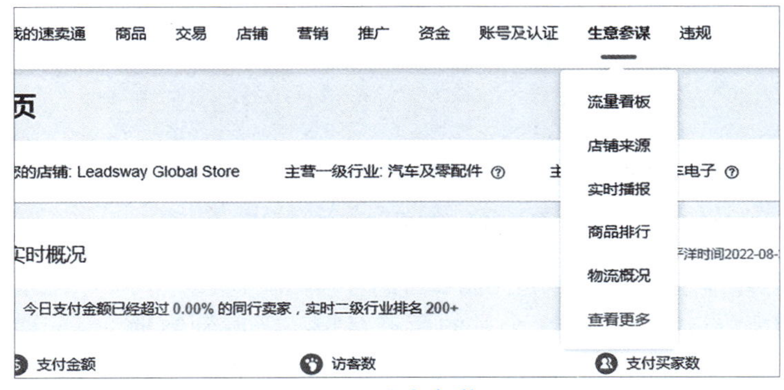

图 2-10　生意参谋页面

（八）经营表现

经营表现页面如图 2-11 所示。

在这里可以看到一些违规处罚。

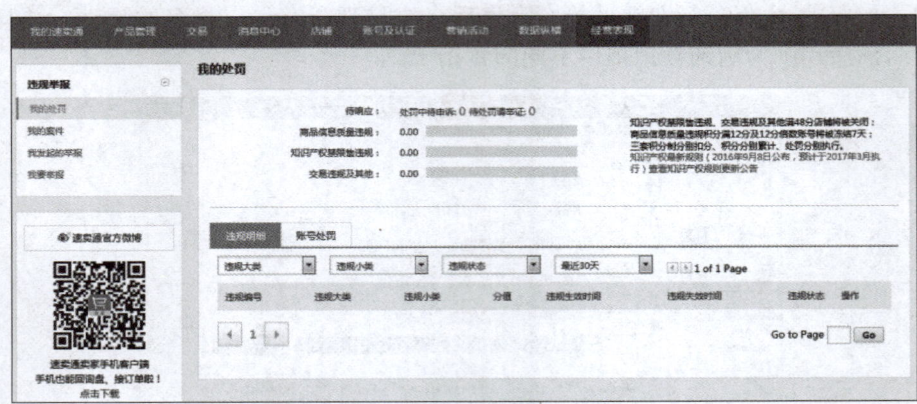

图 2-11　经营表现页面

任务三　交易管理

【任务描述】了解订单、物流、资金、交易评价等方面的功能控件和原理。

交易管理是速卖通操作的一个重要环节，包括订单管理、物流服务、资金管理、交易评价等方面。这里我们主要介绍订单管理和交易评价两个模块。

一、订单管理

速卖通后台可以实时显示“我的订单”情况（图 2-12），包括今日新订单、等待卖家操作的订单、等待买家操作的订单等全面信息，通过订单列表卖家可以对订单进行追踪，并在必要的时候与买家沟通以促成交易，比如修改订单折扣等。

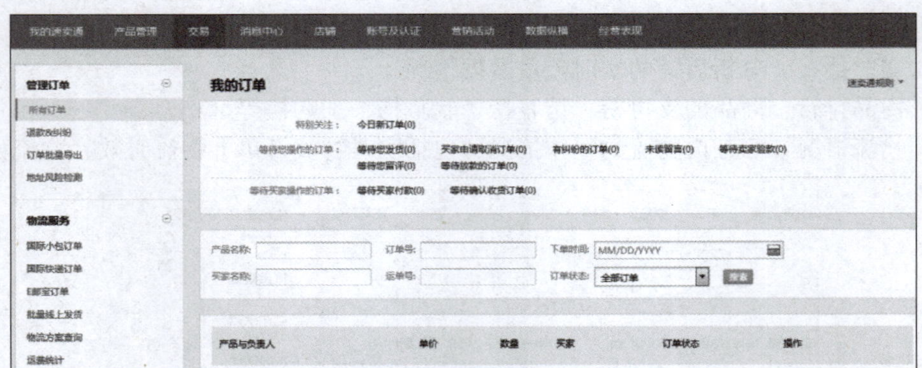

图 2-12　查看“我的订单”

卖家还可以对订单进行批量导出（图 2-13），单击“交易”→“管理订单”→“订单批量导出”。此功能可以导出最近 3 个月的所有订单，下载到本地为.xls 格式，方便统一查询物流信息、统计资金状况，以及批量管理客户和二次营销。

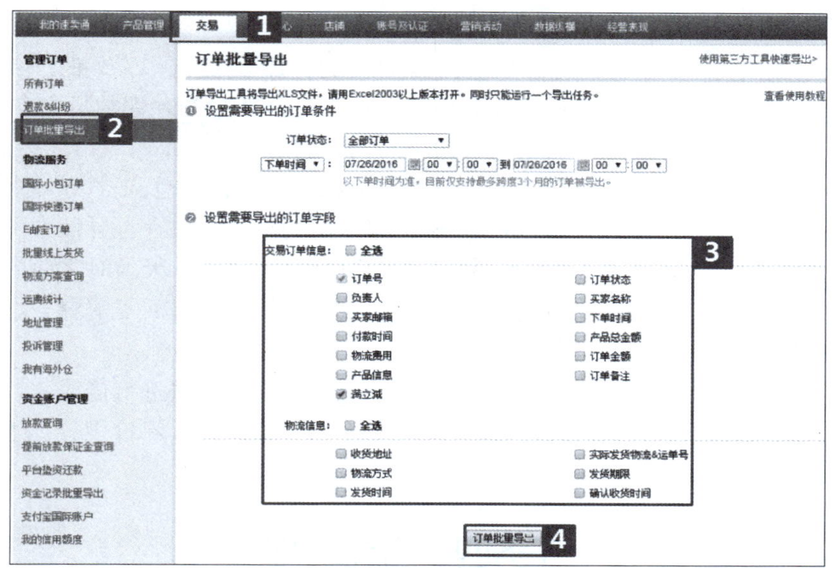

图 2-13　订单批量导出

买家付款后，我们需要进行发货操作，可以根据经营情况和物流渠道选择，对待发货订单进行线上发货。这部分内容，我们将在后续物流操作部分进行详细介绍。

二、交易评价

交易评价反映了卖家的交易数量与质量，对于卖家而言至关重要，而且交易评价综合反映了卖家的经营实力和产品品质，因此是买家下单时所考虑的重要因素。好评率越高，产品的排名和曝光率越高，买家看到该产品下单的机会越大，进而你的产品排名越靠前。反之，好评率越低，越会影响产品的排名和曝光率。对于卖家而言，速卖通平台的评价分为信用评价和卖家分项评分两类，这方面与天猫购物后的评价类似。

（1）信用评价：交易双方在订单交易结束后对双方信用状况的评价，包括五分制评分和评论两部分，是买卖双方均可互评的评价。

（2）卖家分项评分：买家在交易结束后可以匿名方式对卖家在交易中提供的商品描述的准确性、沟通质量与回应速度、物品运送时间的合理性三个主要方面进行评价，是买家对卖家的单向评价。

在交易顺利完成后的 30 天内，买卖双方需要对本次交易做出合理评价，超时将无法评价。除以下三种情况系统无法进行评价外，其余支付成功的订单均可进行评价。

（1）卖家选择 TT 付款，但最终未获卖家确认的订单，无法评价。

（2）资金审核时系统自动关闭或人工关闭的订单，无法评价。

（3）卖家发货超时，买家申请取消订单且获卖家同意，卖家申请退款等交易结束前已全部退款的订单，无法评价。

卖家的评价情况可以通过速卖通后台进行查看，包括近期评价摘要（近 6 个月好评率、近 6 个月评价数量、信用度等）、评价历史（过去 1 个月、3 个月、6 个月、12 个月及历史累计跨度内的好评率、中评率、差评率、评价数量、平均星级等关键指标）、评价记录（所得到的全部评价记录、给出的全部评价记录）。

这里，相应评价指标的计算公式如下。

好评率=6个月内好评数量/6个月内的好评数量与差评数量之和

差评率=6个月内差评数量/6个月内的好评数量与差评数量之和

平均星级=所有评价的星级总分/评价数量

分项评价中各单项平均评分=买家对该评分项评分总和/评价次数

请注意，在信用评价方面，卖家如果对于买家给出的中、差评存有异议，可在评价生效后的30天内联系买家，充分沟通后，买家可以在评价生效后的30天内对之前的评价进行修改，但修改次数仅限1次。买卖双方也可以就自己收到的差评进行回复解释，尽可能消除误会，提升好评率。

但在卖家分项评分方面，买家一旦提交，评分立即生效，无法进行修改。

此外，还需注意的是最终成交金额在5美元以下的订单不计入评价积分，生效的评价信息一般会在24小时内在店铺中展示。

任务四 店铺装修

【任务描述】了解店铺的布局和装修，争取各客户在视觉上留下深刻的印象，促进店铺订单转化。

速卖通平台是强调“店铺”概念的，而有些平台则弱化或没有“店铺”概念。这里将讲解速卖通平台旺铺装修（图2-14）的基本操作。

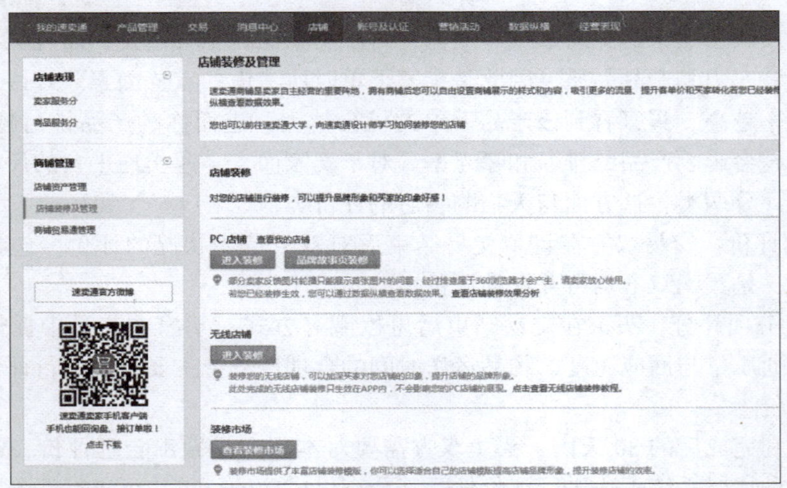

图2-14 店铺装修

“PC店铺”装修包含店铺首页装修和品牌故事页装修。品牌故事页专门用于品牌宣传，目前仅针对官方店铺开放。“无线店铺”是买家在移动端打开店铺首页时看到的页面。“装修市场”是第三方服务商提供的装修模板，卖家可以付费购买。

一、店铺基础装修

进入PC店铺装修页面，速卖通提供了基础设计模块（图2-15）。我们可以通过编辑这些模块的颜色、布局和上传自己设计的图片实现个性化的店铺首页效果（图2-16）。

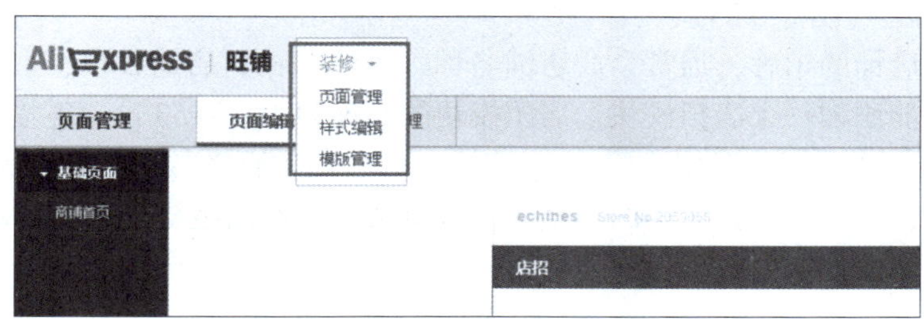

图 2-15　店铺基础装修 1

图 2-16　店铺基础装修 2

基础设计模块包含店招、图片轮播、联系信息、收藏店铺、商品推荐、用户自定义区域等部分。

基础设计模块提供 4 种配色方案供选择，分别是湖蓝、蓝色、红色和棕色（图 2-17）。

选择配色方案时要和品牌和产品的主色调相协调。页面布局管理功能可以根据需要改变模块之间的布局，用鼠标点住模块拖动改变其位置。

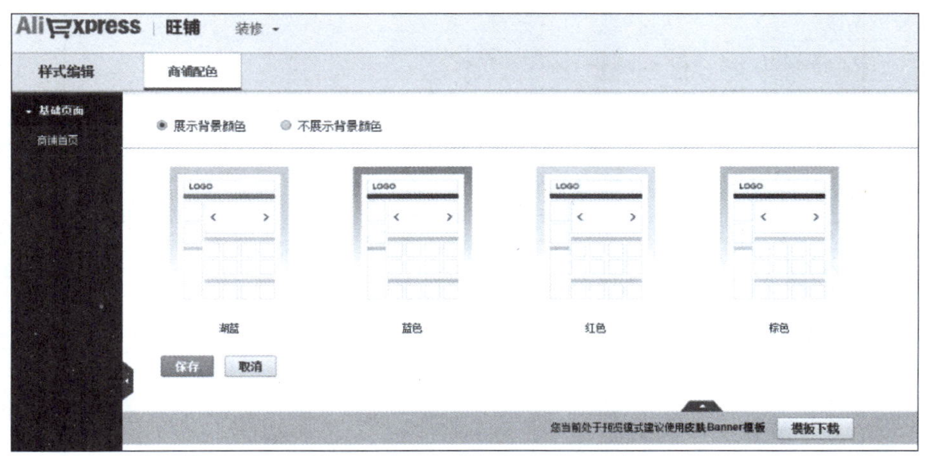

图 2-17　配色方案选择

（1）店招模块（图2-18）。

店招是一个店铺的招牌，通常会放店铺名称、店铺Logo、店铺收藏、主营产品等信息。

每个店铺只能添加一个店招模块。店招模块的高度为100~150 px，宽度为1 200 px，图片大小不能超过2 MB。店招允许加入一个链接，可以是首页链接、产品组链接或者其他任何单一产品链接，也可以根据店铺的需要加入首页链接、产品组链接或活动链接进行交替使用，以此达到高效的利用率。

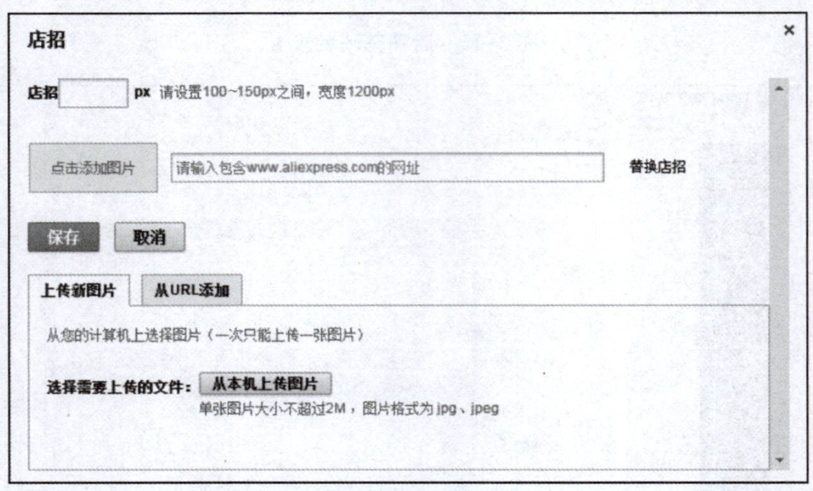

图2-18 店招模块

（2）图片轮播模块（图2-19）。

图2-19 图片轮播模块

图片轮播模块是非常重要的一个模块，一般位于主区内，以多张广告图滚动轮播的方式进行动态展示，更直观、更生动地表达商品信息。一个店铺可以添加 6 个图片轮播模块，模块之间可以上下调整位置，方便与其他模块进行互相搭配。

图片轮播模块的高度为 100~600 px，宽度为 960 px，图片大小不能超过 2 MB。一个图片轮播模块最多可以添加 5 张图片。每张图片可以添加 1 个相应产品链接。

（3）商品推荐模块（图 2-20）。

商品推荐模块用于陈列展示店铺商品。每个店铺可以添加 5 个商品推荐模块，每个模块最多可以展示 20 个商品，可以设置每行展示 4~5 个商品。

推荐方式可以选择“自动”或“手动”。选择“自动”选项，系统会在已经发布的商品里挑选符合条件的进行展示；选择“手动”选项，需要自行勾选希望展示的商品。

排序方式有 5 个选项，分别是：最新发布在前、最新发布在后、按价格降序排列、按价格升序排列、按销量降序排列。最常见的选项是按销量降序排列。

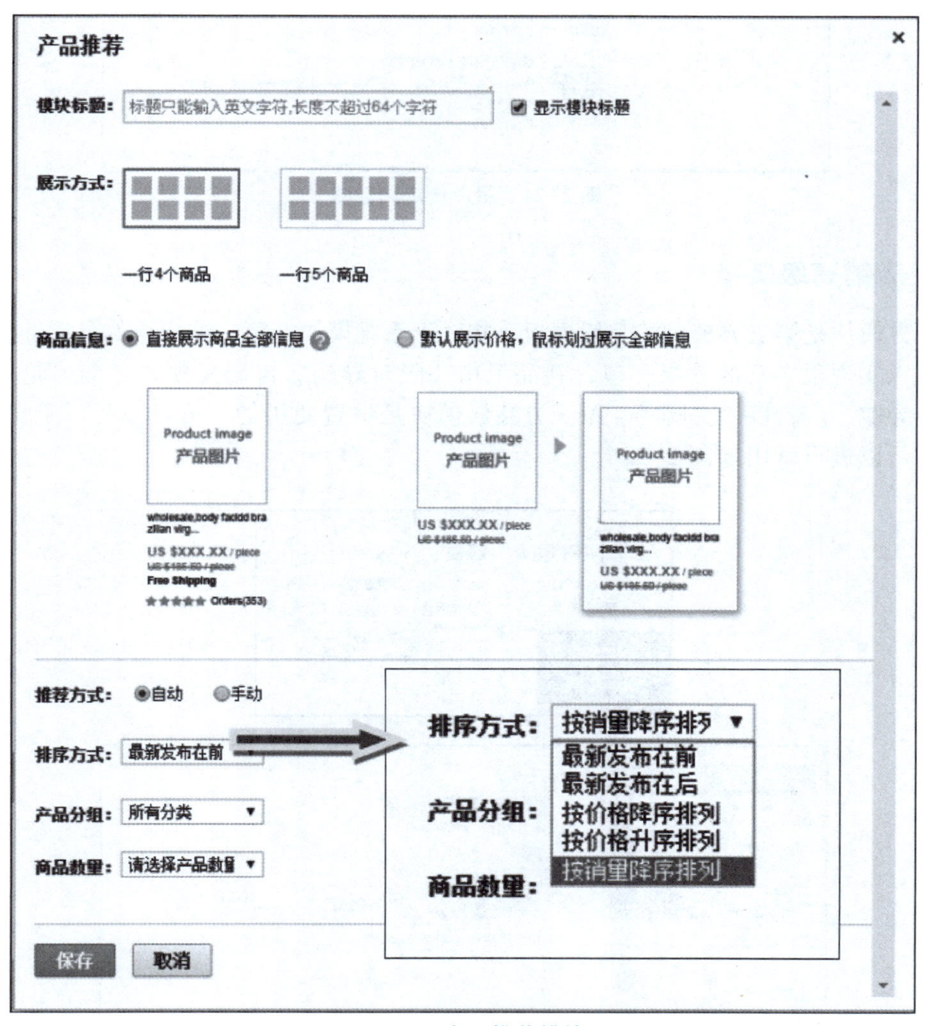

图 2-20　商品推荐模块

（4）用户自定义区域（图2-21）。

用户自定义区域模块可以实现自由希望展示的效果。一个店铺可以添加6个用户自定义区域模块，同一个用户自定义区域模块字符数不超过5 000个。打开用户自定义区域模块，首先给该模块输入标题，下方的空白区域可以自由输入文字或图片。

在空白区域直接输入文字或图片并不能自由实现想要的效果，需要配合 Adobe Photoshop 的切片工具和 Adobe Dreamweaver 编写代码来制作个性化效果，将编写好的代码直接粘贴到源代码区域即可实现。

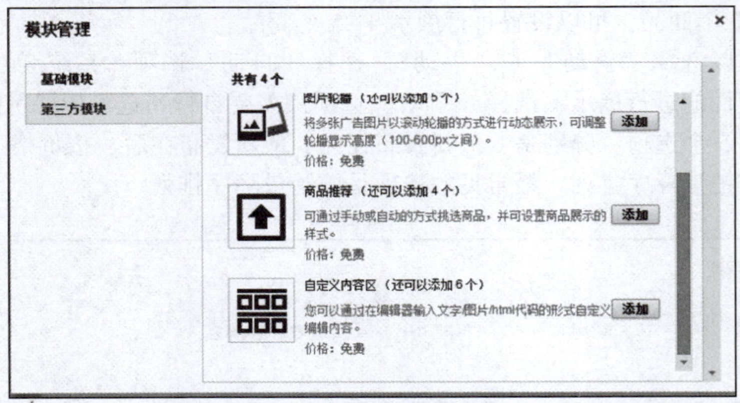

图2-21 用户自定义区域

二、店铺高级装修

第三方模块是第三方提供的装修模板。相对于系统模块，第三方模块的灵活性、开放性更大，可以实现很丰富的效果，包含新品上市、限时导购、自定义模块、全屏轮播、优惠券、分类导航、广告墙、页脚等。第三方装修模块是付费使用的，可以按月、季、年购买，购买之前可以进行试用（图2-22）。

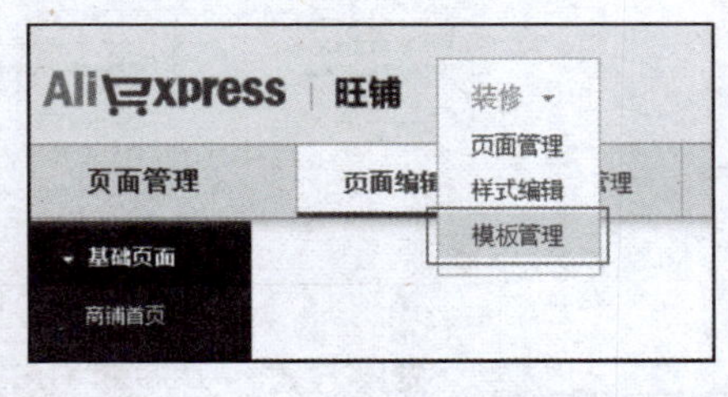

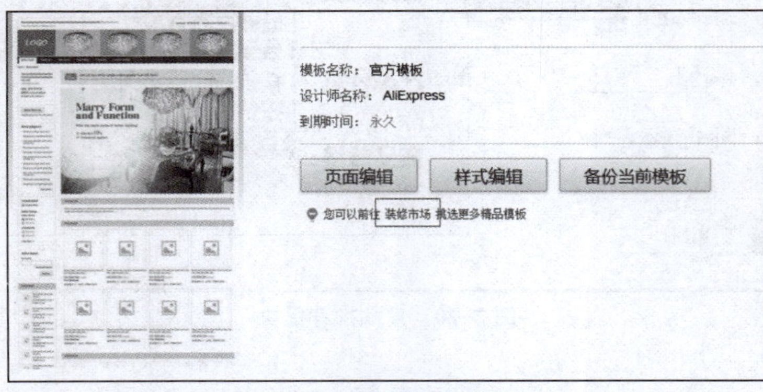

图2-22 店铺高级装修

（1）功能店招。

（2）全屏海报（图 2-23）。

全屏海报为店铺的整个视觉效果提升了一个层次，以更大气的方式展现产品。使用第三方模块可以实现全屏海报（宽度 1 920 px，高度可自定义），让店铺形象大气。

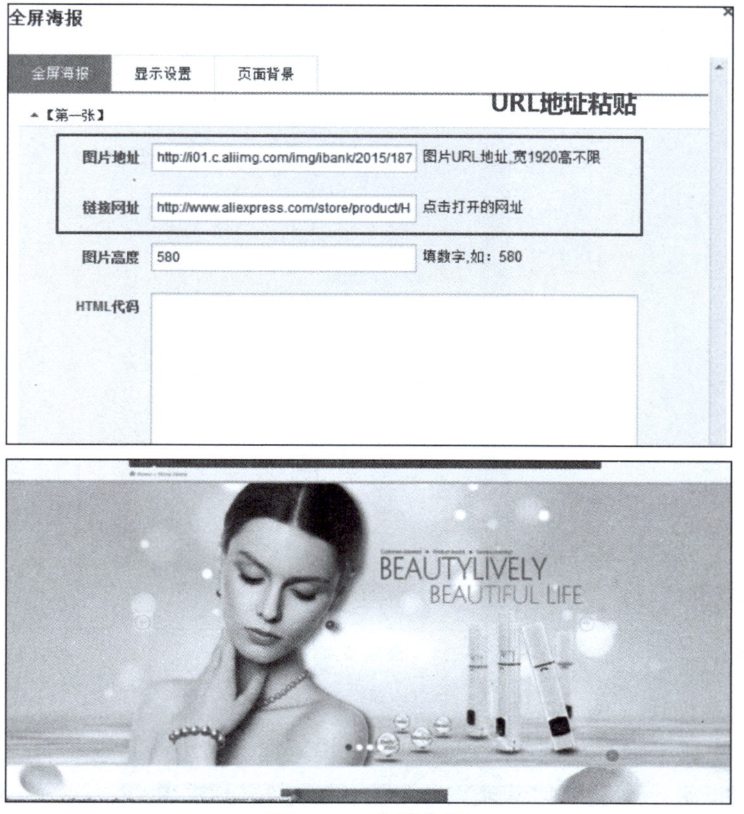

图 2-23　全屏海报

（3）自定义模块（图 2-24）。

自定义模块可以添加自主设计的切片内容，之前的基础模块自定义部分只支持宽度 960 px，而现在的第三方模块提供的自定义模块支持宽度 1 200 px。

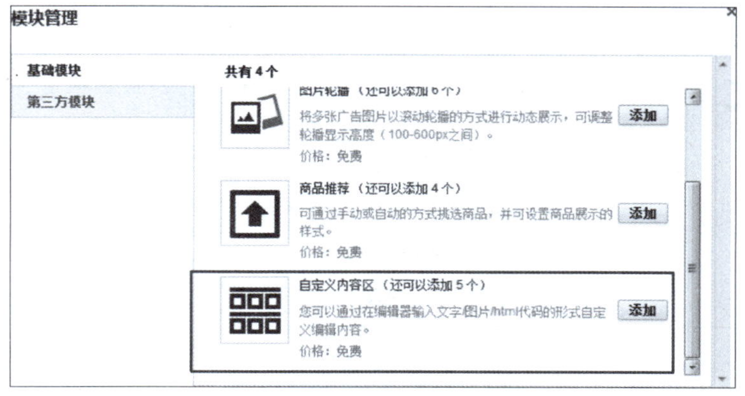

图 2-24　自定义模块

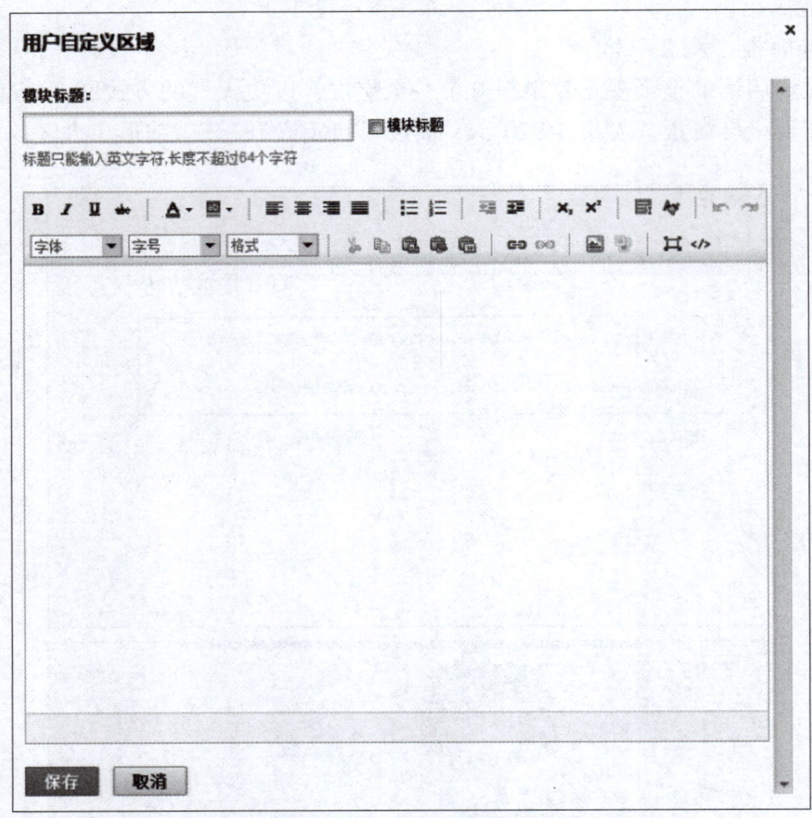

图 2-24　自定义模块（续）

（4）产品信息模块（图 2-25）。

产品信息模块属于内页详情中的模块，可以快速加入多个产品或一类产品之中。

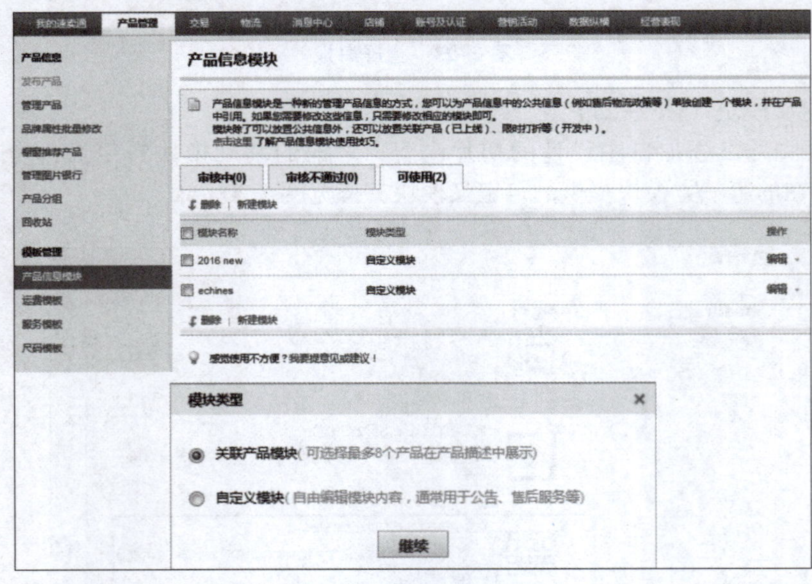

图 2-25　产品信息模块

（5）广告墙（图 2-26）。

广告墙可以实现鼠标滑过时展现不同角度图片的效果，将两张展示产品不同角度的图片上传即可。

广告墙
基础设置　显示设置　标题设置　【使用说明】
【广告 1】
选择商品　选择宝贝　（已选择 0 个宝贝）最多选择 1 个
正面图片地址　默认图片
反面图片地址　鼠标经过显示的图，可不填
主标题　不填，则不显示
副标题　不填，则不显示
链接网址　点击所要打开的页面网址
点击按钮　不填，则不显示
按钮坐标位置　410|100　距左|距上 如：300|50
【广告 2】
【广告 3】
【广告 4】
【广告 5】
【广告6】
【广告7】
保存　取消

图 2-26　广告墙

（6）分类导航（图 2-27）。

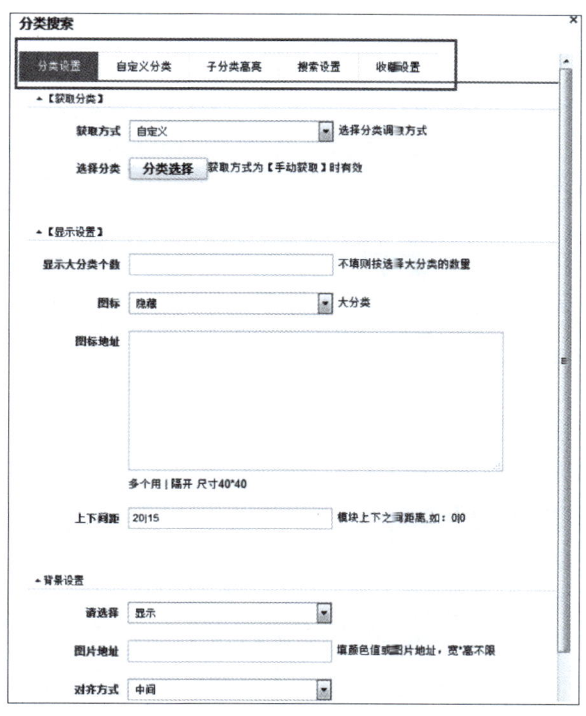

图 2-27　分类导航

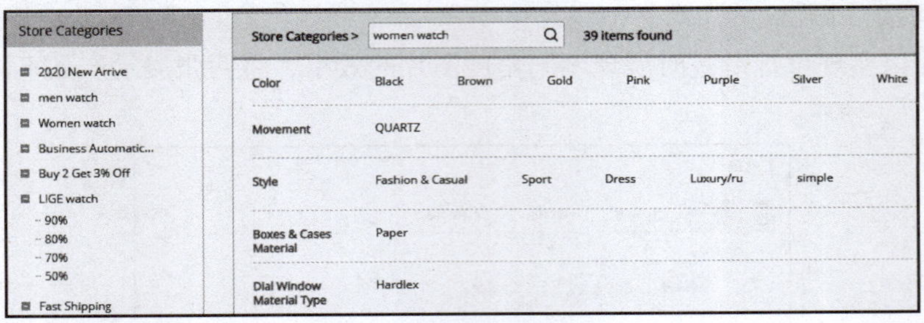

图 2-27 分类导航（续）

三、无线端店铺装修

（一）无线端店铺的特点

（1）场景多样化、时间碎片化；用户随时随地浏览，也随时可能被打断。

（2）内容需要简单快捷、可快速获取浏览（因为随时会被打断，内容当然要简单直接，能快速被用户获取）。

（3）竞争减少。由于屏幕、流量等原因限制内容的展现（在 PC 端上，买家可以打开多个浏览器窗口来对商品进行比较，但是手机是无法这样操作的，而且由于流量等因素的限制，用户也不会过多浏览，竞争自然相对 PC 端减少）。

（4）关注、收藏的店铺，可随时推送消息、与用户互动（手机一般都是随身携带的，互动起来时效性更强，当然，要把握好度，消息推送过多会打扰到用户反而造成不好的效果）。

（二）无线端店铺的框架

无线端店铺的框架包括自定义模块专区和宝贝推荐模块。

（1）自定义模块专区。

①产品是命，图片是王。

②文字简介清晰。

③新品或爆款以引荐为主。

④优惠券发送。

⑤建立会场专区，尽可能多地曝光商品。

（2）宝贝推荐模块。

①第一屏——新品。

②第二屏——爆品。

③第三屏——季节性产品。

④第四屏——特供款。

（三）无线端店铺装修的七大原则

原则一：无线端店铺要做到能够极速打开；在做店铺设计的时候一定要考虑到极速打开的问题。由于无线端流量限制，如果图片过大往往会出现图片打不开的现象。

原则二：信息一定要简洁、可快速传播；无线端受载体限制，面积有限，店铺的内容呈现更加受限，如果信息量过多，会导致买家无法读取，随即产生用户流失现象。

原则三：设计主体和店铺风格相结合，首尾呼应；目前很多店铺主体是一种风格，商品页面是另一种风格，一个店铺没有完整的风格传承塑造。这种情况在PC端也有很多，无线端店铺属于窄视觉展示，更应该注意店铺的所有设计应依据品牌特性，使所有的设计保持风格一致。

原则四：保持常换常新；跟PC端道理一样，在无线端，不同的活动内容和促销目的需要有不同风格，要增强买家的新鲜感，有变化买家才会经常浏览店铺。

原则五：快速读取信息，控制文字大小，应多以图片为主；PC端的用户可能会在一两分钟内浏览店铺，但无线端的买家会更集中先看图片，一张图胜过千言万语，图片吸引了买家，买家才会去看页面其他的一些文字介绍。

原则六：分类结构要明晰，模块划分要清晰。无线端模块结构应少而精，产品区域清楚明了。

原则七：店铺装修使用的颜色要有亲切感，既不要过于鲜亮，也不要过于沉闷。由于手机屏幕小，大面积的深颜色容易给人压抑感。

任务五　了解平台规则

【任务描述】在平台中开店，最重要的是遵守平台规则，因此在这一环节，公司首先要获取并理解平台规则，在日后运营中严格遵守平台规则。

一、速卖通平台规则摘要

全球速卖通平台规则（卖家规则）

第二章　交易

第一节　注册

第九条　卖家在速卖通所使用的邮箱不得包含违反国家法律法规、涉嫌侵犯他人权利或干扰全球速卖通运营秩序的相关信息，否则速卖通有权要求卖家更换相关信息。

第十条　卖家在速卖通注册使用的邮箱、联系信息等必须属于卖家授权代表本人，速卖通有权对该邮箱进行验证；否则速卖通有权拒绝提供服务。

第十一条　卖家有义务妥善保管账号的访问权限。账号下（包括但不限于卖家在账号下开设的子账号内的）所有的操作及经营活动均视为卖家的行为。

第十二条　全球速卖通有权终止、收回未通过身份认证或连续一年180天未登录速卖通或TradeManager的账户。

第十三条　用户在全球速卖通的账户因严重违规被关闭，不得再重新注册账户；如被发现重新注册了账号，速卖通有权立即停止服务、关闭卖家账户。

第十四条　速卖通的会员ID在账号注册后由系统自动分配，不可修改。

第二节　认证、准入及开通店铺

第十五条　速卖通平台接受依法注册并正常存续的个体工商户或公司开店，并有权对卖家的主体状态进行核查、认证，包括但不限于委托支付宝进行实名认证。通过支付宝实名认证进行认证的卖家，在对速卖通账号与支付宝账户绑定过程中，应提供真实有效的法定代表人姓名身份、联系地址、注册地址、营业执照等信息。

第十六条　若已通过认证，卖家需选择销售计划类型。速卖通有两种销售计划类型：标准销售计划和基础销售计划，一个店铺只能选择一种销售计划类型。标准销售计划和基础销售计划的区别，详见表2-1。除此之外，标准销售计划和基础销售计划无其他区别：

表 2-1 销售计划类型

项目	标准销售计划 （Standard）	基础销售计划 （Basic）	备注
店铺的注册主体	企业	个体工商户/企业均可	注册主体为个体工商户的卖家店铺，初期仅可申请“基础销售计划”，当“基础销售计划”不能满足经营需求时，满足一定条件可申请并转换为“标准销售计划”
开店数量	不管是个体工商户或企业主体，同一注册主体下最多可开6家店铺，每家店铺仅可选择一种销售计划		—
年费	年费按经营大类收取，两种销售计划收费标准相同		—
商标资质	√	同标准销售计划	—
类目服务指标考核	√	同标准销售计划	—
考核	—	—	—
年费结算奖励	中途退出：按自然月，返还未使用年费 经营到年底：返还未使用年费，使用的年费根据年底销售额完成情况进行奖励	中途退出：全额返还 经营到年底：全额返还	无论哪种销售计划，若因违规违约关闭账号，年费将不予返还
销售计划是否可转换	一个自然年内不可切换至“基础销售计划”	当“基础销售计划”不能满足经营需求时，满足以下条件可申请“标准销售计划”（无需更换注册主体）： 1）最近30天GMV ≥ 2 000美元 2）当月服务等级为非不及格（不考核+及格及以上）	
功能区别	可发布在线商品数小于等于3 000	1. 可发布在线商品数小于等于300（2019年可提额至500） 2. 部分类目暂不开放基础销售计划，开放类目单击查看 3. 每月享受3 000美元的经营额度（即买家成功支付金额），当月支付金额≥3 000美元时，无搜索曝光机会，但店铺内商品展示不受影响；下个自然月初，搜索曝光恢复	无论何种销售计划，店铺均可正常报名参与平台各营销活动，不受支付金额限制

第十七条　无论选择哪种销售计划，均需根据系统流程完成类目招商准入，此后卖家方可发布商品。卖家（无论是个体工商户还是公司）还应依法设置收款账户。

第十八条　商品发布后，卖家将在平台自动开通店铺，即基于速卖通技术服务、用于展示商品的虚拟空间。除本规则或其他协议约定外，完成认证的卖家在速卖通可最多开设 6 家虚拟店铺。店铺不具独立性或可分性，使用平台提供的技术服务，卖家不得就店铺进行转让或任何交易。

第十九条　卖家承诺并保证账号注册及认证为同一主体，认证主体即为速卖通账户的权责承担主体。如卖家使用阿里巴巴集团下其他平台账号（包括但不限于淘宝账号、天猫账号、1688 账号等）申请开通类目服务，卖家承诺并保证在速卖通认证的主体与该账号在阿里巴巴集团下其他平台的认证主体一致，否则平台有权立即停止服务、关闭速卖通账号；同时，如卖家使用速卖通账号申请注册或开通阿里巴巴集团下其他平台账号，承诺并保证将使用同一主体在相关平台进行认证或相关登记，否则平台有权立即停止服务、关闭速卖通账号。

第二十条　完成认证的卖家不得在速卖通注册或使用买家账户，如速卖通有合理依据怀疑卖家以任何方式在速卖通注册买家账户，速卖通有权立即关闭买家会员账户，且对卖家依据本规则进行市场管理。情节严重的，速卖通有权立即停止对卖家的服务。

第二十一条　卖家不得以任何方式交易速卖通账号（或其他卖家的权利义务），包括但不限于转让、出租或出借账户。如有相关行为的，卖家应对该账号下的行为承担连带责任，且速卖通有权立即停止服务、关闭该速卖通账户。

第二十二条　完成认证、入驻的卖家主动退出或被准出速卖通平台、不再经营的，平台将停止卖家账号下的类目服务权限（包括但不限于收回站内信、已完结订单留言功能及店铺首页功能等）、停止店铺访问支持。若卖家在平台停止经营超过一年的（无论账号是否使用），平台有权关闭该账号。

第二十三条　速卖通店铺名和二级域名需要遵守命名规范《速卖通二级域名申请及使用规范》，不得包含违反国家法律法规、涉嫌侵犯他人权利或干扰全球速卖通运营秩序等相关信息，否则速卖通有权拒绝卖家使用相关店铺名和二级域名，或经发现后取消店铺名和二级域名。

二、wish 平台规则摘要

（一）注册规则

注册期间所提供的信息必须是真实准确的。如果在注册期间所提供的账户信息不真实准确，账户可能会被暂停。

每个实体有且只能有一个账户，如果公司或个人使用多个账户，则这些多个账户都有可能被暂停。

自 2018 年 10 月 1 日 0 时起（世界标准时间），新注册的店铺或需缴纳 2 000 美元的店铺预缴注册费。这项政策将适用于在 2018 年 10 月 1 日 0 时（世界标准时间）之后收到审核回复的所有商户账户。自 2018 年 10 月 1 日 0 时（世界标准时间）开始，长时间未使用的商户账户也或需缴纳 2 000 美元的店铺预缴注册费。

ERP 合作伙伴及私有 API 受合作伙伴服务条款的约束。在 wish 上使用 ERP 合作伙伴 API

和私有 API 的商户须遵守合作伙伴服务条款：https：//merchant. wish. com/partner-terms-of-service。

若未能妥善保护用户的个人信息和数据，账户可能会招致高额罚款、暂停交易和/或永久关闭。

未能妥善保护用户数据的例子包括但不限于：

- 向外界公开用户的姓名和地址
- 公开发布 API 令牌
- 分享账户密码

（二）产品列表

1. 产品上传期间提供的信息必须准确

如果对所列产品提供的信息不准确，该产品可能会被移除，且相应的账户可能面临罚款或被暂停。

2. wish 严禁销售伪造产品

严禁在 wish 上列出伪造产品。如果商户推出伪造产品进行出售，这些产品将被清除，并且其账户将面临罚款，可能还会被暂停。

3. 产品不得侵犯他人的知识产权

产品不得侵犯他人的知识产权，这包括但不限于版权、商标和专利。商户有责任确保其产品没有侵犯他人的知识产权，并且在刊登产品前积极进行知识产权检查。如果商户反复刊登侵犯他人知识产权的产品，那么相关侵权产品将会被系统移除，商户账号也将面临至少 500 美元的罚款和/或被暂停交易的风险。

如果商户继续反复侵犯他人的知识产权，那么该账号将面临更高的罚款、被暂停交易和/或被终止交易的风险。

罚款可于生成之日起 90 天内进行申诉和审批。但如果罚款未在 90 天内获批，其将不可再撤回。以上政策将于 2018 年 11 月 12 日起生效。

4. 产品不得引导用户离开 wish

如果商户列出的产品鼓励用户离开 wish 或联系 wish 平台以外的店铺，产品将被移除，其账户将被暂停。

5. 严禁列出重复的产品

严禁列出多个相同的产品。相同尺寸的产品必须列为一款产品。不得上传重复的产品。如果商户上传重复的产品，产品将被移除，且其账户将被暂停。

6. 将原来的产品修改成一个新的产品是禁止的

如果商户将原来的产品修改成了一个新的产品，那么这个产品将被移除，账号将被处以 100 美元的罚款并将面临暂停交易的风险。自 2019 年 1 月 15 日 0 时起（世界标准时间），该项罚款金额将提高至 500 美元。

罚款可于生成之日起 90 天内进行申诉和审批。但如果罚款未在 90 天内获批，其将不可再撤回。以上政策将于 2018 年 11 月 12 日起生效。

7. 禁售品将被罚款

产品应该清晰、准确并符合 wish 政策。wish 不允许销售禁售品。如果发现某产品不符合 wish 禁售品政策，则商户将被处以 10 美元的罚款且该产品将被系统下架。自 2019 年 1 月

15 日 0 时起（世界标准时间），该项罚款金额将提高至每个禁售品 50 美元。

罚款可于生成之日起 90 天内进行申诉和审批。但如果罚款未在 90 天内获批，其将不可再撤回。以上政策将于 2018 年 11 月 12 日起生效。

8. 产品列表中不允许存在差异过大的产品

如果产品列表中存在差异过大的产品，那么该产品可能会被移除，而且店铺会有暂停交易的风险。

差异过大的产品类型指以下情况：

- 根本不同的产品
- 应有完全不同描述的产品
- 无法用单一产品名称描述的产品
- 一产品为另一产品的配件
- 难以想象会一起销售的产品

9. 严厉禁止同一产品列表中的极端价格差异

同一产品列表中，最高变体价格必须小于最低变体价格的 4 倍。不遵循价格差异政策的产品将会被移除，并且账户有暂停交易的风险。

10. 存在误导性的产品将被处以罚款

若产品被检测到存在误导性，对于该产品被判定为误导性产品之日的过往 30 天内生成的订单，商户将面临每个订单 100 美元的罚款，并且所有订单金额将 100%被罚没；每个误导性产品的最低罚款金额为 100 美元。

如果该产品被判定为误导性产品之日，“过往 30 天内的订单”生成于 2018 年 5 月 2 日 23 点 59 分（太平洋时间）之前，则处理规则如下：

（1）2018 年 4 月 18 日 0 点 00 分（太平洋时间）至 2018 年 5 月 2 日 23 点 59 分（太平洋时间）期间产生的订单，其订单金额将 100%被罚没。

（2）2018 年 4 月 18 日 0 点 00 分（太平洋时间）之前生成的订单不会被罚款。

（3）每个误导性产品的最低罚款金额为 100 美元，此规则仍然适用。

商户可以对这些罚款进行申诉。

罚款可于生成之日起 90 天内进行申诉和审批。但如果罚款未在 90 天内获批，其将不可再撤回。以上政策将于 2018 年 11 月 12 日起生效。

附录：若一产品变体被检测到存在误导性，该变体将从产品中被移除，商户将面临自变体被检测为误导性之前 30 天内，每个该变体订单 100 美元的罚款，并且所有该误导性变体的订单金额将 100%被罚没；每一误导性产品变体的最低罚款金额为 100 美元。以上政策将于 2019 年 03 月 20 日 0 时 00 分（世界标准时间）起生效。

11. 同一产品列表内禁止出现极端价格上涨

商户在 4 个月内可将产品价格和/或运费提高 1 美元或最高 20%，以数值较高者为准。对于指定产品，该价格限制政策对产品价格和运费单独适用。请注意，促销产品不允许涨价。

12. 操控评论和评级政策

wish 平台严格禁止任何试图操纵客户评论和/或评级的行为，并明确禁止有偿评论和/或评级。wish 也禁止商户直接或间接进行任何评论和/或评级。一旦发现存在受操控的评论和/

或评级的订单，商户将被处以100%的订单金额的罚款，外加每个违规订单100美元的罚款。

订单金额的定义为“数量×（商户设定产品价格+商户设定运费）”。

（三）产品促销

wish可能随时促销某款产品。如果产品的定价、库存或详情不准确，商户将有可能违反以下政策。

1. 不得对促销产品提高价格和运费

严禁对促销的产品提高价格或运费。

2. 促销产品不得在可接受范围之外降低库存数量。

促销产品不得在可接受范围之外降低库存数量。商户可于每14天内，在至多50%或5个库存的范围内（取数额较大者），减少促销产品的库存数量。库存数量更改适用于各层级仓库。

3. 若下架或移除促销产品，店铺将面临罚款

如果店铺下架或移除过去9天交易总额超过500美元的促销产品，店铺将被罚款50美元。

如果店铺为一促销产品单独屏蔽某配送国家，所屏蔽国家在过去9天内的销售额超过100美元，则店铺将被罚款50美元。

4. 不得对促销产品进行编辑

严禁对促销产品进行编辑。

例如：

- 禁止编辑促销产品的标题、描述或图片
- 禁止针对部分变体进行下架或启用

5. 禁止为促销产品添加新的变体

严禁对促销产品添加新的尺码/颜色变体。

（四）知识产品

wish对伪造品和侵犯知识产权的行为制定了严格的零容忍政策。如果wish单方面认定您在销售伪造产品，您同意不限制wish在本协议中的权利或法律权利，wish可以单方面暂停或终止您的销售权限或扣留或罚没本应支付给您的款项。

1. 严禁销售伪造产品

严禁销售模仿或影射其他方知识产权的产品。如果商户推出伪造产品进行销售，这些产品将被清除，并且其账户将面临罚款，可能还会被暂停。

2. 严禁销售侵犯另一个实体的知识产权的产品

产品图像和文本不得侵犯其他方的知识产权。这包括但不限于版权、商标和专利。如果商户列出侵犯其他方知识产权的产品，这些产品将被清除，并且其账户将面临罚款，可能还会被暂停。

3. 商户有责任提供产品的销售授权证据

如果产品是伪造的或侵犯了知识产权，商户有责任提供销售产品的授权证据。

4. 严禁提供不准确或误导性的销售授权证据

如果商户对销售的产品提供错误或误导性的授权证据，其账户将被暂停。

5. 对伪造品或侵犯知识产权的产品处以罚款

所有产品均将被审核是否属于伪造品，是否侵犯了知识产权。如果发现某款产品违反了wish的政策，则产品将被移除并扣留所有付款。商户将会被处以每个伪造品10美元的罚款。自2019年1月15日0时起（世界标准时间），该项罚款金额将提高至每个伪造品50美元。

罚款可于生成之日起90天内进行申诉和审批。但如果罚款未在90天内获批，其将不可再撤回。以上政策将于2018年11月12日起生效。

6. 对已审核产品处以伪造品罚款

在商户更改产品名称、产品描述或产品图片后，已通过审核的产品需要再次接受审核，看其是否为伪造品或是否侵犯了知识产权。在产品复审期间，产品可正常销售；如果产品在编辑后被发现违反了wish的政策，此产品将会被删除，且其所有款项将被扣留。该账户将可能面临罚款和/或暂停交易的风险。

（五）履行订单

准确迅速地履行订单是商户的首要任务，这样才能收到销售款项。

1. 所有订单必须在5天内履行完成

若订单未在5天内履行，该订单将被退款并且相关的产品将被下架。

补充：世界标准时间2018年8月15日00：00起，此类被退款的订单，每单将被罚款50美元。

2. 如果商户因政策导致上述条款中退款的订单数量非常高，其账户将被暂停

自动退款率是指由于政策而自动退款的订单数量与收到订单总数之比。如果此比率非常高，其账户将被暂停。

3. 如果商户的履行率非常低，其账户将被暂停

履行率是履行订单数量与收到订单数量之比。如果此比率太低，其账户将被暂停。

4. 符合确认妥投政策的订单使用平台认可的，且能提供最后一公里物流跟踪信息的物流服务商进行配送

确认妥投政策对配送至下列国家（表2-2）、订单总价（价格+运费）大于或等于对应国阈值的订单生效。

表2-2　配送国家

国家	价格+运费的阈值
阿根廷、加拿大、智利、哥伦比亚、哥斯达黎加、丹麦、法国、德国、墨西哥、沙特阿拉伯、西班牙、英国、美国	≥10美元
意大利	≥7美元
俄罗斯	≥3美元

要求：

（1）订单必须在7天内履行且带有有效的跟踪信息。

（2）订单必须使用平台认可的，且能提供最后一公里物流跟踪信息的物流服务商进行配送。

（3）订单须在可履行的30天内由确认妥投政策认可的物流服务商确认妥投。

没有达到要求的商户将面临暂停交易的风险。

5. 自订单生成起指定时间内物流服务商未确认发货的订单将被处以罚款

如果订单自生成后未在以下指定时间内由物流服务商确认发货，则商户将被处以罚款：订单金额的20%或1美元，以金额较高者为准：

（1）每件产品的商户设定产品价格+商户设定运费小于100美元且未在订单生成起168小时内确认发货的订单将被罚款。

（2）每件产品的商户设定产品价格+商户设定运费大于或等于100美元且未在订单生成起336小时内确认发货的订单将被罚款。

订单金额的定义为“数量×（商户设定产品价格+商户设定运费）”。

所有2019年7月9日0时（世界标准时间）之后生成的订单，包括每件产品的商户设定产品价格+商户设定运费大于或等于100美元的订单，均将受该罚款政策约束。

如果订单在生成后的×天内由物流服务商确认妥投了，那么该订单的延时发货罚款将会被撤销。但如果商户因任何原因修改了物流单号，那么该罚款将不会撤销。

商户可以通过“物流跟踪申诉”工具进行罚款申诉。

自2018年11月12日起，罚款可于生成之日起90天内进行申诉和审批。但如果罚款未在生成后90天内获批，其将不可再撤回。

附录：自2019年7月23日起，若商户因任何原因修改了物流单号，该罚款将不会撤销。

6. 使用虚假物流单号履行订单将面临罚款

若使用虚假物流单号履行订单，则商户可能会被罚款。

在2019年1月15日0时（世界标准时间）之前标记为已发货或修改物流单号的违规订单，罚款将为订单金额加上100美元。在2019年1月15日0时（世界标准时间）之后标记为已发货或修改物流单号的违规订单，罚款金额将为订单金额加上500美元。

订单金额的定义为“数量×（商户设定产品价格+商户设定运费）”。

订单金额为“数量×(商户设定产品价格+商户设定运费）”。

罚款可于生成之日起90天内进行申诉和审批。但如果罚款未在90天内获批，其将不可再撤回。以上政策将于2018年11月12日起生效。

7. 欺骗性履行订单政策

以欺骗消费者为目的而履行的订单会造成商户浏览量减少和每次10 000美元的罚款。

8. 中国大陆直发订单仅接受wish邮配送（生效时间：2018年10月22日）

自太平洋时间2018年10月22日17时起，wish邮将成为中国大陆直发订单唯一可接受的物流服务商。除了已经完成wish邮线下转线上流程的物流服务商，其他所有中国大陆直发的物流服务商均不被接受。非中国大陆直发订单将不受影响。

违反配送政策的店铺将面临被罚款、处罚、货款暂扣和/或账户暂停的风险。

在2018年10月22日17时（太平洋标准时间）至2019年1月15日0时（世界标准时间）期间，凡从中国大陆发出，并由非WishPost的物流服务商履行的订单，每个订单将被罚以10美元。2019年1月15日0时（世界标准时间）后，每个违规订单将被罚以100美元。

9. 取消订单罚款政策

取消订单罚款政策适用于2018年10月17日下午5点（太平洋时间）以后释放至商户

后台的订单。

如果订单在确认履行前被取消或被退款，则商户将被处以每个违规订单 2 美元的罚款。

附录：自 2018 年 10 月 31 日下午 5 点（太平洋时间）开始，商户可在取消订单之罚款生成后的 3 个工作日内对其进行申诉。

10. 带有“A+物流计划”标志的订单必须使用规定的 WishPost 物流渠道履行

商户必须使用以下 WishPost 物流渠道之一来履行带有“A+物流计划”标志的订单，选择标准取决于订单是否受“确认妥投政策”约束。

- 安速派经济（otype：5001-1）
- 安速派标准（otype：5002-1）

若未按照以上要求的两个物流渠道履行“A+物流计划”订单，商户或将面临罚款和/或处罚。

11. 未在订单释放后 168 小时内配送至“A+物流计划”仓库的订单将会产生额外费用

若“A+物流计划”订单未在其释放后 168 小时内配送至“A+物流计划”仓库，则商户将按照价格表被收取 100%运费，外加 50%原运费。

如有异议，商户可联系 WishPost 客服对外加的 50%运费进行申诉。

12. 必须正确申报敏感或特殊产品

商户必须在 WishPost 中正确地识别并申报敏感或特殊产品，并必须将一般产品和敏感/特殊产品分开打包，再将其配送至“A+物流计划”仓库。

若商户未在 WishPost 中申报敏感或特殊产品类型，但将该类产品配送至了“A+物流计划”仓库，则商户将会被额外收取 1 元/包裹的敏感产品处理费。

13. 商户必须配送订单至正确的“A+物流计划”仓库地址

商户必须按照 wish 商户后台和 WishPost 上指明的配送地址，将订单配送至正确的“A+物流计划”仓库。若订单配送至错误的仓库地址，则商户将被额外收取 5 元/包裹的处理费。

（六）用户服务

1. 如果店铺退款率过高，该账号将被暂停交易

退款率是指在一段时间内，退款订单数除以总订单数的比例。如果此比率极高，那么店铺将被暂停交易。退款率低于 5%是正常的。

2. 如果店铺的退单率非常高，其账户将被暂停

退单率是指某个时段内退单的订单数量与收到订单总数之比。如果此比率特别高，那么店铺将被暂停交易。低于 0.5%的退单率是正常的。

3. 严禁滥用用户信息

严禁对 wish 用户施予辱骂性行为和语言，wish 对此行为采取零容忍态度。

4. 严禁要求用户绕过 wish 付款

如果商户要求用户在 wish 以外的平台付款，其账户将被暂停。

5. 禁止引导用户离开 wish

如果商户要求用户访问 wish 以外的店铺，商户账户将处于被暂停的风险，并且/或者面临每次 10 000 美元的罚款。

6. 严禁要求用户提供个人信息

如果商户要求用户提供付款信息、电子邮箱等个人信息，其账户将被暂停。

7. 客户问题将由 wish 来处理

wish 是首先处理客户问题的联系方。

（七）退款责任

1. 退款发生在确认履行前的订单不符合付款条件

如果订单在确认发货前被退款，则此订单不符合付款条件。退款产生前已确认发货的订单方符合付款政策。

商户允许对这些退款进行申诉。

2. 商户退款的所有订单都不符合付款条件

如果商户向某个订单退款，商户将不能获得该笔订单的款项。

商户不允许对这些退款进行申诉。

3. 对于缺乏有效或准确跟踪信息的订单，商户承担全部退款责任

如果订单的跟踪信息无效、不准确或缺少此类信息，商户必须承担该订单的全部退款成本。

如果瑞典路向的订单产生了退款，商户无法对此进行申诉。

否则，商户可对这些退款进行申诉。

4. 对于经确认属于延迟履行的订单，由商户承担全部退款

如果确认履行日为购买后 5 天以上，商户应对该订单退款负 100%责任。

商户允许对这些退款进行申诉。

5. 对于配送时间过度延迟的订单，商户负责承担 100%的退款责任。

若在下单的×天后订单仍未确认妥投，因此产生的退款，商户承担 100%的退款费用。可搜索查看各目的地国家/地区对应的天数。

商户允许对这些退款进行申诉。

6. 商户负责由于尺寸问题而产生的全部退款成本

如果用户由于尺寸问题而要求退款，由商户承担全部退款成本。

商户允许对这些退款进行申诉。

7. 对于商户参与诈骗活动的订单，由商户承担全部退款成本

如果商户实施诈骗活动或规避收入份额，则承担诈骗订单的全部退款成本。

商户允许对这些退款进行申诉。

8. 商户负责由于商品送达时损坏而产生的全部退款成本

如果由于商品送达时损坏而产生退款，商户承担全部退款成本。

商户允许对这些退款进行申诉。

9. 商户负责由于商品与商品介绍不符而产生的全部退款成本

如果由于商品与商品介绍不符而产生退款，商户承担全部退款成本。

提示：商品图片应该准确描述正在出售的商品。商品图片和商品描述的不一致会导致以商品与清单不符为由的退款。

商户允许对这些退款进行申诉。

10. 如果账户被暂停，由店铺承担全部退款

如果在商户账户暂停期间发生退款，由商户承担全部退款成本。

商户不允许对这些退款进行申诉。

11. 对于退款率极高的产品，其在任何情况下产生的退款都将由商户承担全部退款责任

商户的每个极高退货率的产品都将会收到一条违规警告，之后在该产品的所有订单中，产生的任何退款都将由商户承担全部责任。此外，退款会从上次付款中扣除。

根据具体的退款率多少，该产品可能会被 wish 移除。未被 wish 移除的高退款率产品将会被定期重新评估。若该产品保持低退款率，那么商户将不再因此政策而承担该产品的全部退款责任。

商户不允许对这些退款进行申诉。

12. 对于被判定为仿品的产品，商户将承担 100%的退款。

wish 平台禁止销售仿冒品。侵犯知识产权的产品将被直接移除，商户也将 100%承担相关退款。

商户允许通过仿品违规对这些退款进行申诉。

13. 商户将因配送至错误地址而承担 100%退款责任

如果因商品配送至错误地址而产生退款，那么该商户将承担 100%的退款责任。

商户允许对这些退款进行申诉。

14. 商户将为任何不完整订单承担 100%退款责任

如果因订单配送不完整而产生退款，那么商户将承担 100%的退款责任。不完整订单是指商户没有配送正确数量的产品或者没有配送该产品的所有部件。

商户允许对这些退款进行申诉。

15. 对于被退回发货人的包裹，商户将承担所产生的全部退款

如果妥投失败并且物流商将物品退还至发送方，商户将承担退款的 100%责任。

商户允许对这些退款进行申诉。

16. 商户需要对低评价产品承担全部退款

对于每个平均评价极低的产品，商户会收到相应的违规通知。商户需对该产品在未来的和追溯到最后一次付款的所有订单的退款费用负 100%责任。

根据平均评分，该产品可能会被 wish 移除。未被移除的平均低评价产品将会被定期重新评估。如果产品的评分不再偏低，根据政策，商户将不再承担 100%的退款责任。

商户不允许对这些退款进行申诉。

17. 任何客户未收到产品的订单，商户承担 100%的退款费用

若包裹跟踪记录显示妥投，但客户未收件，商户承担 100%的退款费用。

商户允许对这些退款进行申诉。

18. 若商户通过非 wish 认可的合作配送商配送订单，则其将承担 100%的退款责任

如果一件商品以不可接受的承运商来配送，那商家将会承担 100%的退款责任。

商户不允许对这些退款进行申诉。

19. 如果店铺退款率过高，那么商户将无法获得退款订单的款项

如果店铺退款率过高，商户将对未来所有的退款订单承担 100%责任。当店铺退款率得到改善且不再属于高退款率店铺后，商户将按退款政策承担正常的退款责任。

商户不允许对这些退款进行申诉。

20. 对于在某些国家被报告为危险或非法的产品，商户应承担 100%的退款责任

如果商户上架了在其销售产品的国家被认为是危险或非法的产品，那么此商户将对来自这些特定国家的所有订单承担 100%的退款费用。

由于这类政策违反的性质，商户将不可对这些退款进行申诉。

（八）账户暂停

1. 暂停后账户将发生以下情况

- 账户访问受限
- 店铺的产品不允许再上架销售
- 店铺的付款保留三个月
- 因严重违反 wish 政策，店铺的销售额将被永久扣留
- 店铺承担任一项退款的 100%

2. 询问客户个人信息

如果商户向顾客索取他们的个人信息（包括电邮地址），商户账户将有被暂停的风险。

3. 要求顾客汇款

如果商户要求用户直接打款，其账户将会存在被暂停的风险。

4. 提供不适当的用户服务

如果商户提供了不适当的用户服务，其账户将会存在被暂停的风险。

5. 欺骗用户

如果商户正在欺骗用户，其账户将会存在被暂停的风险。

6. 要求用户访问 wish 以外的店铺

如果商户要求用户访问 wish 以外的店铺，商户账户将处于被暂停的风险，并且/或者面临每次 10 000 美元的罚款。

7. 销售假冒或侵权产品

如果商户的店铺正在销售假冒或侵权产品，商户账号将有被暂停的风险。

8. 违反 wish 商户政策

如果商户利用 wish 政策谋取自己的利润，该商户账户将有被暂停的风险。

9. 关联账号被暂停

如果商户的店铺与另一被暂停账号关联，商户账户将有被暂停的风险。

10. 高退款率

如果商户退款率过高，那么该账户将有被暂停的风险。

11. 高自动退款率

如果商户的自动退款率过高，将有被暂停的风险。

12. 高拒付率

如果商户的店铺拥有无法接受的高拒付率，商户账户将有被暂停的风险。

13. 重复注册账号

如果商户已在 wish 注册多个账户，商户账户将有被暂停的风险。

14. 使用无法证实的跟踪单号

如果商户的店铺拥有大量不带有效跟踪信息的单号，商户账户将有被暂停的风险。

15. 店铺正在发空包给用户

如果商户给用户发送空包，其账户将有被暂停的风险。

16. 使用虚假跟踪单号

若商户使用虚假物流单号，该账户有面临罚款或被暂停交易的风险。

17. 发送包裹至错误地址

如果商户店铺存在过多配送至错误地址的订单，其账户将有被暂停的风险。

18. 高延迟发货率

如果商户的延迟发货订单比率过高，则该商户存在账户被暂停的风险。

19. 过高比例的禁售品和/或虚假物流订单

如果商户的禁售品订单和/或虚假物流订单与收到订单总数之比非常高，则其账户将可能面临被暂停交易、扣留货款和减少产品展现量的惩罚。禁售品包括但不仅限于误导性产品。

20. 商户滋扰 wish 员工或财产

wish 非常重视 wish 员工、办公室和/或财产的安全。任何形式的滋扰、威胁、未经邀请地访问 wish 不动产所在地并拒绝离开，或任何对 wish 员工、办公室或财产的此类不当或非法行为，都将受到处罚。若发现商户进行这些不当行为，该商户的账户付款将被永久扣留，且该商户将被处以每起事件 10 万美元的罚款。

三、亚马逊平台规则摘要

亚马逊运营技巧有很多，也有很多卖家不得不了解和学习的规则，一旦触及这些高压线，严重的会被直接关店。

1. 商品上线规则

亚马逊是一个重产品、轻店铺的平台，因此亚马逊平台的商品上线和销售规则都是基于商品和买家对商品的评价来展开的。有些品类需要审核，大部分品类不需要审核，可以直接上线。

2. 销售规则

Buy Box 是亚马逊的特色，亚马逊在每一个商品刊登中，都会选择一位卖家占据 Buy Box 的位置。当一个商品同时有几个卖家在销售的时候，Buy Box 的影响将发挥到极致。在价格一致的情况下，Buy Box 的拥有者毫无疑问地占据了销售这个商品的所有优势。

3. 跟卖规则

跟卖就是卖家可以在其他创建的商品页面里销售同样的商品。亚马逊为了营造一个健康良性的竞争体系，希望更多的供应商和制造商给出质量最好、价格最优的商品，所以当一个卖家上传了某个商品的页面，这个页面的控制权就不再属于当初创建这个页面的卖家了。所有的数据信息都保存在亚马逊的后台，所有卖家只要有这个类别的商品销售权限，就可以销售这个商品。这样就出现了一个商品页面，页面底部有几个、几十个，甚至更多的卖家在销售同一种商品。

4. 搜索排名规则

亚马逊有两大排名，分别是搜索排名和类目排名。排名靠前的一般都是亚马逊自营的和选择亚马逊物流配送的卖家，使用亚马逊物流的商品优先展示，这与亚马逊用户购买习惯有关。亚马逊大部分用户习惯使用货到付款功能，亚马逊一直宣传自己的亚马逊物流用户体验，且一直鼓励第三方卖家去入仓并使用亚马逊物流，即做 FBA（Fulfillment by Amazon）订单，所以亚马逊的搜索排名中会支持使用亚马逊物流的商品。如果卖家想做好亚马逊就要知道影响商品搜索排名的各种关键指标。

5. 售后规则

①退货政策。

卖家可以在账户后台设置退货政策。当买家发起退货要求时，卖家可以根据退货原因以及自己的退货政策去决定是否接受这个退货。在双方无法协商一致的情况下，买家可能会发起索偿，亚马逊会介入处理。在这种情况下，只要卖家能够证明自己无过错，那么是不会受到平台相关处罚的。

②亚马逊 A-to-Z 索赔。

为了保护买家从卖家购买商品时的权益，商品和物流都在 A-to-Z 条款的保护之下，当买家向亚马逊提出 A-to-Z 保障索赔申请时，亚马逊会联系卖家，询问交易的细节，甚至包括交易中发生的一些分歧。A-to-Z 赔偿申请是有时间要求的，最早的申请时间是最长运输时间 3 天后或下单 30 天后提出申请，最晚的申请时间是交易之后 90 天。获得赔偿是有次数限制的，买家终身最多可以获得 5 次 A-to-Z 赔偿。

以下几种情况包含在赔偿条款中。

a. 商品的送达时间有误。

b. 商品被损坏、有缺陷，或者与商品描述有着本质的不同。

c. 第三方卖家同意给买家退款，而实际业务中并没有退款或者退款数额有误。

d. 当卖家没有充分地履行自己的职责时，必须马上给买家退款。

③卖家账户规则。

卖方表现会从三个方面来评估，分别是账户健康、卖家评级、用户评论。

6. 卖家管理规则

（1）卖家策略。

①同等优质。

亚马逊要求外部卖家在商品、服务等方面都做到与自营部分同等优质。

②公平竞争。

a. 亚马逊不因卖家的信用评估和规模大小对卖家进行差异化服务，而是按照卖家自己选择的程序和资费提供相应的服务。

b. 卖家的信用评估金额及自身规模大小不影响搜索排名，推荐频次和结果也不影响资源的分配。

c. 亚马逊对盗版侵权行为进行严厉打击，确保竞争公平性。

③偏向买家。

a. 亚马逊对绝大多数类型的买家纠纷规定举证责任在卖家。

b. 当买卖纠纷发生时，若无明显证据，亚马逊默认买家是对的。

c. 根据纠纷裁决的结果，亚马逊对卖家会有要求解释、要求退货、冻结账号及号内资金、逐出平台等措施，具体规则较为偏向买家。

（2）卖家管理。

①卖家引入和留存。

a. 宽进严待。总体上认证门槛稍低，可是如果商品或服务质量不好，很快就难以在平台上继续经营。

b. 店铺生存。主要靠后期的信用管理和监控体系筛选淘汰。

c. 类目有别。根据不同类目的实际特点，在具体的引入和留存尺度上有所区别。

②内部信用管理。

亚马逊对卖家进行一定的分类信用打分，包括综合打分和单项打分，如缺货率、投诉率、退货率、响应时间、买家打分等。亚马逊对卖家的考核方法来自浏览、购买、支付、物流、客服、用户反馈等不同环节的海量数据收集和分析，而买家对卖家和商品的打分反馈，仍然是卖家考核中的一项重要因素，但并不过度依赖于此。

③账户关联。

亚马逊规定，一个卖家只能拥有一个店铺。而关联是指亚马逊通过技术手段获取卖家相关信息，通过匹配关联因素判断多个店铺账号是否同属于一个卖家。

（3）事前事后管理。

①事前管理。

亚马逊通过强大的反欺诈技术，对卖家行为进行严格规范。例如，亚马逊对绝大多数主流标准商品设置价格上限值和下限值，对通过 FBA 等亚马逊能实际接触商品的项目贩卖的第三方卖家的商品，在入库和出货配送环节均按自营商品标准对商品进行检查。

②事后管理。

在事后管理方面，亚马逊的做法有以下四种。

a. 对卖家进行警告。卖家销售量异常增大或怀疑卖家使用小号。

b. 要求卖家做出解释。卖家被其他卖家投诉侵犯知识产权时，卖家需要举证自己对所售商品拥有合法的知识产权（投诉方也要举证）；买家投诉没有收到商品时，卖家需要提供快递追踪号来证明自己已经投递。

c. 冻结账号。卖家销量大增被怀疑存在欺诈行为；被认为使用小号；卖家对交易出现异常或交易纠纷的解释未通过，怀疑度加大时。

d. 删除账号。

任务六 跨境电商支付设置

【任务描述】资金管理是店铺管理的重点，该环节中，负责人要掌握跨境电商支付设置和收款方法，正确为店铺设置收款账户。

一、国际支付宝 Escrow 收款账户的类型

国际支付宝目前支持买家用美元、英镑、欧元、墨西哥比索、卢布支付（后续还会不断增加新的币种），卖家收款则有美元和人民币两种方式。

当买家以任何外币进行支付后，都按买家付款清算日当天该货币兑换美元汇率换算成美元入账，交易完成后国际支付宝将美元转入卖家的美元收款账户（提醒：只有设置了美元收款账户才能直接收取美元）。当买家以人民币进行支付后，交易完成后支付宝将收到的人民币直接转入卖家的人民币账户。

二、查询银行的 Swift Code

Swift Code 的中文名称为银行国际代码，就是 ISO9362，也叫 Swift-BIC、BIC Code、Swift ID，由电脑可以自动判读的 8 位或 11 位英文字母或阿拉伯数字组成，用于在 Swift 电文中明确区分金融交易中相关的不同金融机构，快速处理银行间电报往来。

Swift Code 的 11 位数字或字母可以拆分为银行代码、国家代码、地区代码和分行代码 4 部分。以中国银行北京分行为例，其 Swift Code 为 BKCHCNBJ300，含义为：BKCH（银行代码）、CN（国家代码）、BJ（地区代码）、300（分行代码）。

银行代码：由 4 位英文字母组成，每家银行只有一个银行代码，由其自己决定，通常是该行的名称或缩写，适用于其所有的分支机构。

国家代码：由 2 位英文字母组成，用来区分用户所在的国家和地理区域。

地区代码：由 0、1 以外的 2 位数字或 2 位字母组成，用来区分位于所在国家的地理位置，如时区、省、州、城市等。

分行代码：由 3 位字母或数字组成，用来区分一个国家中某一分行、组织或部门。如果银行的 Swift Code 只有 8 位而无分行代码，其初始值为“×××”。

要了解银行的 Swift Code，一般拨打银行客服咨询电话，或者登录 Swift 国际网站查询页面来查询。

以中国银行上海分行为例，登录 Swift 国际网站查询页面，根据提示填入要查询的银行信息。

在“BIC or Institution name”中填入中国银行的统一代码：BKCHCNBJ；在“City”中填入要查询的银行所在城市的拼音“Beijing”；在“Country”中选择“CHINA”；最后在“Challenge response”中填入所看到的验证码。完整填写要查询的银行信息后，单击“Search”按钮。

三、创建美元收款账户

1. 新增账户

如果是中国供应商会员，请登录 My Alibaba，单击“交易”→“资金账户管理”（图 2-28），进入“收款账户管理”页面，单击“创建美元收款账户”。

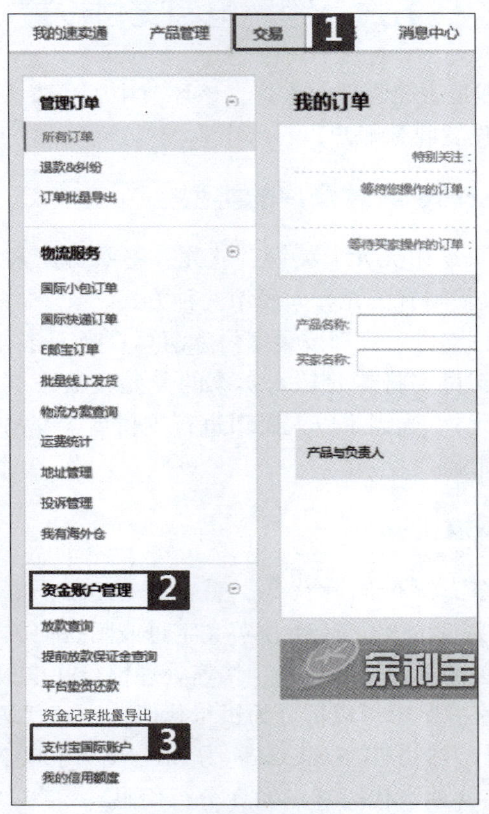

图 2-28 创建美元收款账户

如果是速卖通会员，则登录“我的速卖通”，单击“交易”→“资金账户管理”，进入支付宝国际账户页面（图 2-29），在提现账户管理功能菜单中，进行美元收款银行账户的设置。

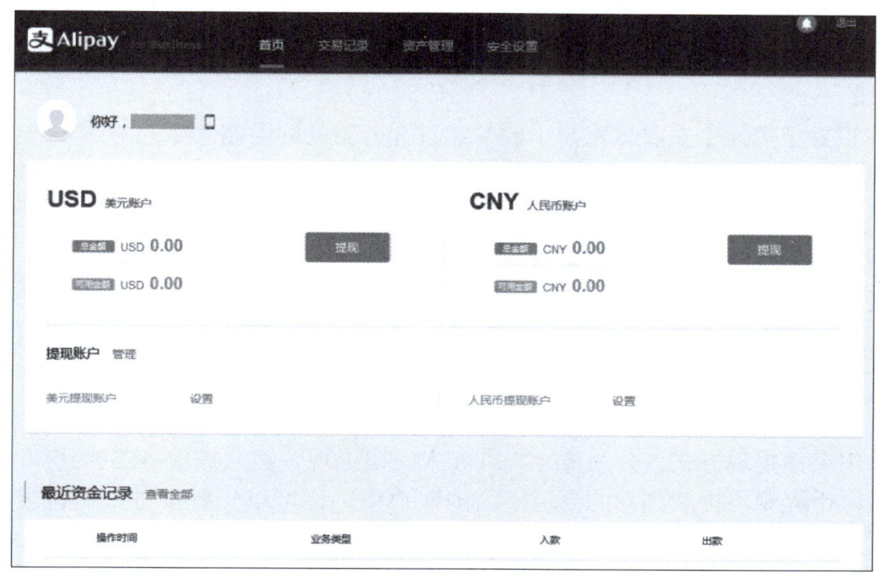

图 2-29　国际支付宝账户一览

单击进入新建的美元账户之后，可以选择“公司账户”和“个人账户”两种账户类型。

（1）公司账户。

在中国大陆地区开设的公司必须有进出口权才能接收美元并结汇。使用公司账户收款的订单，必须办理正式的报关手续，才能顺利结汇。

（2）个人账户。

创建的个人账户必须能接收海外银行（新加坡花旗银行）对个人的美元的打款。收汇没有限制，个人账户年提款总额可以超过 5 万美元。注意：结汇需符合外汇管制条例，每人 5 万美元结汇限额。选择账户后，依次填写“开户名（中文）”“开户名（英文）”“开户行”“Swift Code”“银行账号”等必填项。填写完毕后，单击“保存”按钮即可。

2. 美元账户常见问题解答

（1）哪些卡可以接收美元？我没有能接收美元的外币账户，怎么办？普通银行卡可以接收外币吗？

国内的银行都有外币业务，可以接收外币，但是需要本人带上有效身份证去银行开通个人外币收款功能。如果你的卡本身就是双币卡（人民币和美元），那么就可以直接接收了。

（2）我创建的美元账户有误，想修改，可以吗？

不可以。你可以删除后重新创建一个新的美元收款账户。

（3）是否必须是中国大陆的美元账户，中国香港的美元账户可以吗？

可以。

（4）我只设置了美元收款账户，没有设置人民币收款账户，能否做交易？

不可以。

（5）我刚刚通过注册创建了一个人民币收款账户，为什么无法创建美元账户？

这很可能是因为系统同步的原因，你可以几个小时后再设置。

（6）我有一个中国银行的私人账户，既可以收人民币，也可以收美元，且已经绑定了支付宝人民币提现账户，同时又设置为个人账户的美元账户，应该都没有问题吧？

请向发卡银行确认，是否能接收国外的美元汇款。因为速卖通是从新加坡花旗银行汇款进你的账户的。

（7）我设置了美元个人收款账户，收款超过 5 万美元的限制怎么办？

有两种解决方案：如果一次提现已经超过 5 万美元，则可以分年结汇；还可以在金额未超过 5 万美元时提现一次，下次提现时更改个人收款账户，分开提现。

（8）我设置了美元收款账户，提现要手续费吗？

美元提现手续费按提取次数计算，每笔提款手续费固定为 15 美元，已包含所有中转银行手续费。建议卖家减少提款次数，当可提资金累积到一定金额时再进行提现操作。

四、提现收款

提现采用余额提现方式，分为美元提现和人民币提现。美元提现将提款到你的美元银行账户中，人民币提现将提款到你的支付宝国内账户中。你可以先登录进入支付宝国际账户，到“我要提现”功能下的“提现银行账户设置”中确认是否已经设置了美元和人民币提现银行账户，如果没有的话则需要先设置完成才能操作提现。

具体的提现操作步骤如下。

（1）查看“我的账户”信息（图 2-30），可以看到可提现的人民币金额和美元金额、已冻结的人民币金额和美元金额，以及人民币账户总金额和美元账户总金额。

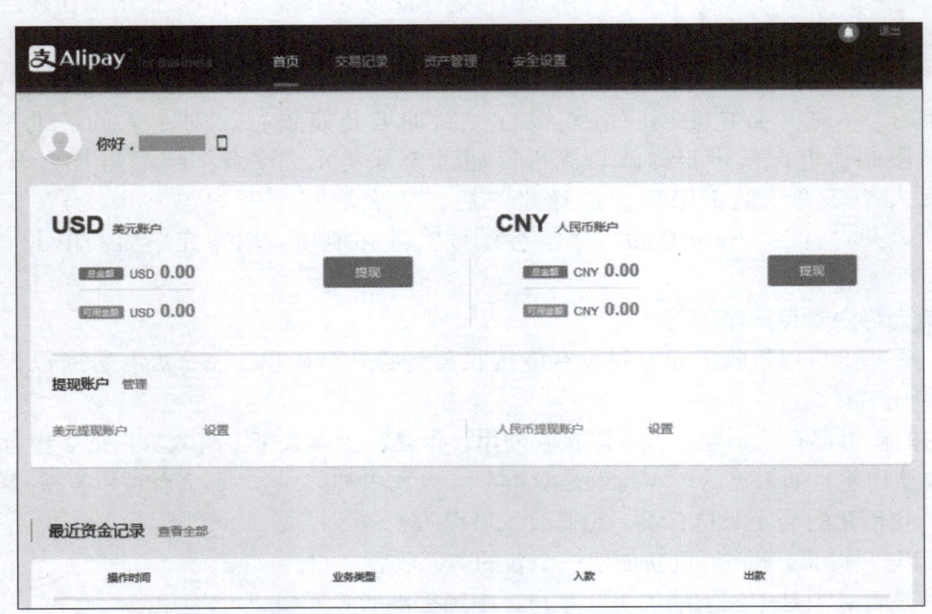

图 2-30　查看国际支付宝“我的账户”信息

（2）单击人民币或美元账户后对应的“我要提现”按钮（图 2-31 和图 2-32）。

（3）输入您要提现的金额，单击“下一步”按钮，到达提现信息确认页面。

确认提现信息后，输入支付密码，单击“确认”按钮后，系统会进行手机验证。输入正确的验证码后确认提交，即可提现成功。

提示：美元提现金额至少为 16 美元，人民币提现金额至少为 0.01 元；人民币提现无需手续费，美元提现每次收取 15 美元的手续费。

我的账户　交易记录　我要提现

美元账户　人民币账户

可用余额：USD 132.30

可提现至绑定的美元银行账户中。由于您的开户银行不同，资金实际到账时间可能会有差别。

提现账号选择

账户信息	手续费	预计到账时间
中国农业银行　张三 zhang san ************1111 更多详情	USD 15.00	约7个工作日内
交通银行　里斯 lisi **1321 更多详情	USD 15.00	约7个工作日内

金额

USD

手续费：USD 15.00

实际金额：请填入提现金额

下一步

图 2-31　美元账户提现

我的账户　交易记录　我要提现

美元账户　人民币账户

可用余额：CNY 295.56

可提现至绑定的支付宝账户。

提现账号选择

账户信息	手续费	预计到账时间
支付宝　张* ite***@live.com	CNY 0.00	约3个工作日

金额

CNY

下一步

图 2-32　人民币账户提现

【习题】

【技能拓展】

查询亚马逊、速卖通、敦煌网和 wish、eBay 等平台的注册条件，做一份店铺开通参考表格：

项目	亚马逊	速卖通	敦煌网	wish	eBay
资金					
企业资质					
实名认证					
品牌					
其他					

店铺开通

【德育园地】

合规经营　跨境电商成长之路

偷税行为无疑将持续作为税务部门的重点打击对象，一律严惩不贷。不管是公众人物、公司还是普通运营者，只要违反这个规则，必将受到严惩。反之，合规经营能享受优惠和多项补贴，以及通关便利。

2021 年对很多卖家来说，经历了很多坎坷，是非常艰辛的一年，所以政府等相关部门加大了对跨境电商企业的扶持力度，给不少卖家带来了慰藉和希望。国家一边强调严打偷漏骗税，一边大力补贴！1 月 11 日，深圳跨境某大卖公司发公告称，于 2022 年 1 月收到退税金额折合人民币 2 241.52 万元，占公司最近一期经审计归属于上市公司股东的净利润的 11.40%。2020 年深圳市依照中央外经贸发展专项资金和相关规定，对有棵树、傲基、塞维等大卖家发布了几百万的补贴，甚至一些服务商和物流商等周边行业也都拿到了数额不等的补贴。所以不仅仅是大卖家可以拿退税，小卖家同样可以拿到退税。

值得关注的是，财政部网站统计数据显示，2021 年前 11 个月全国实现税收收入 164 490 亿元，同比增长 14%。我国之所以能够在持续减税的背景下实现税收高增长，国家税收征管技术逐渐提升，征管力度持续加大，偷税、漏税被不断查处，各类不正当避税途径逐渐被堵上是重要因素。2021 年 12 月 30 日，全国税务工作会议强调，要落实好常态长效打击“三假”工作机制，对各种偷逃税行为，一律严惩不贷。回想 2021 年的被处罚事件：薇娅主播 13 亿税款处罚引起全网主播自查补税；微商教父更是补税至破产并公开自己血的教训，呼吁千万要合规经营；深圳跨境电商供应链隐匿收入被罚 800 多万元，国有控股公司骗税被罚 3 500 万元等，谁能逃的过，只是时间问题。而且一旦被罚就不单单是钱的问题，而是直接辛苦打拼的“商业帝国”从此结束生涯。当然，有奖有罚，一边严打偷逃骗税行为，但对合规经营者那也是大力支持，奖罚分明！

所以，跨境行业在国内税务和财务这块要逐渐走向合规也是大趋势，卖家的销售情况未来很可能会同步给税务部门，防止偷税漏税。合规经营，是跨境电商卖家必经之路，也是长远发展的必规划之路！

［参考文献：雨果网］

思考：为什么有些企业会逃税漏税？合规经营、依法纳税对一个企业的影响。

【项目评价表】

<table>
<tr><td colspan="4">在线课平台成绩（30%）</td><td colspan="3">得分：</td></tr>
<tr><td colspan="4">知识掌握与技能提高（40%）</td><td colspan="3">得分：</td></tr>
<tr><td>任务</td><td colspan="2">评价指标</td><td colspan="2">评价结果</td><td colspan="2">备注</td></tr>
<tr><td>店铺开通流程</td><td colspan="2">1. 平台要求
2. 资料准备
3. 填写认证</td><td colspan="2">A□　B□　C□　D□　E□
A□　B□　C□　D□　E□
A□　B□　C□　D□　E□</td><td colspan="2"></td></tr>
<tr><td>店铺装修与设置</td><td colspan="2">1. 店铺结构
2. 店铺装修
3. 交易管理</td><td colspan="2">A□　B□　C□　D□　E□
A□　B□　C□　D□　E□
A□　B□　C□　D□　E□</td><td colspan="2"></td></tr>
<tr><td>平台规则汇报</td><td colspan="2">1. 产品发布规则
2. 知识产权规则
3. 卖家管理规则</td><td colspan="2">A□　B□　C□　D□　E□
A□　B□　C□　D□　E□
A□　B□　C□　D□　E□</td><td colspan="2"></td></tr>
<tr><td>职业素养思想意识</td><td colspan="2">1. 职业素养、大局观
2. 遵规守纪、认真负责
3. 团结合作、善于沟通</td><td colspan="2">A□　B□　C□　D□　E□
A□　B□　C□　D□　E□
A□　B□　C□　D□　E□</td><td colspan="2"></td></tr>
<tr><td colspan="4">学生自评（10%）</td><td colspan="3">得分：</td></tr>
<tr><td colspan="4">小组评价（10%）</td><td colspan="3">得分：</td></tr>
<tr><td>团队合作</td><td colspan="2">A□　B□　C□</td><td colspan="2">协作能力</td><td colspan="2">A□　B□　C□</td></tr>
<tr><td colspan="4">教师评价（10%）</td><td colspan="3">得分：</td></tr>
<tr><td>教师评语</td><td colspan="6"></td></tr>
<tr><td>总成绩</td><td colspan="2"></td><td>教师签字</td><td colspan="3"></td></tr>
</table>

项目三

跨境电商选品

学习目标

知识目标

了解跨境电商平台禁限售产品规则

了解国际知识产权规则

掌握跨境电商选品的核心数据指标

掌握跨境电商产品国际市场调研步骤

技能目标

能正确判断产品是否有侵权嫌疑

能从跨境电商前台寻找和分析热卖产品

能获取和分析热卖产品市场数据

能用店铺后台的选品功能模块进行选品

素养目标

树立科学发展观

养成数据分析意识

建立品牌出海的职业理想

培养创新精神

教学重点

掌握跨境电商选品原则、方法及途径

教学难点

利用站内站外、前台后台数据来选品

【项目导图】

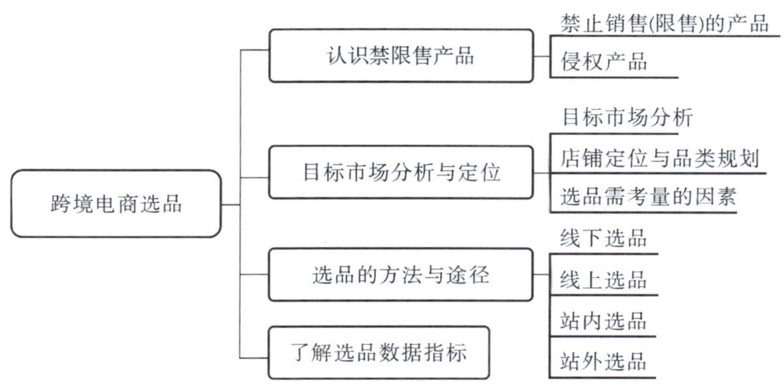

项目引例

跨境电商选品

宁波市江北区雁北电子商务有限公司主营鞋类、服装类产品。业务部门新人叶妮要选择合适的产品并在速卖通店铺发布产品。但该选择什么样的产品，叶妮有点犯难了，她没有任何头绪，不会做市场调查和数据分析，不知道自己可以卖什么东西，不知道什么样的产品更适合海外市场。她只好向她的主管求助该如何选品。主管耐心、详细地向她介绍了选品的方法和途径，并建议她先从了解平台关于禁限售的规则入手。

产品的选择对于一个店铺的销售至关重要，好的产品不仅能带来可观的销量，而且还能提升店铺的整体流量，获得更多的机会入选平台各类活动，提升产品在搜索结果中的排序等，而这些优势都将成为店铺的核心竞争能力。下面介绍不适宜跨境电商平台销售的产品和适宜在跨境电商平台销售的产品。

任务一　认识禁限售产品

【任务描述】跨境电商选品是重要的一环，但在不同平台销售商品，首先得了解平台规定的禁限售商品，知道平台对选品的基本要求和违规处罚。

跨境电子商务在选品上要尽量避免两类产品，第一类是平台禁止销售（限售）的产品，第二类是知识产权保护类产品。如果要销售这两类产品，必须提供相关授权证明，同时经过平台审批，否则将面临平台规则的严重处罚。

一、禁止销售（限售）的产品

一般来说，危险化学品、枪支弹药、管制器具、军警用品、药品等国内外法律规定禁止销售的产品不适合在跨境电商平台，例如亚马逊、速卖通、wish 发布销售，具体清单请参照各平台的《平台禁限售规则》，为防止出现影响卖家交易的情形，卖家必须遵守速卖通平台交易类产品禁限售规则，在选品时应多加注意。以速卖通平台为例，《全球速卖通禁限售违禁信息列表》中规定了十八类禁止发布或限制发布的部分信息，供用户参考（具体请参照《全球速卖通禁限售违禁信息列表》，版本时间：2018 年 1 月 12 日）。这十八类禁止发布或限制发布的产品具体如下：

（一）毒品、易制毒化学品及毒品工具

（二）危险化学品

（三）枪支弹药

（四）管制器具

（五）军警用品

（六）药品

（七）医疗器械

（八）色情、暴力、低俗及催情用品

（九）非法用途产品

（十）非法服务类产品

（十一）收藏类产品

（十二）人体器官、保护动植物及捕杀工具

（十三）危害国家安全及包含侮辱性信息的产品

（十四）烟草

（十五）赌博

（十六）制裁及其他管制产品

（十七）违反目的国/本国产品质量技术法规/法令/标准的、劣质的、存在风险的产品

（十八）部分国家法律规定禁限售产品及因产品属性不适合跨境销售而不应售卖的产品

如果卖家发布了禁止发布或限制发布的产品，平台会根据违规行为情节的严重程度及发生频次给予卖家产品信息退回或删除、全额退款给买家、冻结账户、警告或关闭账户等处罚。具体如表 3-1 和表 3-2 所示。

表 3-1　违规处罚 1

处罚依据	行为类型	违规行为情节/频次	其他处罚
禁限售规则	发布禁限售产品	严重违规：48 分/次（关闭账户）	1. 退回/删除违规信息 2. 若核查到订单中涉及禁限售产品，速卖通将关闭订单，如买家已付款，无论物流状况均全额退款给买家，卖家承担全部责任
		一般违规：0.5 ~ 6 分/次（1 天内累计不超过 12 分）	

表 3-2　违规处罚 2

积分类型	扣分节点	处罚
知识产权禁限售违规	2 分	严重警告
	6 分	限制产品操作 3 天
	12 分	冻结账号 7 天
	24 分	冻结账号 14 天
	36 分	冻结账号 30 天
	48 分	关闭

二、侵权产品

各大跨境电子商务平台都致力于保护第三方知识产权，并为会员提供安全的交易场所。非法使用他人的知识产权是违法以及违反各平台政策的。知识产权保护的是智力成果、无形财产，是人们对自己所创造的智力活动成果依法享有的占有、使用、收益和处分的权利；知识产权只是一个统称，根据保护对象的不同，主要包含专利权、商标权、著作权等。

所谓专利权，是发明创造人或其权利受让人对特定的发明创造在一定期限内依法享有的独占实施权，是知识产权的一种。专利权包括发明专利权、实用新型专利权以及外观设计专利权三种。

所谓商标权，是商标专用权的简称，是指商标主管机关依法授予商标所有人对其注册商标受国家法律保护的专有权。商标注册人依法享有支配其注册商标并禁止他人侵害的权利，包括商标注册人对其注册商标的排他使用权、收益权、处分权、续展权和禁止他人侵害的权利。

所谓著作权，是指作者和其他著作权人对文学、艺术和科学工程作品所享有的各项专有权利。它是自然人、法人或者其他组织对文学、艺术或科学作品依法享有的财产权利（出版、复制等）和人身权利（署名等）的总称。

对知识产权的尊重和保护是各大跨境电子商务平台的责任和义务，各平台严禁用户未经授权发布、销售涉嫌侵犯第三方知识产权的产品。作为卖家，有责任确保发布在平台上的产品没有侵犯任何第三方的合法权益。以速卖通为例，平台在《全球速卖通平台规则》中明确了知识产权禁限售违规处罚规则。卖家一定要了解所发布的产品是否为他人的品牌产品，特别是产品标题、描述、店铺名称、产品图片 logo 等是否有他人品牌信息或模仿他人品牌信息。一些知名国际品牌，例如 iPhone，Chanel 等是绝对的高压线，不要去碰。

如果卖家要发布、销售涉嫌侵犯第三方知识产权的产品，则有可能被知识产权所有人或者买家投诉，平台也会随机对产品信息进行抽查，若涉嫌侵权，则信息会被退回或删除。

屡次违反平台发布规则的卖家将会被冻结账号，甚至关闭账号。比如 eBay 规定任何侵犯第三方知识产权、未经授权的复制品、赝品，侵犯 VeRo 计划产权人合法权益的物品均不允许在平台上刊登销售。速卖通也在 2016 年以来进一步加大知识产权侵权的处罚和监控力度，以打击恶意钻空子兜售侵权产品的行为。

如果选择发布相关产品，有相关授权许可证明，需将证明文件发送至平台验证，待证明文件被平台验证后，此类信息方可正常发布。

任务二　目标市场分析与定位

【任务描述】分析主流的目标国家和市场情况，分析店铺的定位，对拟经营的商品品类进行规划。

一、目标市场分析

世界各地区买家的生活习惯、购买习惯、文化背景都不一样，一件商品不可能适合所有地区的买家。比如，针对欧美市场的服装应该比针对亚洲市场的大几个尺码；针对巴西市场的饰品应该选择夸张且颜色鲜艳的款式。所以在选品之前，要先研究目标市场的买家需求，了解他们的消费习惯和流行趋势。

（一）俄罗斯和巴西市场

1. 俄罗斯市场

速卖通销售前五的国家是俄罗斯、巴西、西班牙、印尼、美国。速卖通已经成为俄罗斯人最喜欢的国外购物网站之一。

（1）俄罗斯国家概况。

俄罗斯是世界上面积最大的国家，总人口1.431亿。俄罗斯地广人稀，以俄语为主，共有193个民族，其中俄罗斯族占77%。俄罗斯经济结构严重失衡，重工业占工业总产值的80%，轻工业和食品工业合计比重约16%，这一经济结构造成了日常消费品的长期严重缺乏，需要依靠国外进口，而这就为跨境电商在俄罗斯的发展提供了良好的市场。

（2）俄罗斯电商现状。

俄罗斯海外电商占整个电商的20%，市场规模较大。俄罗斯海外电商主要有AE、Amazon、eBay，占了整体的72%。2014年海外电商零售额比2013年增长一倍，发展速度较快。同时，2014年俄罗斯网购人群规模比2013年有所增长，增长来源主要是：偏远地区团购人群的增长、低收入人群的增长以及互联网使用经验相对较少的网购人群的增长。

（3）速卖通在俄罗斯的业务概况。

速卖通在俄罗斯的业务主要有服装、鞋子、配饰、内衣、电子产品等。为吸引更多的俄罗斯买家，并及时抓住不具备英语能力的新买家，速卖通在2014年4月上线了小语种国家站，俄语站成为首批上线的国家站之一。这大大提升了买家的体验，提升了买家的购买效率。速卖通以其产品的丰富度和价格优势，深得俄罗斯网民的心。

2. 巴西市场

（1）巴西国家概况。

巴西联邦共和国，通称“巴西”，是南美洲最大的国家，享有“足球王国”的美誉。国土总面积854.74万平方千米，居世界第五，总人口2.02亿。与乌拉圭、阿根廷、巴拉圭、玻利维亚、秘鲁、哥伦比亚、委内瑞拉、圭亚那、苏里南、法属圭亚那十国接壤。

巴西共分为26个州和1个联邦区（巴西利亚联邦区），州下设市。历史上巴西曾为葡萄牙的殖民地，1822年9月7日宣布独立。巴西的官方语言为葡萄牙语。国名源于巴西红木。

巴西拥有丰富的自然资源和完整的工业基础，国内生产总值位居南美洲第一，为世界第七大经济体，是金砖国家之一，也是南美洲国家联盟成员，还是全球发展最快的国家之一，重要的发展中国家之一，航空制造业强国。

巴西的文化具有多重民族的特性，作为一个民族大熔炉，有来自欧洲、非洲、亚洲等地区的移民。足球是巴西人文化生活的主流运动，曾于2014年举办世界杯。

（2）巴西电商现状。

巴西电商的发展非常迅速，全国网购的人群也很普遍。巴西本土网购人群的主要特点：

首先，以女性为主，35~49岁占39%；其次，主力社会阶层英语能力好，且为高收入人群。高层次人群趋向化妆品、手机、电器、家具、运动产品等，特别是巴西人群对手机和平板电脑需求很高，还有他们的网购习惯比较成熟。最后，无线市场增长快，使用手机购物的人群很多；另外，巴西用户的付款方式主要是信用卡，接下来是 Boleto 以及其他等。由于无法比拟的价格优势，即便进口税是商品价格的两倍、运送时间超过一个月，仍然有越来越多的巴西人喜欢通过互联网在中国购物，而速卖通成为其最常用的网站。因为，在巴西经济陷入衰退期、通货膨胀超过官方目标的环境下，对消费者来说，这样的交易很值。

（3）速卖通在巴西的业务概况。

巴西是速卖通平台的第二大市场，经过近几年的发展，速卖通已经成为巴西跨境购最普及的网站，平台流量也在日益增长。

速卖通运营着葡萄牙语及俄语两个小语种网站，葡萄牙语网站是专门针对巴西市场推出的。在物流和支付上，速卖通也正加强与巴西本土服务商的合作，比如，巴西消费者在速卖通购物时，普遍使用当地的 Boleto 系统（银行转账付款方式）进行支付，信用卡支付却不常用。巴西在线消费行为研究公司 E-Bit 指出，全球速卖通尽管在巴西的运营时间不长，却已成为巴西国内最受欢迎的跨境购物网站之一，占据了 20%的市场份额，仅次于 eBay 和 Amazon。

（二）欧美市场

1. 西班牙市场

西语市场在跨境电商行业中呈现出高速增长的态势，不断吸引着卖家的关注，而西班牙作为西语市场的重点所在更是不容忽视。

（1）西班牙国家概况。

西班牙，全称西班牙王国，是一个位于欧洲西南部的国家。其地处欧洲与非洲的交界，西邻同处于伊比利亚半岛的葡萄牙，北濒比斯开湾，东北部与法国及安道尔接壤，南隔直布罗陀海峡与非洲的摩洛哥相望，领土还包括地中海的巴利阿里群岛，大西洋的加那利群岛及非洲的休达和梅利利亚。该国是一个多山国家，总面积 505 925 平方千米，其海岸线长约 7 800千米。用西班牙语作为官方语言使用的国家数量世界第二，仅次于英语。西班牙是一个高度发达的资本主义国家，是欧盟和北约成员国，还是欧元区第五大经济体，国内生产总值（GDP）居欧洲国家第 6 名，世界排名第 13。

（2）西班牙电商现状。

西班牙电商买家男女比例大约对半分，而买家的年龄集中在 16~34 岁，以学生和上班族为主。他们没有非常高的资金支配能力，所以对商品价格会有一定要求。其中，男生喜欢下载软件、阅读新闻报纸杂志、报税，女生则关注有关健康的信息或者高等教育课程。多数西班牙买家购物时习惯使用计算机浏览购物，手机和平板设备也有一定比例，值得一提的是有 26. 2%的买家不只使用一种设备进行购物。西班牙人购买产品多通过关键词搜索，在购买之前会进行全站比价并参考好评（以西班牙人评论为主），而朋友和 Facebook 推荐卖家是他们有限选择的对象。西班牙购物风格多以智能、新奇特、时尚、运动、年轻、造型为主，除了单价比较高的产品外，能接受两周内到货。卖家要特别注意的是，在西班牙销售产品除了要做到尺码齐全外，服装等产品一定要附公分①尺码表。在西班牙市场，还有个不得不提的就是他们的节庆。不同的季节和节日他们需要的产品类目也不同（表 3-3）。

① 1 公分=1 厘米。

表 3-3 西班牙跨境电商节庆销售类目

节庆	主要类目
1 月月底到 2 月月初（Carnaval 嘉年华）	服装、假发、舞会配饰、节日彩妆
3 月中到 3 月月底（Semana Santa 圣周）	户外用品、郊游
3/19（父亲节）	手表、领带、袖扣、领带夹、3C 电子
4 月到 5 月（婴儿受洗、婚礼）	礼品、相框
5/4（母亲节）	皮夹、提包、围巾、别针
5 月月底到 6 月（夏天）	户外郊游、BBQ
6 月月底到 7 月	泳装、海滩用品
8 月月底到 9 月月初（开学季）	文具、箱包、3C 电子
9 月中到 10 月月底（Halloween 万圣节）	服装、变装、化妆用品
11 月月初到 12 月（圣诞节）	圣诞树、彩灯、服装、3C 电子、礼品等

（3）速卖通在西班牙的业务概况。

西班牙是速卖通在欧洲成立的第一个国家站，也是 2014 年成长增速最快的市场，更是继巴西、俄罗斯之后拥有独立团队运营的国家站。相比 2014 年，速卖通西班牙站也取得了较大的成绩。其中，UV（独立访客）大概增长 6 倍，速卖通 PC 端排名位居西班牙第一，SNS 社交平台粉丝将近 70 万。速卖通希望从西班牙站开始，逐渐覆盖整个欧洲市场。2015 年 6 月速卖通开设了西班牙物流专线。通过该专线，卖家的产品可在 8~15 天内实现西班牙大陆地区妥投。

2. 法国市场

法国网站数据研究公司 Inside Onecub 根据覆盖率、平均订单额等指标，发布了法国 50 强电商网站，全球速卖通排名增长迅猛。

（1）法国国家概况。

法兰西共和国，简称法国，是一个本土位于西欧的国家，海外领土包括南美洲和南太平洋的一些地区。法国为欧洲国土面积第三大、西欧面积最大的国家，东与比利时、卢森堡、德国、瑞士、意大利接壤，南与西班牙、安道尔、摩纳哥接壤。法国是一个高度发达的资本主义国家，欧洲四大经济体之一，其国民拥有较高的生活水平和良好的社会保障制度，是联合国安理会五大常任理事国之一，也是欧盟和北约创始会员国、申根公约和八国集团成员国，欧洲大陆主要的政治实体之一。

（2）法国电商现状。

据 2015 年欧洲电商数据显示，2015 年法国全国总人口 6 600 万，网络覆盖率 87%，网购者人数 3 600 万，电商收入 568 亿欧元。而欧洲零售业研究报告显示，2015 年法国零售业经济增长 17%，其中在线购物收入达到 8%。而在 2016 年经济增长的 16.7%中，电商增长将达 9.2%。近年来法国最受欢迎的电商产品主要是服饰类、时尚/媒体类，紧随其后的是家居园艺/电器类等。因此，在最受法国网民欢迎的购物网站里也有专门垂直品类，如家具园艺类 LEROY MERLIN，电子产品类 DARTY 以及服装类 LaRedoute 等，排名也都在前十中。

（3）速卖通在法国的业务概况。

据了解，法国网民最常去的购物网站也比较集中，大众零售类亚马逊位居第一，其次为

eBay，而法国在线销售平台 Cdiscount 则排在第三位。法国购物网站前五名中，第四为限时限量的促销类平台 wente-privee，第五为阿里巴巴旗下的速卖通。

3. 英国市场

（1）英国国家概况。

大不列颠及北爱尔兰联合王国，通称英国，又称联合王国，本土位于欧洲大陆西北面的不列颠群岛，被北海、英吉利海峡、凯尔特海、爱尔兰海和大西洋包围。英国是由大不列颠岛上的英格兰、威尔士和苏格兰以及爱尔兰岛东北部的北爱尔兰以及一系列附属岛屿共同组成的一个西欧岛国。除本土之外，其还拥有十四个海外领地，总人口超过 6 400 万，以英格兰人（盎格鲁-撒克逊人）为主体。

英国是世界上第一个工业化国家，首先完成工业革命，国力迅速壮大。18 世纪至 20 世纪初期英国统治的领土跨越全球七大洲，是当时世界上最强大的国家，号称日不落帝国。其在两次世界大战中都取得了胜利，但国力严重受损。到 20 世纪下半叶大英帝国解体，资本主义世界霸主的地位被美国取代。不过，现在英国仍是一个在世界范围内有巨大影响力的大国。英国是一个高度发达的资本主义国家，欧洲四大经济体之一，其国民拥有较高的生活水平和良好的社会保障制度。作为英联邦元首国、八国集团成员国、北约创始会员国，英国同时也是联合国安理会五大常任理事国之一。

（2）英国电子商务现状。

英国政府一贯支持电商的发展，欧盟委员会及英国政府制定了一系列的电商交易政策来为电商的规范化发展保驾护航。因此，英国的电商发展在欧美国家排名中还是颇有领头羊风范的。前谷歌执行董事长埃里克·施密特就曾向 BBC 表明，目前英国已经是世界电商的领导者。英国每年仅投资在科技方面的资金就有数千亿英镑，而电商所获得的资金和政策支持也是其他国家无与伦比的，伦敦拥有很多资产数十亿、百亿，甚至千亿的公司，在欧洲大陆这块监管措施良好、电商秩序有序的环境里健康成长，并为大不列颠的经济做出应有的贡献。英国电商的这种发展态势，根本上得益于英国公众上网率的迅速增加和上网条件的改善，在互联网接入服务的价格和选择范围上，英国比欧洲多数其他国家更有竞争力。但除其国内之外，同样得益于欧洲电商发展的大环境。欧盟讨论建立欧洲数字单一化市场的法律框架，电商行业也要求线上线下交易规则统一。根据英国国家统计局调查统计，英国电商发展迅速，2005 年网上购买额达到 728 亿英镑，电商营业额在西欧国家中处于前列。

（3）速卖通在英国的业务概况。

欧洲或将成为速卖通的新宠市场，速卖通在英国进行物流布局。2015 年速卖通正式推出线上发货英国专线“中外运—英邮经济小包”，该专线为阿里巴巴旗下菜鸟网络与英国皇家邮政、中外运空运发展股份有限公司，根据速卖通在英国市场热销的品类和包裹特点，为速卖通卖家提供的定制化物流服务。

4. 美国市场

（1）美国国家概况。

美利坚合众国，简称美国，是由华盛顿哥伦比亚特区、50 个州和关岛等众多海外领土组成的联邦共和立宪制国家。

美国是一个高度发达的资本主义国家，其政治、经济、军事、文化、创新等实力领衔全球。作为世界第一军事大国，其高等教育水平和科研技术水平以及航空技术能力，均处于世界领先水平，其科研经费投入之大、研究型高校企业之多、科研成果之丰富堪称世界典范。

（2）美国电商现状。

2018年，美国电商销售额达5 200亿美元，电商占整个零售市场的份额达到9.46%。尽管电商发展前景广阔，但是2012年美国的线上交易占社会消费品零售总额的比例却只达6%。美国线下零售企业的整合度和集中度较高，供应链效率较强，但是电商企业在供应链上的价格和效率优势不明显，所以电商市场规模相对落后于中国。

（3）速卖通在美国的业务概况。

美国作为电商最为活跃的国家之一，其蕴涵了很多商机，速卖通在美国的销量位列前五。从品类份额来看，电子数码、服饰配饰、汽车和配件是市场份额中最高的三大品类。目前增速最快的是服饰、电子设备、图书音像和汽车配件。不过在类目选择上，还是要多样化，因为美国是一个移民国家，需求很多样化。同时由于美国移动电商发展很好，所以要重视速卖通移动端，把移动端列为重要环节。此外，美国重视全渠道营销，所以要能通过多种渠道和顾客互动，包括社交媒体、移动终端等。

二、店铺定位与品类规划

（一）店铺定位

选择产品时最为关键的一个因素就是所选择的产品与线上店铺的定位及风格保持一致。如何来定位店铺的风格？举例来说，如果是针对高端目标群体的红酒店铺，就需要在包装、产地、年份等方面予以重点强调；如果选择销售人们经常使用的日用百货产品，就需要尽可能地扩大产品品类，争取提升产品在速卖通平台上的曝光量，从而吸引更多的流量。

（二）品类规划

一般来说，我们可以将跨境电商平台上的产品分为两大类：个性化产品及标准化产品。服装就是一种个性化产品，而电子数码产品则是标准化产品。通常情况下，标准化产品更容易通过电商渠道大幅度提升销量，而个性化产品及经验性产品在线上销售的数量会受到一定限制。

三、选品需考量的因素

选品的过程不可只靠个人主观判断，应该将市场调研、数据分析作为客观依据，综合考量选品因素。

（1）判断目标市场用户需求和流行趋势（生活习惯、购买方式、文化背景、流行趋势）。

世界各地区买家的生活习惯、购买习惯、文化背景都不一样，一件商品不可能适合所有地区的买家。比如，针对欧美市场的服装应该比针对亚洲市场的大几个尺码；针对巴西市场的饰品应该选择夸张且颜色鲜艳的款式。

选品之前，要先研究目标市场的买家需求，了解他们的消费习惯和流行趋势。学会用国际眼光来品味国外消费者的口味，不能只在乎自己喜欢。

（2）适应跨境电商的物流运输方式（重量、长时间运输、易碎品）。

跨境电商的物流具有运输时间长、不确定性因素多的特点，在运输途中可能出现天气突变、海关扣押、物流周转路线很长等状况。不同国家和地区的物流周期相差很大，最快的

4~7天送达，慢的需要1~3个月才能送达。在漫长的运输途中，包裹难免会因被挤压、抛掷等而受损，也可能经历从冬天到夏天的温度变化。

所以选品时要考虑产品的保质期、耐挤压程度等因素；由于跨境物流费用高，选品时也要考虑相应重量和体积所产生的物流费用是否在可承受范围内。在实际操作中，一般考虑选择体积较小的产品，主要是方便以快递方式运输，降低国际物流成本。此外，尽量选择附加值较高的产品，如果要销售价值低于运费的单件商品，需要仔细对比目的国的市场，判断是否可以销售，建议可以打包出售，以此来降低物流成本占比。

（3）判断货源优势（初级卖家、有销售经验的卖家、经验丰富并具有经济实力的卖家）。

满足以上条件，还需要考虑自身是否有货源优势。对于初级卖家来说，如果其所在地区有成规模的产业带，或者有体量较大的批发市场，可以直接从市场上寻找现成的货源。在没有货源优势的情况下，再考虑从网上寻找货源。

对于有一定销售基础并积累了销售经验的卖家，能够初步判断哪些商品的市场接受度较高时，可以考虑寻找工厂资源，针对比较有把握的商品，进行少量下单试款。

对于经验丰富并具有经济实力的卖家，可以尝试先预售，确认市场接受度后再下单生产，这样可以减少库存压力和现金压力。

根据以上条件，适宜在全球速卖通销售的商品主要包括服装服饰、美容健康产品、珠宝手表、灯具、消费电子产品、电脑网络、手机通信、家居、汽车摩托车配件、首饰、工艺品、体育与户外用品等。

任务三 选品的方法与途径

【任务描述】选品是非常有技术含量的工作，只有选好品，才有可能打开市场，这个环节要研究选品的方法和途径。

跨境电商选品的途径基本上分为两大类：线下选品和线上选品。

一、线下选品

线下选品是指结合卖家自身的优势资源，借助自己的关系、熟悉的行业等方式进行选品。线下选品包括专业批发市场选品和合作意向工厂选品。

（1）专业批发市场选品。

专业批发市场选品与常规的店铺选品具有一些共性，也是结合店铺的定位和市场的货源进行选品。不过对于跨境电商商家而言，这种选品方式对资金的要求比较高，而且难以自由控制库存。

（2）合作意向工厂选品。

与专业批发市场选品相比，合作意向工厂选品更具有针对性，能够根据店铺的定位预定商品。但与专业批发市场选品一样，这种选品方式也对资金有比较高的要求。

综合以上，线下选品具有明显的优势。首先体现在价格上，如果直接从工厂拿货，获取一手货源，很容易建立自成货源，一旦卖得火了，可以将自己的货作为货源，为其他卖家供货；其次如果与工厂建立合作，有助于及时反馈产品的问题，可以及时对产品进行改进与升级，使产品与其他同类产品相区别；最后线下选品可持续性长，因为线下货源的透明度相对不高，产品特征明显，相对较难同质化。

但是同时，线下选品也有明显的缺点。一旦没有自己的渠道，很难找到心仪的产品，加之制约因素比较多，进入的门槛也偏高，操作会比较困难。

二、线上选品

对比线下选品，线上选品是指在各大跨境电商平台上进行各类数据的对比，比如价格、销量等数据的纵横对比。买家的需求并不是凭空想象出来的，作为跨境电商卖家，一定要养成数据分析的习惯，用科学、严谨的数据分析资料来准确地定位所选产品。各跨境电商平台都为卖家提供了数据分析的工具，下面以速卖通平台为例，重点说明如何从买家需求着手进行站内外选品。

三、站内选品

站内选品是指通过速卖通自身为卖家提供的平台内的数据分析工具进行产品的选择。数据纵横是速卖通基于平台海量数据打造的一款数据产品，卖家可以根据数据纵横提供的行业情报、选品专家、搜索词分析数据，了解行业情况，判断行业趋势，为经营决策提供依据。

（1）市场—市场大盘。

行业情报基于速卖通平台的交易数据，提供行业数据、行业趋势以及行业国家趋势三类主要内容。卖家可以根据行业情报提供的分析，迅速了解行业现状，判断经营方向，挑选出优质的核心行业。行业情报下有行业数据、行业趋势、行业国家这三个指标可以参考分析。

如图3-1所示，卖家可以进入“我的速卖通”→依次单击“市场—市场大盘”→在左侧导航单击“行业情报”。

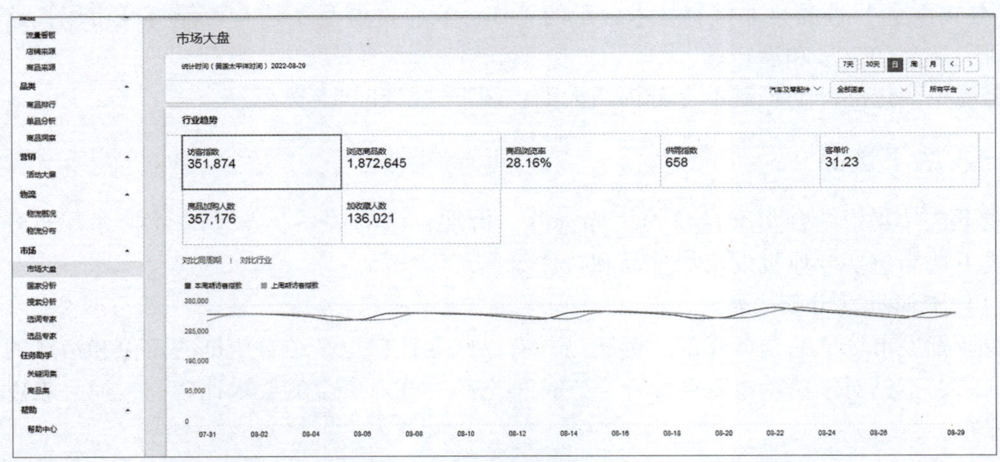

图3-1 市场大盘—行业趋势

①行业数据。

卖家可以根据行业类目和时间范围选择需要查看的行业数据。

类目选择：卖家可以选择任意一层级的类目（如可以选择查看一级类目“服装/服饰配件”下的行业数据，也可以选择查看二级类目“服装/服饰配件>男装”或三级类目“服装/服饰配件>男装>外套/上衣”）下的行业数据。具体如图3-2所示。

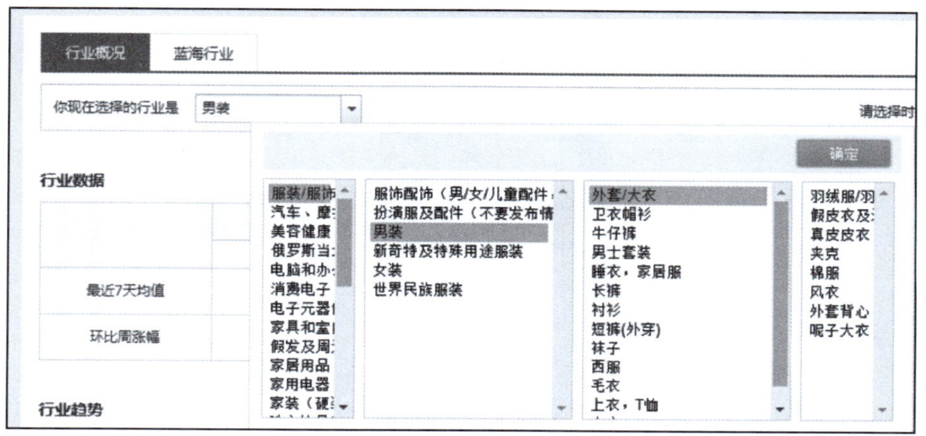

图 3-2　类目选择

时间选择：卖家可以根据时间查看 7 天、30 天或 90 天内的某个时间段的行业数据。具体如图 3-3 所示。

行业概况　蓝海行业

你现在选择的行业是　外套/大衣　　请选择时间　最近7天（最近7天 / 最近30天 / 最近90天）

行业数据

	流量分析		成交转化分析		市场规模分析
	访客数占比	浏览量占比	支付金额占比	支付订单数占比	供需指数
最近7天均值	21.23%	15.48%	14.82%	6.88%	78.73%
环比周涨幅	↓ -4.33%	↓ -2.09%	↓ -8.91%	↓ -6.9%	↑ 2.14%

图 3-3　时间选择

②行业趋势。

卖家可以选择不同指标，了解某个行业下对应一段时间内的趋势，对行业动态一目了然。卖家还可以选择另外的任意两个行业进行比较，对比不同行业的数据指标。提示：对比的类目可以选择任何一级。具体如图 3-4 和图 3-5 所示。

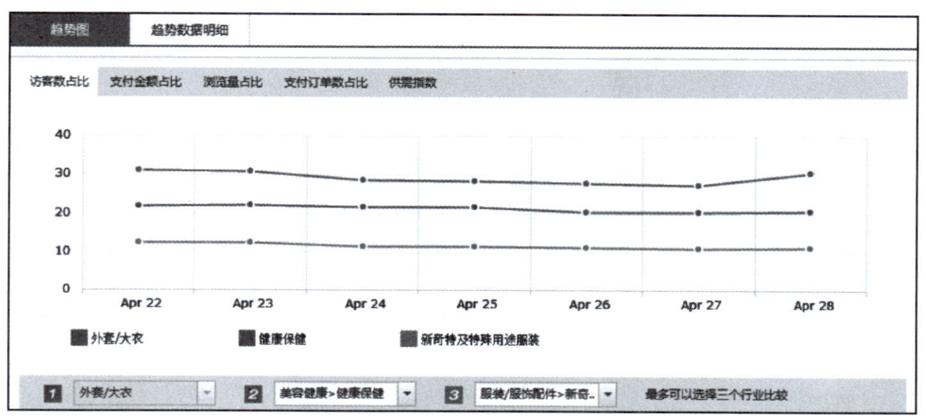

图 3-4　趋势图

行业趋势

趋势图 趋势数据明细 下载数据

	流量分析		成交转化分析		市场规模分析
	访客数占比	浏览量占比	支付金额占比	支付订单占比	供需指数
2017-04-22	21.77%	15.42%	14.53%	6.91%	79.04%
2017-04-23	22%	15.38%	14.94%	7.03%	77.45%
2017-04-24	21.52%	15.62%	15.74%	6.97%	78.24%
2017-04-25	21.59%	15.95%	13.9%	6.44%	77.69%
2017-04-26	20.48%	15.29%	14.6%	6.73%	80.69%
2017-04-27	20.41%	15.25%	15.61%	7.23%	80.04%
2017-04-28	20.66%	15.44%	14.4%	6.91%	78.53%

图 3-5 趋势数据明细

③行业国家。

卖家了解在从事的行业中，买家主要来自哪里，并根据提供的相应支付金额（图 3-6）和访客数（图 3-7）的数据，制定有针对性的营销方案。

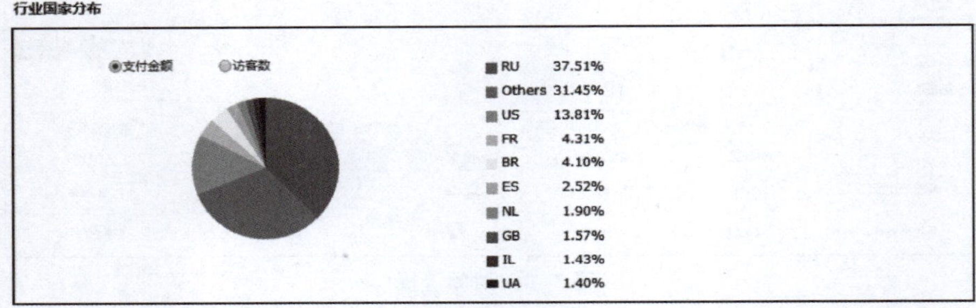

图 3-6 支付金额

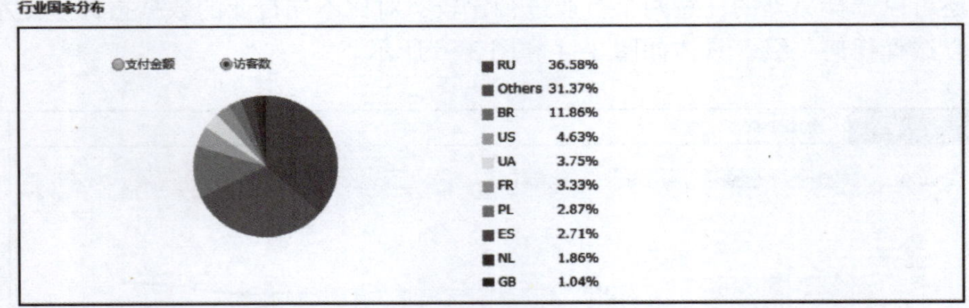

图 3-7 访客数

（2）市场—选品专家。

选品专家提供了不同行业和国家在一段时间内的热销词和热搜词，卖家可以通过直观的泡泡图观察，也可以直接单击“下载数据”命令，下载 Excel 表单并保存。

如图 3-8 和图 3-9 所示，从“TOP 热销产品词”页面中可以查看行业下全球最近一天热销的品类。其中，圆圈越大，表示产品的销量越高。

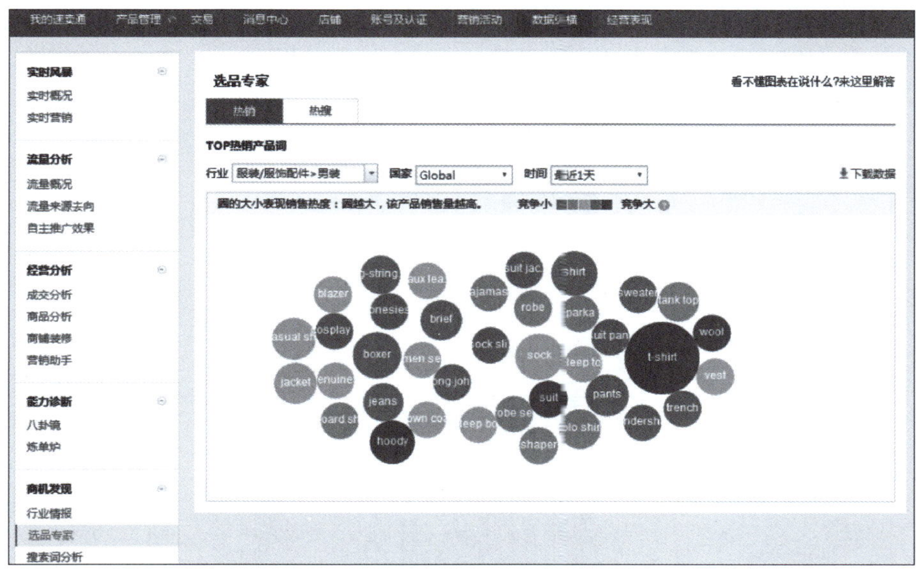

图 3-8　热销产品词 1

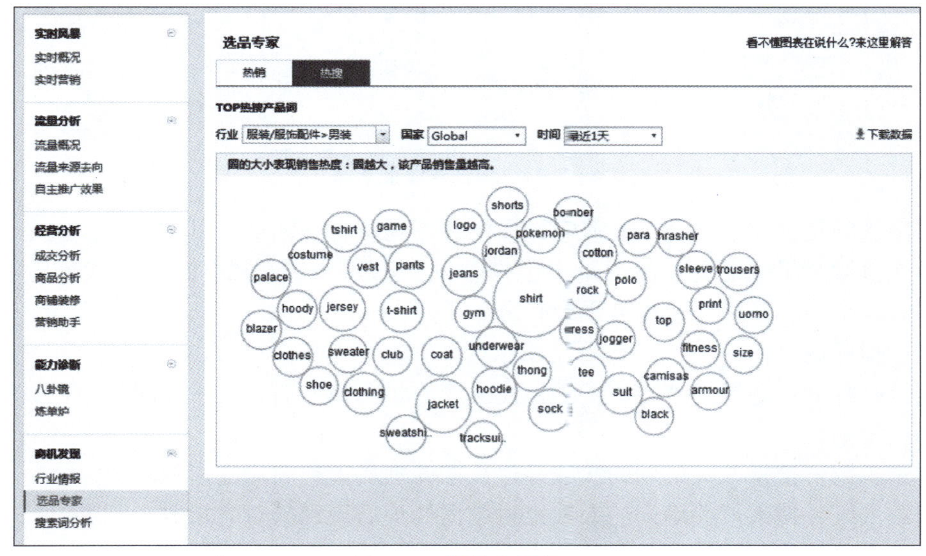

图 3-9　热搜产品词 2

（3）市场—搜索词分析。

速卖通平台的热搜词数据库可以为卖家提供参考依据，卖家通过数据纵横里的“搜索词分析”可以了解到速卖通买家喜欢搜什么，卖家通过“搜索词分析”可以制作专业的标题（标题是系统在排序时与关键词进行匹配的重要内容）。该栏目在“行业情报”下面，单击“搜索词分析”会出现图 3-10 所示界面：卖家可以选择想看的行业、国家和时间段或者其他条件下的“热搜词”“飙升词”和“零少词”，也可以直接单击“下载数据”命令，下载 Excel 表单并保存。

“热搜词”下载后表单格式如图 3-11 所示。

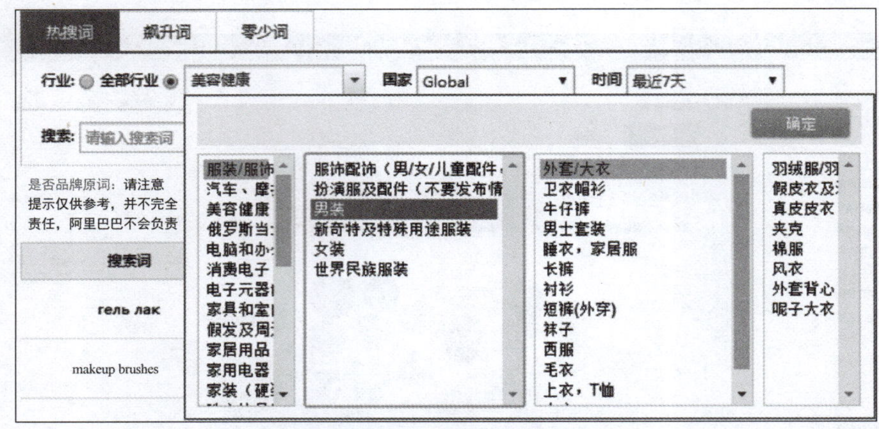

图 3-10　搜索词分析

NO.	搜索词	是否品牌原	搜索人气	搜索指数	点击率	浏览-支付转化率	竞争指数	TOP3热搜国家
1	trench coat	N	979	3,360	12.85%	0.00%	24.00	BR,US,JP
2	coat	N	562	1,899	21.65%	0.00%	44.00	RU,BR,CZ
3	trench coat men	N	224	1,726	63.42%	0.65%	218.00	DE,US,NL
4	mens jackets and coats	N	195	1,245	47.90%	0.30%	187.00	GB,US,IE
5	mens overcoat	N	261	998	61.19%	0.00%	60.00	RU,GB,UA
6	coat men	N	161	991	56.77%	0.75%	181.00	BR,AU,NL
7	men coat	N	106	912	40.82%	0.41%	268.00	BR,US,GR
8	overcoat	N	243	789	17.45%	0.00%	44.00	BR,CZ,AU
9	winter coat male	N	158	677	43.96%	0.00%	34.00	BR
10	mens long leather trench coat	N	265	640	54.65%	0.00%	16.00	RU,TR,US
11	men's long trench coats	N	235	539	84.83%	0.00%	27.00	RU,ZA,KZ
12	100-wool-coats	N	361	435	2.56%	0.00%	1.00	BR,US
13	trench coat for women	N	2	2	0.00%	0.00%	0.00	BE,BR,TR

图 3-11　热搜词下载表单

需要注意的是，在速卖通系统搜索词库中并不是所有的词都可以被使用，这是买家在速卖通平台上搜索结果的汇总，而不是卖家推荐词。例如“ZARA2019”，某卖家没有分析就直接使用了这个词，结果因侵权被平台扣分。

热搜词指标说明：

①是否品牌词：如果是禁限售，销售此类产品将会被处罚，对于品牌产品，只有拿到授权才可以进行销售。

②搜索指数：搜索该关键词的次数经过数据处理后得到的对应指数。

③搜索人气：搜索该关键词的人数经过数据处理后得到的对应指数。

④单击率：搜索该关键词后并单击进入产品页面的次数。

⑤成交转化率：关键词带来的成交转化率。

⑥竞争指数：供需比经过指数化处理的结果。供需比：所选时间段内每天关键词曝光出来的最大产品数/所选时间段内每天平均搜索人气。该值越大竞争越激烈。

⑦TOP3 热搜国家：所选时间段内搜索量最高的 TOP3 的国家。

飙升词下载后表单格式如图 3-12 所示。

飙升词指标说明：

①是否品牌词：如果是禁限售，销售此类产品将会被处罚，对于品牌产品，只有拿到授权才可以进行销售。

②搜索指数：搜索该关键词的次数经过数据处理后得到的对应指数。

A	B	C	D	E	F	G
序号	搜索词	是否品牌词	搜索指数	搜索指数飙升幅度	曝光商品数增长幅度	曝光卖家数增长幅度
1	overcoat-for-men	N	291	1,200.00%	416.11%	440.85%
2	mens coat	N	580	1,200.00%	2,049.04%	632.18%
3	mens warm winter coats	N	246	842.86%	870.48%	745.61%
4	sapphire-wool-coat	N	276	825.00%	388.24%	366.67%
5	100-wool-coats	N	435	588.24%	366.67%	358.82%
6	mens coats and jackets	N	298	566.67%	679.13%	426.58%
7	man coat	N	147	550.00%	2,744.19%	1,793.75%
8	spring coat	N	195	550.00%	164.29%	174.07%
9	faux fur coats for men	N	132	483.33%	1,331.51%	540.82%
10	overcoat for men	N	269	380.00%	697.20%	441.57%
11	mens jackets and coats casual	N	228	369.23%	610.84%	199.44%
12	coats men	N	239	357.14%	527.79%	345.92%
13	army coat	N	102	350.00%	2,347.62%	1,105.26%
14	waistcoat	N	117	342.86%	79.01%	56.88%
15	fur hooded coat men	N	113	328.57%	1,940.00%	1,250.00%

图 3-12　飙升词下载表单

③搜索指数飙升幅度：所选时间段内累计搜索指数同比上一个时间段内累计搜索指数的增长幅度。

④曝光产品数增长幅度：所选时间段内每天平均曝光产品数同比上一个时间段内每天平均曝光产品数增长幅度。

⑤曝光卖家数增长幅度：所选时间段内每天平均曝光卖家数同比上一个时间段内每天平均曝光卖家数增长幅度。

在销售过程中，卖家应用系统热搜词也会存在“水土不服”的现象，这是由于关键词严重同质化造成的。所有卖家都想用最热门的关键词，例如“NEW2019”，但是关键词竞争度过高，被搜索到的概率反而变小。

（4）亚马逊榜单。

亚马逊榜单是众多跨境卖家经常看的数据，重点看最畅销产品榜、最热新品榜、最大涨幅榜、顾客收藏最多榜这几个维度，从图 3-13~图 3-16 中可以看到这些维度的指标是根据产品的不同细分类别进行排名的，对于企业深挖垂直类目中极具价值。

①亚马逊最畅销产品榜。

Best Seller：Our most popular products based on sales. Updated hourly. 【我们销售的最受欢迎的产品。每小时更新】（图 3-13）。

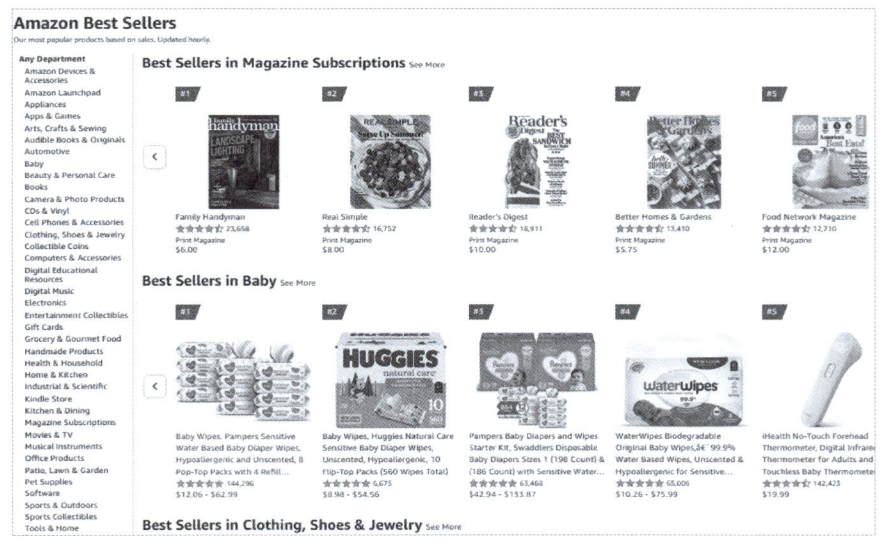

图 3-13　亚马逊最畅销产品榜

②亚马逊最热新品榜。

Amazon Hot New Releases：Our best-selling new and future releases. Updated hourly. 【我们的最新最热畅销品。每小时更新】（图 3-14）。

图 3-14　亚马逊最热新品榜

③亚马逊最大涨幅榜。

Amazon Movers & Shakers：Our biggest gainers in sales rank over the past 24 hours. Updated hourly.【我们销售排行榜上 24 小时内排名涨幅变化最居前的产品。24 小时更新】（图 3-15）。

图 3-15　亚马逊最大涨幅榜

④亚马逊顾客收藏最多榜。

Amazon Most Wished For：Our products most often added to Wishlists and Registries.

Updateddaily.【最常被客户加进心愿单和收藏的我们的产品。每天更新】(图 3-16)。

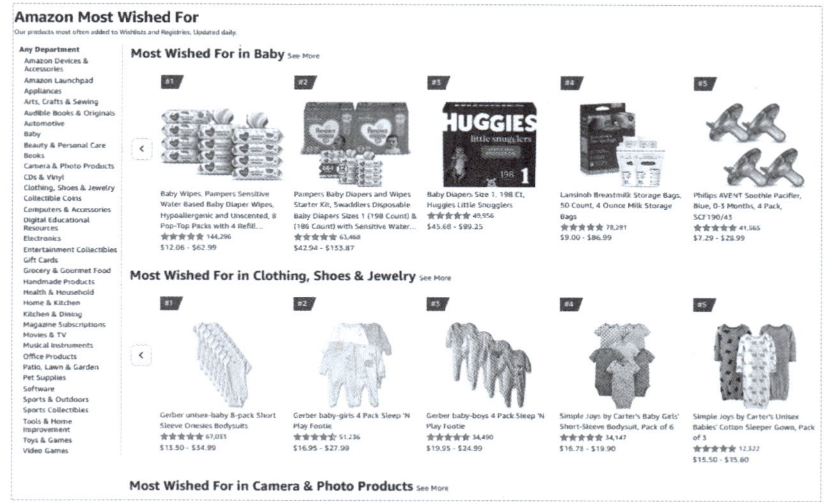

图 3-16　亚马逊顾客收藏最多榜

四、站外选品

站外选品是指通过除速卖通以外的跨境电商平台以及站外工具帮助卖家进行进一步的数据分析。

(1) 观察其他跨境电商平台。

以 Amazon 为例，在 Amazon 平台上可以选择“Best Sellers”，对热销产品的相关信息进行观察，如图 3-17 所示。在浏览器地址栏中输入 https://www.amazon.com/Best-Sellers/zgbs。

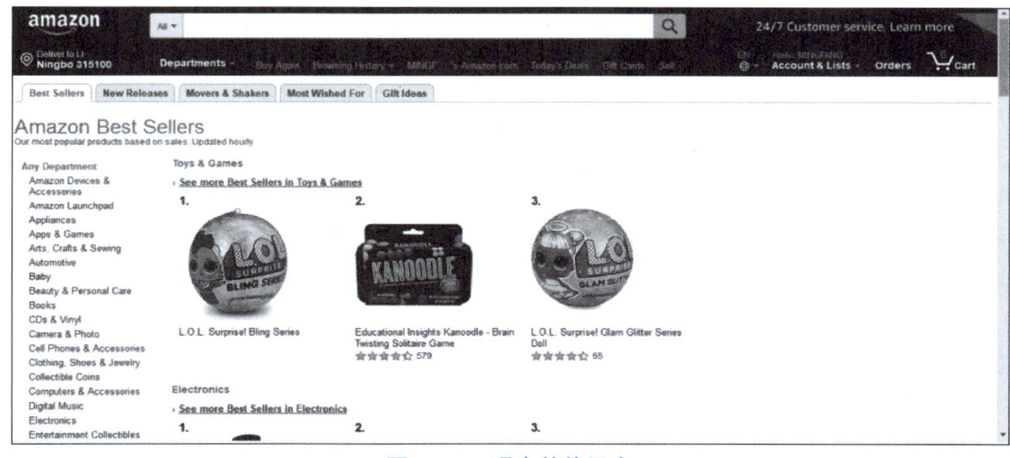

图 3-17　观察其他平台

在“Best Sellers”里面显示的是这个类目下的热销商品。此外，还有 New Releases，Movers & Shakers，Most Wished For 和 Gift Ideas 等数据指标。

New Releases，表示热门新品榜单，每小时更新一次。

Movers & Shakers，表示一天内销量上升最快的商品，通过这个数据可以寻找到潜力商品。

Most Wished For，愿望清单，买家想买但是还没有买的商品，一旦愿望清单里的商品降价了，平台会主动发通知给买家。

Gift Ideas，表示最受欢迎的礼品，如果你的产品具有礼品的属性，可以关注这块信息，这些数据会每日及时更新。

图 3-18 所示为以上 5 个类目的信息。

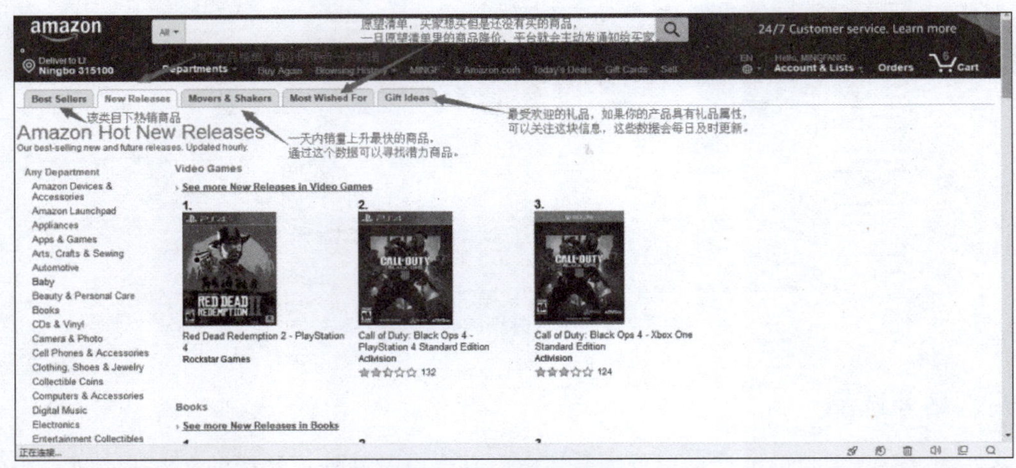

图 3-18　5 个类目显示

（2）常用数据分析工具。

①Google Trends。

Google 搜索对于跨境电商的卖家来说是非常实用的分析工具。在 Google Trends 里可以看到每个关键词的搜索趋势，卖家可以根据搜索趋势的升高或降低来判断产品的销售趋势。

- 工具地址：http：//www. google. com/trends
- 查询条件：行业或产品关键词、国家、时间

下面我们以“wedding dress”为例来解释 Google Trends 的使用方法。搜索“wedding dress”关键词，可以看到过去一段时间内该关键词在全球范围内被搜索的趋势变化。

a. 在过去 5 年时间内“wedding dress”被搜索的趋势没有明显大幅的波动；

b. 但是随着季节变化有较明显的起伏规律；

c. 在 2018 年 5 月下旬有一个异常高的搜索量（根据进一步数据分析，推测 2018 年 5 月 19 日，英国哈里王子与美国女演员梅根 · 马克尔的皇室婚礼可能对“wedding dress”贡献了较大的搜索量）。

因此，可以确定全球市场对婚纱的需求是稳定的，而且会集中在气候温暖的几个月份（由于名人效应，全球市场对婚纱的需求可能会在特定时期内有一定的影响，但总体上需求还是比较稳定的）。

如图 3-19 所示，显示了不同国家搜索“wedding dress”的热度。北美地区、澳洲地区对婚纱的需求最多；其次是俄罗斯和欧洲地区。图中右侧显示了搜索量最高的几个地区，搜索量较高的几个地区为爱尔兰、特立尼达和多巴哥、英国、毛里求斯、南非等。

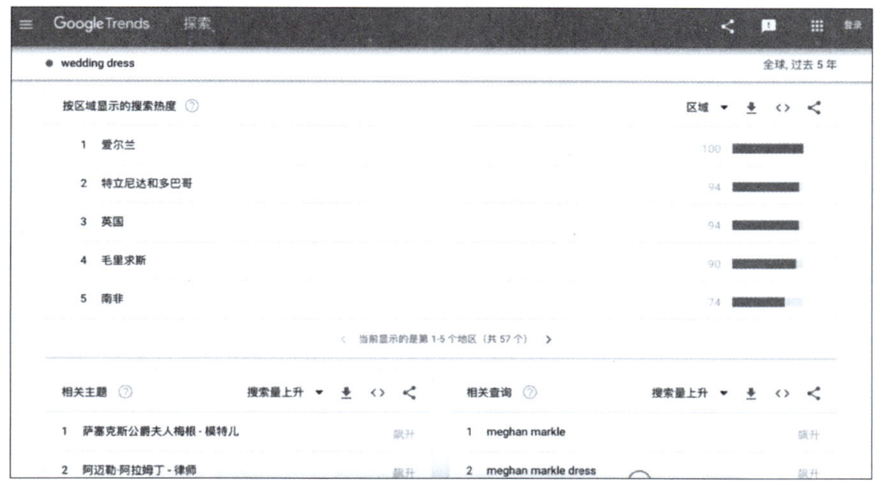

图 3-19　搜索热度

接下来，我们可以选择“Google 购物”来观察婚纱的网购趋势。如图 3-20 所示，在“Google 购物”数据趋势中，在 2013 至 2017 年期间，“wedding dress”搜索量随季节较稳定波动。

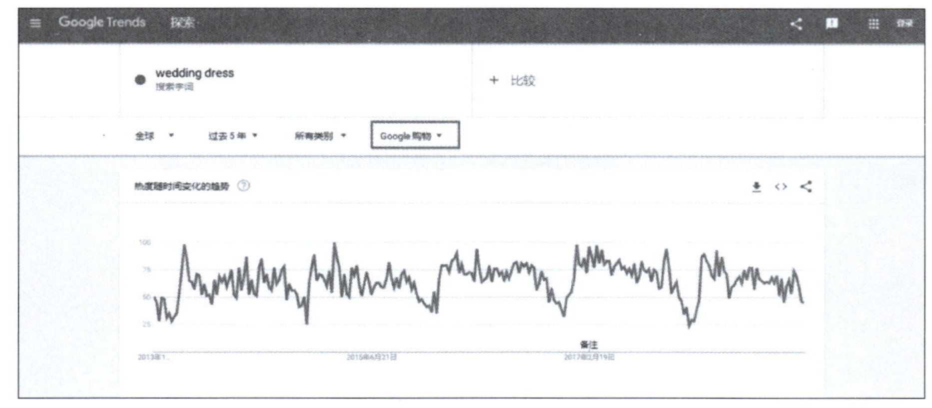

图 3-20　网购趋势

从图 3-21 中可以看到，南非、爱尔兰、英国、美国、菲律宾的搜索量最高。假设我们把主要目标市场锁定为美国，可通过进一步观察美国市场的数据来选择主要销售市场。

如图 3-22 所示，选择“美国”区域，就会显示美国各个州的具体数据。从图中我们可以看到佛蒙特州、西弗吉尼亚州、路易斯安那州、密西西比州、蒙大拿州的具体数据报告。

此外，我们还可以将婚纱类目与其他相近类目进行比较，来判断哪个类目的关键词的市场需求更大。例如，我们选择将“wedding dress”和“evening dress”来进行对比。如图 3-23所示，上方曲线代表的“wedding dress”呈季节性规律波动，且热度明显高于下方曲线代表的“evening dress”（后者一直处于较稳定的搜索热度，没有明显的季节性波动）。

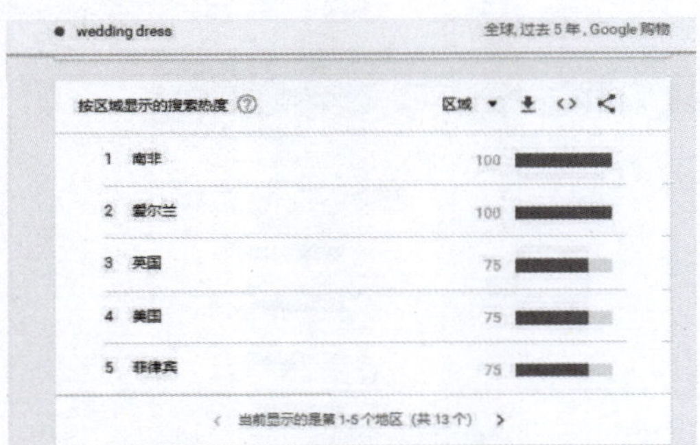

图 3-21　类目国家搜索量

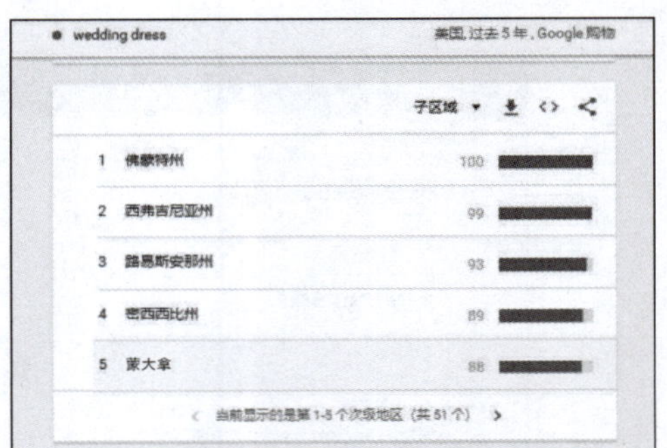

图 3-22　类目地区具体数据

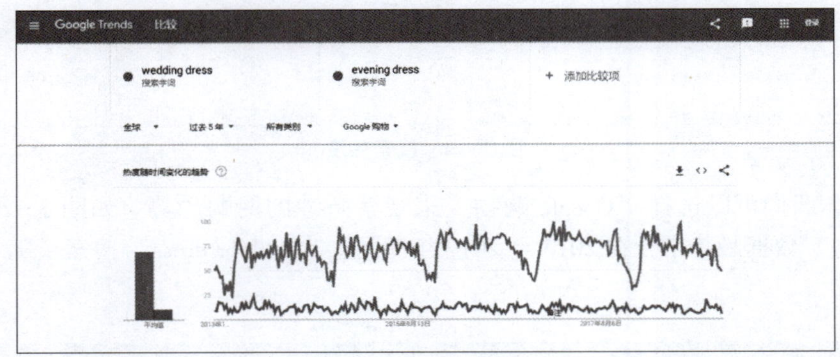

图 3-23　类目曲线对比

②WatchCount 和 Watched Item 网站。

WatchCount 和 Watched Item 是 eBay 下的两个搜索分析网站，可以查看在 eBay 平台上受欢迎的商品。以 WatchCount 为例，具体所搜结果如图 3-24 至图 3-25 所示。

图 3-24　平台搜索结果 1

此外，常用的数据分析工具还有 Terapeak（付费）。在 Terapeak 上可以查找到关于 eBay 平台的商品销售数据。

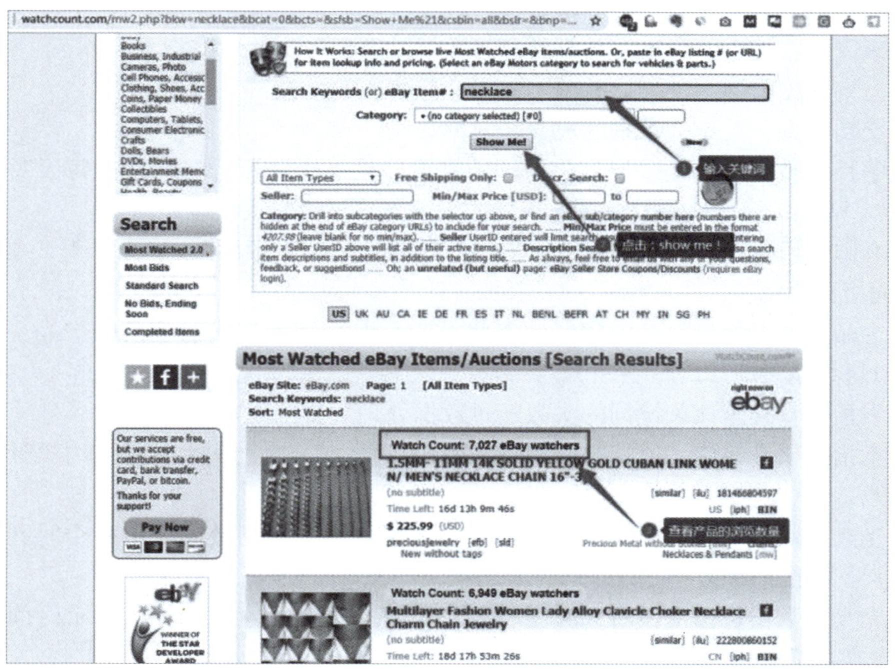

图 3-25 平台搜索结果 2

任务四 了解选品数据指标

【任务描述】数据分析是跨境电商选品的重要技能，首先要知道跨境电商选品有哪些重要的数据指标，进而做到理解并能够正确地运用这些指标。

选品专家指标说明如下：

- 成交指数：指在所选行业、所选时间范围内，累计成交订单数经过数据处理后得到的对应指数。成交指数不等于成交量，成交指数越大，成交量越大
- 购买率排名：指在所选行业、所选时间范围内购买率的排名
- 竞争指数：指在所选行业、所选时间范围内，产品词对应的竞争指数。竞争指数越大，竞争越激烈

【德育园地】

文化自信 产品案例

热搜词指标说明：

- 是否品牌词：如果是禁限售，销售此类产品将会被处罚，对于品牌产品，只有拿到授权才可以进行销售

- 搜索指数：搜索该关键词的次数经过数据处理后得到的对应指数
- 搜索人气：搜索该关键词的人数经过数据处理后得到的对应指数
- 单击率：搜索该关键词后并单击进入产品页面的次数
- 成交转化率：关键词带来的成交转化率
- 竞争指数：供需比经过指数化处理的结果。供需比：所选时间段内每天关键词曝光出来的最大产品数/所选时间段内每天平均搜索人气。该值越大竞争越激烈
- TOP3 热搜国家：所选时间段内搜索量最高的 TOP3 的国家

飙升词指标说明：

- 是否品牌词：如果是禁限售，销售此类产品将会被处罚，对于品牌产品，只有拿到授权才可以进行销售
- 搜索指数：搜索该关键词的次数经过数据处理后得到的对应指数
- 搜索指数飙升幅度：所选时间段内累计搜索指数同比上一个时间段内累计搜索指数的增长幅度
- 曝光产品数增长幅度：所选时间段内每天平均曝光产品数同比上一个时间段内每天平均曝光产品数增长幅度
- 曝光卖家数增长幅度：所选时间段内每天平均曝光卖家数同比上一个时间段内每天平均曝光卖家数增长幅度

【习题】

【技能拓展】

以美国、欧洲、巴西或澳大利亚等作为目标市场，选取服装、消费电子、户外、家居等类目，找出热卖品，分析热卖品的特征，并制作选品分析报告。

侵权资料

【德育园地】

国际竞争规则之知识产权规则

近年来，随着我国“一带一路”的推进发展，跨境电商得到快速发展，但跨境企业之间的知识产权摩擦也日益增多，知识产权竞争日益成为跨境电商最突出的竞争之一。由于国内跨境企业知识产权意识整体上还比较薄弱，导致了境外企业控告中国跨境电商侵权事件层

出不穷，使得我国跨境电商企业在贸易过程中屡屡遭到知识产权侵权纠纷的困扰。

一、跨境电商发展趋势与知识产权保护现状

近年来，随着我国跨境电商交易规模的极速增长，跨境电商领域的纠纷，尤其是知识产权类纠纷也日渐增多，知识产权已经成为境外企业制约我国跨境电商从业者的重要竞争手段之一。

2015 年年初，由于涉嫌销售仿冒产品，中国 5 000 余名商户使用的 PayPal 账户被美国法院的临时限制令冻结，涉及金额高达 5 000 万美元，最终因应诉维权成本高、法律意识淡薄等原因，不少商户的 PayPal 账户被清零，中国企业无故遭受了巨大的经济损失；无独有偶，在 2018—2019 年期间，小猪佩奇商标及著作权权利人娱乐壹英国有限公司聘请美国律师，以相同的“钓鱼取证”方式，再次利用法院的临时限制令，冻结了中国上千家企业的 PayPal 账户。

二、跨境电商知识产权摩擦日益增多的原因

由于跨境电商领域涉及的知识产权存在地域性保护，再加之国内知识产权保护意识淡薄、管理制度尚未完善等原因，跨境电商中的知识产权保护问题仍然面临着巨大挑战。

1. 跨境电商企业知识产权意识薄弱

目前，虽然我国跨境电商数量非常多，但大部分为中小企业，与少数大企业经济实力相差较为悬殊，因此在知识产权的投入上人力与财力相对较少，大部分企业未将知识产权作为跨境贸易的“先驱”，不愿意在知识产权上投入过多的人力与财力。与此同时，不少企业奉行“拿来主义”，对市场上的“爆款”进行无差别的抄袭，出售仿冒产品，前期没有对相应的风险进行分析与规避，导致知识产权摩擦频频出现，最后导致损失惨重，也相应地影响了企业的声誉。

2. 跨境电商的“无界性”与知识产权保护的“地域性”相矛盾

所谓“无界性”，是指跨境电商往往是发生在 2 个或以上国家、地区主体之间的贸易，该类交易涉及的跨境往往不受地域、国界限制，交易对象也不仅限于境外的单一的国家或地区。而知识产权却具有明显的地域性，受政治、文化及经济发展水平影响，各个国家和地区对本国或本地区知识产权的立法、保护内容、保护力度等方面存在着诸多差异，且其权利的保护范围也仅在该国有效。因此，在跨境电商贸易中，尤其是 B2C 模式下，即便跨境电商经营者在其本国就所销售的产品享有合法的知识产权，也无法确保其在产品所销售到的国家拥有合法的知识产权。因为这样做不仅本身是很难实现的，而且会大大增加经营成本，降低经济效率。这种跨境电商的无界性和知识产权保护的地域性特征之间的矛盾，是跨境电商领域知识产权纠纷产生的根本原因。

3. 跨境电商企业合规意识薄弱

目前我国跨境企业还是以中小企业或者自然人居多，随着“一带一路”倡议的提出以及“互联网+”模式的深入发展，我国与美国、欧洲以及东南亚国家与地区的贸易合作更加紧密，跨境电商空前发展。在知识产权保护意识相对较高、法律规范较为完备的美国以及欧洲地区国家，针对知识产权侵权行为的打击力度较大，权利人一旦维权成功，不但可以减少跨境卖家带来的市场份额的冲击，还可以获得较为可观的经济效益。因此，在维护自身合法权益、维护市场份额以及维权利益的促动下，境外权利人一旦发现知识产权侵权行为，就会纷纷拿起法律武器进行维权，这在一定程度上也加剧了跨境电商领域知识产权纠纷的产生。

而在跨境进口电商领域，近年来由于我国国内消费者对海外商品的需求量日益增大、消费能力及水平不断提高，不少跨境电商经营者与平台也纷纷转向跨境进口电商领域，出现了

代购、海淘等方式的跨境交易。在跨境进口时，同样因为合规意识不足存在仿冒、侵害国内知识产权人的合法权益的不法行为。

[https：//www. cifnews. com/article/102387]

三、跨境电商侵权的应对策略

思考：日后你工作或创业时，在选品方面应该注意什么？该如何避免侵权？

【项目评价表】

任务	评价指标	评价结果	备注
在线课平台成绩（30%）			得分：
知识掌握与技能提高（40%）			得分：
任务	评价指标	评价结果	备注
禁限售选品规则	1. 禁售产品 2. 限售产品 3. 处罚规则	A□ B□ C□ D□ E□ A□ B□ C□ D□ E□ A□ B□ C□ D□ E□	
国际市场分析	1. 行业容量分析 2. 竞品分析 3. 店铺定位与选品	A□ B□ C□ D□ E□ A□ B□ C□ D□ E□ A□ B□ C□ D□ E□	
选品数据指标	1. 销售数据分析 2. 竞争度分析 3. 产品评价分析	A□ B□ C□ D□ E□ A□ B□ C□ D□ E□ A□ B□ C□ D□ E□	
职业素养思想意识	1. 数据意识、创新发展 2. 文化自信、职业理想 3. 团结合作、善于沟通	A□ B□ C□ D□ E□ A□ B□ C□ D□ E□ A□ B□ C□ D□ E□	
学生自评（10%）			得分：
小组评价（10%）			得分：
团队合作	A□ B□ C□	协作能力	A□ B□ C□
教师评价（10%）			得分：
教师评语			
总成绩		教师签字	

项目四

跨境物流

学习目标

知识目标

了解跨境物流的种类、特点和运输限制

了解跨境电商海外仓的流程

掌握跨境电商物流运费的计算方法

掌握跨境电商物流模板的原理和设置原则

技能目标

能正确计算中国邮政小包和专线物流的运费

能正确计算商业快递的运费

能正确计算海外仓头程和尾程运费

能根据需要正确设置店铺物流模板

会查询跨境物流跟踪信息

素养目标

培养遵纪守法、合规意识

养成严谨、踏实肯干的工作作风

培养国际视野和意识

教学重点

跨境物流方式与分类、不同物流方式的优劣势

教学难点

运费计算、运费模板设置

【项目导图】

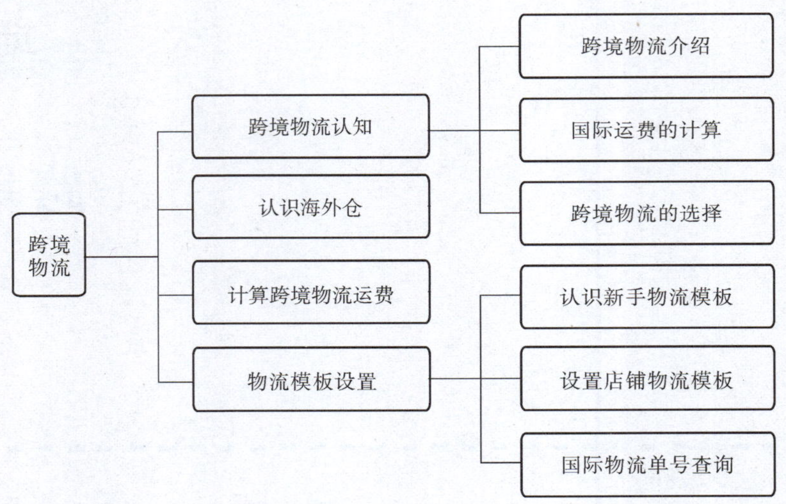

项目引例

跨境物流

吕经理是传统外贸公司的经理，由于传统外贸客户开发难度很大，他的公司近些年在积极寻求转型，在了解到跨境电商行业发展迅速后，吕经理责成业务员小陈去了解跨境运营相关知识，首先要了解的就是如何把货物送到客户手中。跨境电商产品的主要运输方式是什么？是像传统外贸一样，将大批量产品通过海运集装箱运送到目的国的吗？跨境物流有多少种运输方式，每种方式的优劣势是什么，运费又是如何计算的？店铺运费模板的作用是什么，该如何设置？带着这些问题，小陈开始了跨境物流领域的探索。

任务一　跨境物流认知

【任务描述】 物流是跨境电商重要的一环，接到订单就进入发货环节，卖家得对跨境物流的方式和种类了然于心，才能更好地履行发货义务。

做业务开始有订单时，我们要考虑的问题就是怎么选择快递物流把货发到国外去，国际物流在整个跨境电商业务的过程当中非常重要，直接关系到订单的实际成本和客户的购物体验，甚至影响店铺的生死存活。既然国际物流这么重要，那么接下来，我们将详细地介绍各种国际物流渠道。

目前跨境电商国际物流模式主要有：邮政包裹模式、国际快递模式、国内快递模式、专线物流模式、平台集运模式和海外仓储模式。

【德育园地】

世界船王包玉刚

一、邮政包裹

（一）中国邮政物流

中国邮政物流根据运营主体不同分为两大业务种类，一是中国邮政邮局的中国邮政航空小包和大包；二是中国邮政速递物流分公司的 EMS 和 e 邮宝、e 特快、e 速宝等业务方式，两者运营的主体不同，包裹的收寄地点也不同。

1. 中国邮政航空小包

中国邮政航空小包（China Post Air Mail）又称中邮小包、邮政小包、航空小包，以及以收寄地市局命名的小包（如“上海小包”“宁波小包”）。其是指包裹重量在 2 kg 以内，外包装长、宽、高之和小于 90 cm，且最长边小于 60 cm，通过邮政空邮服务寄往国外的小邮包。它包含挂号、平邮两种服务，可寄达全球各个邮政网点。中国邮政航空小包出关不会产生关税或清关费用，但在目的地国家进口时有可能产生进口关税，具体根据每个国家海关税法的规定而各有不同（相对其他商业快递来说，航空小包能最大限度地避免关税）。中国邮政挂号小包（China Post Registered Air Mail）会根据包裹重量收取不同的挂号服务费，提供网上跟踪查询服务。

由于世界上的大部分国家都加入了万国邮联，所以，中国邮政物流具有其他渠道不可比拟的通关优势和价格便宜、投寄方便等特点，是目前中国跨境电商卖家首选的物流方式。

（1）中邮小包的重量体积限制（表 4-1）。

表 4-1　中邮小包寄送限制

包裹形状	重量限制	最大体积限制	最小体积限制
方形包裹	≤2 kg	长+宽+高≤90 cm， 单边长度≤60 cm	至少有一面的长度≥14 cm， 宽度≥9 cm
圆柱形包裹		2 倍直径及长度之和≤104 cm， 单边长度≤90 cm	2 倍直径及长度之和≥17 cm， 单边长度≥10 cm

（2）时效。

中邮小包的一般时效为 15~60 个工作日，到亚洲邻国 5~10 个工作日，到欧美主要国家 7~20 个工作日，其他地区和国家 7~30 个工作日，到巴西等南美国家非常慢，发货高峰期甚至派送时间会超过 60 个工作日甚至 90 个工作日左右。

（3）跟踪查询。

平邮小包不受理查询；挂号小包大部分国家可全程跟踪，部分国家只能查询到签收信息，部分国家不提供信息跟踪服务，如寄到法国、澳大利亚的包裹，只能查到中国境内的追踪信息。当然，这些情况不是绝对的，会根据发货量和各国的情况调整。

（4）中邮小包的优缺点。

优点：运费经济、便宜，派送范围为全球241个国家及地区；国内中邮货代服务发达，折扣优惠；能最大限度地避免关税。

缺点：运输时间长，12~60个工作日；相比其他渠道丢包率高，丢包后赔偿响应慢，且赔偿成功概率不高（可以和中邮货代协商来尽量减少丢包损失）。

2. 中国邮政航空大包

有小包，自然就有大包，大包又称中国邮政航空大包，即China Post Air Parcel，俗称“航空大包”或“中邮大包”。但事实上，中邮大包除了航空大包外，还包括空运水陆路包裹（SAL）、水陆路包裹。航空大包是指利用航空邮路优先发运的包裹业务；空运水陆路包裹是指利用国际航班剩余运力运输，在原寄国和寄达国国内按水陆路邮件处理的包裹；水陆路包裹则是指全部运输过程利用火车、汽车、轮船等交通工具发运的包裹。中邮大包可寄达全球200多个国家，价格低廉，清关能力强，对时效性要求不高且稍重的货物，可选择使用此方式发货。

此外，还在部分设有边境口岸的省（区）地区与邻近国家的地区邮政间开办了边境包裹业务。边境包裹业务是以双边协商的方式开办的特定处理方式、结算价格和服务标准的区域性包裹业务。

（1）中邮大包的重量体积限制。

一般要求：2 kg≤重量≤30 kg（除香港以外寄往其他国家和地区的速递邮件，单件重量不能超过30 kg，每票快件不能超过1件）。体积限制：单边≤1.5 m，长度+长度以外的最大横周≤3 m；单边≤1.05 m，长度+长度以外的最大横周≤2 m。中邮大包最小尺寸限制为：最小边长不小于0.24 m、宽度不小于0.16 m。

并且限制根据运输物品的重量及目的国家以及选择的大包业务不同而有所不同，核算网址为http：//zf. chinapost. com. cn/gj/zfQuery. do？method=enterGjBgzfQuery。

（2）中邮大包的优缺点。

优点：

①成本低，计费方式为首重1 kg的价格+续重1 kg的价格×续重的数量，价格较EMS稍低，且和EMS一样不计算体积重量，没有偏远附加费，较商业快递价格有绝对优势。

②交寄相对方便，可以到达全球各地，只要有邮局的地方都可以到达，且清关能力强。

③包裹全程跟踪。

缺点：

①部分国家限重10 kg，最重也只能30 kg。

②妥投速度慢。

③查询信息更新慢。

④水运的方式时间相对较长，一般为1~2个月。

3. e 邮宝

国际 e 邮宝（e-Packet）是邮政速递物流为适应跨境电商轻小件物品寄递需要推出的经济型国际速递业务，利用邮政渠道清关，进入合作邮政轻小件网络投递。

提供该服务的为中国邮政速递物流公司，其是由中国邮政集团于 2010 年 6 月联合各省邮政公司共同发起设立的国有股份制公司，主营国内速递、国际速递、合同物流等业务，拥有享誉全球的“EMS”特快专递品牌和国内知名的“CNPL”物流品牌。

（1）国际 e 邮宝的重量体积限制。

限重：2 kg；以色列为 3 kg。单件的最大尺寸：长、宽、高合计不超过 90 cm，最长一边不超过 60 cm。圆卷邮件直径的两倍和长度合计不超过 104 cm，长度不得超过 90 cm。单件最小尺寸：单件邮件长度不小于 14 cm，宽度不小于 11 cm。圆卷邮件直径的两倍和长度合计不小于 17 cm，长度不少于 11 cm。

（2）时效。

墨西哥 20 个工作日，越南 5~7 个工作日，沙特、乌克兰、俄罗斯 7~15 个工作日，其他路向 7~10 个工作日。

（3）国际 e 邮宝的优缺点。

优点：时效快，美国 2 kg 以内货物尤为适合，时间为 3~15 个工作日，且费用便宜。

缺点：只适合 2 kg 以内的货物；一些国家的挂号费较贵，因此，对重量特别轻的商品而言，运价不是很经济；不受理查单业务，不提供邮件丢失、延误赔偿。

4. E 特快

国际 E 特快（e-EMS）也是邮政速递物流专门针对跨境业务提供的服务。目前合作有日本、韩国、中国台湾、中国香港、俄罗斯、澳大利亚、新加坡、英国、法国、巴西、西班牙、荷兰、加拿大、乌克兰、白俄罗斯等 50 个主要国家和地区。

（1）国际 E 特快的重量体积限制。

限重：最大可收 30 kg，越南、美国可收 31.5 kg。

最大限制尺寸标准对照：

标准 1：任何一边的尺寸都不得超过 1.5 m，长度和长度以外的最大横周合计不得超过 3.0 m；

标准 2：任何一边的尺寸都不得超过 1.05 m，长度和长度以外的最大横周合计不得超过 2.0 m；

标准 3：任何一边的尺寸都不得超过 1.05 m，长度和长度以外的最大横周合计不得超过 2.5 m；

标准 4：任何一边的尺寸都不得超过 1.05 m，长度和长度以外的最大横周合计不得超过 3.0 m；

标准 5：任何一边的尺寸都不得超过 1.52 m，长度和长度以外的最大横周合计不得超过 2.74 m。

（2）时效。

参考时效：

日本、韩国、中国香港、新加坡、中国台湾：2~4 个工作日

英国、法国、加拿大、澳大利亚、西班牙、荷兰：5~7 个工作日

俄罗斯、巴西、乌克兰、白俄罗斯：7~10个工作日

（3）国际E特快的优缺点。

优点：比小包时效快，比EMS快递便宜，全程跟踪信息反馈，丢件按比例额外赔偿且退还支付运费。暂时针对单边长度达到60 cm及以上邮件进行计泡收费。

缺点：计泡收费，具体是指取邮件体积重量和实际重量中的较大者，作为计费重量，再按照资费标准计算应收邮费。体积重量计算公式为：邮件体积重量（kg）= 长（cm）×宽（cm）×高（cm）/6 000。

5. 国际E速宝

国际E速宝按服务标准分为小包和专递。

1）国际E速宝小包。

国际E速宝小包业务是采用商业操作模式，末端选择经济类投递网络，提供出门投递信息，可以寄递带电产品（澳大利亚、新西兰及东南亚路向除外），限重2 kg。

（1）国际E速宝小包的重量体积限制。

重量限制：单件最高限重2 kg。

单件最大尺寸：长、宽、厚合计不超过90 cm，最长一边不超过60 cm。圆卷邮件直径的两倍和长度合计不超过104 cm，长度不得超过90 cm。单件最小尺寸：长度不小于14 cm，宽度不小于11 cm。圆卷邮件直径的两倍和长度合计不小于17 cm，长度不小于11 cm。

（2）时效。

7~15个工作日。

（3）国际E速宝小包的优缺点。

优点：经济实惠——按照每克计算，限重2 kg，且可寄递带电产品（澳大利亚、新西兰及东南亚除外）。商业清关——快速便捷，通关能力强。

缺点：比中邮小包稍贵。退件要收费。

2）国际E速宝专递。

国际E速宝专递采取商业清关模式，末端选择标准类投递网络，全程追踪，有妥投信息；可以寄递带电产品，最高限重30 kg。

（1）国际E速宝专递的重量体积限制。

重量限制：最高限重30 kg

最大限制尺寸标准对照：

美国：长+宽+高不超过90 cm，最长边不超过60 cm

德国：最长边不超过120 cm，次边长不超过60 cm

英国：长×宽×高不超过61 cm×46 cm×46 cm

根据国家不同，限制尺寸都有不同，具体要求可详询邮政物流公司。网址可查：http://zj.chinapost.com.cn/html1/report/181313/1989-1.htm。

（2）时效。

参考时效：

美国：7~15个工作日

欧洲：7~10个工作日

大洋洲：7~10个工作日

东南亚：7~12 个工作日

（3）国际 E 速宝专递的优缺点。

优点：经济实惠——按照每克计算，最高限重 30 kg，可寄递带电产品。时效快捷——收件当日工作日即可查询上网信息，7~10 个工作日即可妥投。全程追踪——货物可全程跟踪轨迹状态，提供妥投信息。

缺点：部分国家有首重，不接受纯电池，运费计泡（长(cm)×宽(cm)×高(cm)/6 000）。

6. 国际及台港澳特快专递（国际 EMS）

EMS，即 Express Mail Service，指国际及港澳台特快专递，是中国邮政速递物流股份有限公司与各国（地区）邮政合作开办的中国大陆与其他国家、港澳台地区间寄递特快专递邮件的一项服务，可为用户快速传递国际各类文件资料和物品，同时提供多种形式的邮件跟踪查询服务。此外，邮政速递物流还提供代客包装、代客报关等一系列综合延伸服务。EMS 国际快递是中国邮政联合各国邮政开办的一项特殊邮政业务。该业务与各国（地区）邮政、海关、航空等部门紧密合作，打通绿色便利邮寄通道，在各国邮政、海关、航空等部门均享有优先处理权。这是 EMS 相较于很多商业快递的最大优势。

（1）EMS 的体积和重量限制。

重量限制：一般最大限重为 30 kg，部分国家为 20 kg 或 50 kg。

标准 1：任何一边的尺寸都不得超过 1.5 m，长度和长度以外的最大横周合计不得超过 3.0 m；

标准 2：任何一边的尺寸都不得超过 1.05 m，长度和长度以外的最大横周合计不得超过 2.0 m；

标准 3：任何一边的尺寸都不得超过 1.05 m，长度和长度以外的最大横周合计不得超过 2.5 m；

标准 4：任何一边的尺寸都不得超过 1.05 m，长度和长度以外的最大横周合计不得超过 3.0 m；

标准 5：任何一边的尺寸都不得超过 1.52 m，长度和长度以外的最大横周合计不得超过 2.74 m。

最新限制标准参考网站：http：//shipping.ems.com.cn/product/findDetail？sid=7476。

（2）时效。

参考时效：

一区：中国澳门、中国台湾、中国香港，参考时效 2~4 个工作日；

二区：朝鲜、韩国、日本，参考时效 2~4 个工作日；

三区：菲律宾、柬埔寨、马来西亚、蒙古、泰国、新加坡、印度尼西亚、越南，参考时效 3~7 个工作日；

四区：澳大利亚、巴布亚新几内亚、新西兰，参考时效 6~8 个工作日；

五区：美国，参考时效 5~7 个工作日；

六区：爱尔兰、奥地利、比利时、丹麦、德国、法国、芬兰、荷兰、加拿大、卢森堡、马耳他、南非、挪威、葡萄牙、瑞典、瑞士、西班牙、希腊、意大利、英国，参考时效 7~10 个工作日；

七区：巴基斯坦、老挝、孟加拉国、尼泊尔、斯里兰卡、土耳其、印度，参考时效 3~7

个工作日；

八区：阿根廷、阿联酋、巴拿马、巴西、白俄罗斯、波兰、俄罗斯、哥伦比亚、古巴、圭亚那、捷克、秘鲁、墨西哥、乌克兰、匈牙利、以色列、约旦、乌拉圭、黎巴嫩，参考时效7~15个工作日；

九区：阿曼、埃及、埃塞俄比亚、阿塞拜疆、爱沙尼亚、巴林、保加利亚、博茨瓦纳、布基纳法索、刚果（布）、刚果（金）、哈萨克斯坦、吉布提、几内亚、加纳、加蓬、卡塔尔、开曼群岛、科特迪瓦、科威特、克罗地亚、肯尼亚、拉脱维亚、卢旺达、罗马尼亚、马达加斯加、马里、摩洛哥、莫桑比克、尼日尔、尼日利亚、塞内加尔、塞浦路斯、沙特阿拉伯、突尼斯、乌兹别克斯坦、乌干达、叙利亚、伊朗、伊拉克、乍得、阿尔及利亚，参考时效7~20个工作日。

（3）国际EMS的优缺点。

优点：较商业快递经济实惠，邮政渠道，清关更便捷，全程查询，时效可比商业快递。

缺点：对长、宽、高三边中任一单边达到60 cm以上（包含60 cm）的邮件进行计泡操作，体积重量（kg）= 长(cm)×宽(cm)×高(cm)/6 000。

（二）其他国家或地区邮政小包

邮政物流是使用较多的一种国际物流方式，作为万国邮政联盟的一员，有网点覆盖全球的优势，其对于重量、体积、禁限寄物品要求等方面均存在很多的共同点，然而不同国家和地区的邮政所提供的邮政服务却或多或少存在一些差别，主要体现在不同区域会有不同的价格和时效标准，对于承运物品的限制也不同，主要体现在对于带电、带磁、粉末、液体等产品的限制。

1. 香港邮政小包

香港邮政小包是香港邮政针对小件物品而设计的空邮产品，又称“易网邮”，其前身为“大量投寄挂号空邮服务”，旨在为电子商务卖家提供更全面的邮递方案，并配合美国和欧盟成员国即将实施的新电子报关规定。特别适合网上卖家邮寄重量轻、体积较小的物品。

（1）限重：2 kg以内。

（2）体积范围：长+宽+高≤90 cm，单边长度≤60 cm。

（3）参考时效：8~18个工作日，和中邮小包一样，巴西时效相对较长，最长可达60天以上。

（4）优势。

①EDI数据报关，大大地缩短了清关的时间；预先报关可加快。

②网上邮件处理工具简化货物处理和投寄程序；以投寄数量及重量计算，大大节省了邮件处理的时间。

③不计首重和续重，大大简化了运费核算与成本控制。

④可于网上查询投寄记录，追查邮件的派递情况、所需时间及邮件的赔偿。派递时要求收件人签收确认，安全更有保障。

2. 新加坡邮政小包

新加坡邮政是新加坡政府监管的公共邮政执照拥有者，也是一家上市公司，完全市场化运作，可以提供高效率、高品质的国内和国际邮政服务。

（1）限重：2 kg 以内。

（2）体积范围。

最大：

方形货物：长+宽+高≤90 cm，单边长度≤60 cm。

卷轴状货物：直径的两倍加上长度之和≤104 cm，单边长度≤90 cm

最小：

方形货物：表面尺码不得小于 9 cm×14 cm。

卷轴状货物：直径的两倍加上长度之和≥17 cm，单边长度≥10 cm。

（3）参考时效：5~20 个工作日，和中邮小包一样，巴西时效相对较长，最长可达 60 天以上。

（4）优势。

①可发带电商品。

②时效快，香港直航至新加坡邮政，再由新加坡转寄到全球多个国家。

③派送范围广，覆盖全球 249 个国家及地区。

④物流信息可查询，提供国内段交接，包裹经从新加坡发出及目的国妥投等跟踪信息。

⑤交寄便利，国内部分城市提供上门揽收服务，非揽收区域卖家可自行寄送至揽收仓库。

⑥赔付保障，邮件丢失或损毁提供赔偿。

3. 瑞士邮政小包

瑞士邮政小包又称瑞士小包、瑞士挂号小包，是瑞士邮政推出的一项针对货物重量在 2 kg以下的邮政小包服务，具有时效快、通关能力强的特点。瑞士邮政小包业务是互联易物流与瑞士邮政合作、开展的一项可寄达全球 200 多个邮政网点的邮政小包服务，是一项经济实惠型国际邮件运输服务项目。它包含瑞士邮政挂号、瑞士邮政平邮两种服务。瑞士邮政是欧洲最发达的邮政机构，几乎在每一个国家都设立有分支机构，拥有强大的邮件处理能力。

欧洲线路时效较快，但价格较高，欧洲通关能力强，欧洲申根国家免报关，可发纯镍氢干电池。

还有很多不同地区的邮政小包，但目前被跨境电商卖家广泛使用的不多，这里就不一一介绍了。并且香港邮政和新加坡邮政还都有 EMS 服务，不过这些不是物流渠道的主要方式，正式业务中可以根据自己的产品特色选择这些服务渠道。

总之，邮政小包由于其价格实惠、通关方便是当前跨境电商使用的主要物流方式。

二、国际商业快递

1. DHL

DHL 成立于 1969 年，坐拥差不多 300 架飞机和 2 万部车，总部在比利时，是目前世界上最大的航空速递货运公司之一，全球快递、洲际运输和航空货运的领导者，也是全球第一的海运和合同物流提供商。它的优势在于网点多覆盖广，可达全球 220 个国家和地区，同时价格、服务和清关能力都具有一定优势。无论是文件或包裹，还是即日、限时或限日送达，DHL 皆可提供满足需求的服务。DHL 作为急速的金牌产品之一，全球欧美交易 TOP10 国家

2~3个工作日即可到达。

（1）体积和重量限制。

大部分国家的包裹要求：单件包裹的重量不超过70 kg，单件包裹的最长边不超过1.2 m。但是部分国家要求不同，具体以DHL官方网站公布为准。

（2）运费。

资费标准详见网站：http：//www.cn.dhl.com。运费计泡，DHL的体积重量（kg）计算公式为：长(cm)×宽(cm)×高(cm)/5 000，实际计费重量取体积重与实重的较大值。

（3）时效与追踪查询。

DHL派送时效为3~7个工作日（不包括清关，特殊情况除外）；可以全程跟踪信息。

（4）优缺点。

优点：去西欧、北美有优势，适宜走小件，可送达国家网点比较多；时效快，一般2~4个工作日可送达；跟踪信息更新快，客服响应问题、解决速度快。

缺点：价格贵，适合发5.5 kg以上或者21~100 kg的货物；对托运货物的限制比较严格；货物要申报，物品描述需要填写实际品名和数量，不接受礼物或样品申报。

另外DHL针对跨境电商专门推出了DHL eCommerce小包，单件重量限制≤20 kg，超出不承运，单边尺寸不超过120 cm，围长不超过330 cm，价格相对常规DHL快递更有优势，并且客服处理更专业。

2. TNT

TNT成立于1946年，坐拥差不多50架飞机和2万部车，总部在荷兰。在欧洲和亚洲可提供高效的递送网络，且通过在全球范围内扩大运营分布来优化网络域名注册查询效能，提供世界范围内的包裹、文件以及货运项目的安全准时运送服务。TNT在世界60多个国家雇有超过143 000名的员工，为超过200个国家及地区的客户提供邮运、快递和物流服务，在欧洲和西亚、中东有绝对优势，在西欧国家的清关能力强，在欧洲市场的占有率为65%，是西欧国家首选线路，急速国际快递金牌产品之一。

（1）体积和重量限制。

单件包裹重量不能超过70 kg，三条边长度分别不能超过2.40 m×1.50 m×1.20 m。

（2）运费。

TNT快递运费包括基本运费和燃油附加费两部分，其中燃油附加费每个月变动，以TNT网站http：//www.tnt.com.cn公布数据为准。

运费计泡，体积重量（kg）计算公式为长(cm)×宽(cm)×高(cm)/5 000。实际计费重量取体积重与实重的较大值。

（3）时效。

全程时效一般在3~7个工作日。

（4）优缺点。

优点：速度快，通关能力强。

缺点：价格较高；算体积重，收偏远附加费。

3. FedEx

FedEx全称Federal Express，即联邦快递，是一家国际性速递集团，总部设于美国田纳西州。联邦快递是全球最具规模的快递运输公司，每个工作日运送的包裹超过320

万个，其在全球拥有超过 138 000 名员工、50 000 个投递点、671 架飞机和 41 000 辆车，为全球超过 235 个国家及地区提供快捷、可靠的快递服务。联邦快递设有环球航空及陆运网络，通常只需一至两个工作日，就能迅速运送时限紧迫的货件，而且确保准时送达。

FedEx 发货可选择 FedEx IP 服务或 FedEx IE 服务，FedEx IP 服务为优先型服务，舱位有保障，享有优先安排航班的特权，时效保障；FedEx IE 服务为经济型服务，价格相对较实惠，但是时效相对 FedEx IP 慢。

（1）体积和重量限制。

单件最长边不能超过 274 cm，最长边加其他两边的长度的两倍不能超过 330 cm；一票多件（其中每件都不超过 68 kg），单票的总重量不能超过 300 kg，超过 300 kg 请提前预约；单件或者一票多件包裹有超过 68 kg 的，需提前预约。

（2）运费。

联邦快递的运费标准最终以其官方网站公布为准，网址为 http：//www.fedex.com/cn/rates/index.html。

联邦快递的体积重量（kg）计算公式为：长(cm)×宽(cm)×高(cm)/5 000，如果货物体积重量大于实际重量，则按体积重量计算。

（3）时效与跟踪查询。

FedEx IP 服务的派送正常时效为 2~5 个工作日（非工作日也派送），FedEx IE 服务的派送正常时效为 4~7 个工作日（非工作日不派送），最终派送时间需根据目的地海关通关速度决定。

（4）优缺点。

优点：21 kg 以上的大件价格更实惠，到南美洲的价格较有竞争力；时效较快，一般 3~7天可以到达；网站信息更新快，覆盖网络全，查询响应快；速卖通线上发货折扣非常优惠。

缺点：价格较贵；需要考虑货物体积重，收偏远附加费。

速卖通 FedEx 线上发货的折扣优惠力度大，速卖通卖家选择此商业快递时，可考虑优先选择线上发货，FedEx 速卖通线上发货有 FedEx IP 服务和 FedEx IE 服务。

4. UPS

UPS 全称 United Parcel Service，即联合包裹服务公司，于 1907 年作为一家信使公司成立于美国，通过明确地致力于支持全球商业的目标，UPS 如今已发展到拥有 497 亿美元资产的大公司，其商标是世界上最知名、最值得景仰的商标之一。作为世界上最大的快递承运商与包裹递送公司，其同时也是专业的运输、物流、资本与电子商务服务的领导性提供者。

（1）UPS 四种服务种类。

大部分 UPS 的货代公司提供 UPS 旗下主打的四种快递服务，包括：

①UPS Worldwide Express Plus（全球特快加急），资费最高。

②UPS Worldwide Express（全球特快）。

③UPS Worldwide Saver（全球速快），也就是所谓的红单。

④UPS Worldwide Expedited（全球快捷），也就是所谓的蓝单，时效最慢，资费最低。

在UPS的运单上，前三种方式都用红色标记，最后一种用蓝色标记，但是通常所说的红单是指UPS Worldwide Saver（全球速快）。

（2）体积和重量限制。

UPS国际快递小型包裹一般不递送超过重量和尺寸标准的包裹，若UPS国际快递接收该类货件，将对每个包裹收取超重超长附加费378元人民币。体积和重量标准：每个包裹最大长度为270 cm，每个包裹的最大尺寸：长度+周长=330 cm，周长=2×(高度+宽度)；每个包裹最大重量为70 kg。

（3）运费。

资费标准以UPS网站http://www.ups.com/content/cn/zh/index.jsx公布为准。

一票多件货物的总计费重量依据运单内每个包裹的实际重量和体积重量中较大者计算，并且不足0.5 kg按照0.5 kg计算，超出0.5 kg不足1 kg的计1 kg。每票货物的计费重量为每件包裹的计费重量之和。

UPS的体积重量（kg）的计算公式为长(cm)×宽(cm)×高(cm)/5 000，如果货物体积重量大于实际重量，则按体积重量计算。

（4）时效。

UPS派送参考时间为3~7个工作日，如遇到海关查车等不可抗拒因素，则以海关放行时间为准。

（5）优缺点。

优点：速度快，一般2~4日可以送达，特别是美国、加拿大、南美、英国、日本等国家；运送范围广，可送达全球200多个国家和地区；查询网站信息更新快，遇到问题及时解决。

缺点：运费较贵（但速卖通线上发货折扣较优惠）；有时会收偏远附加费和进口关税，增加买家负担；计体积重。

5. 其他国际商业快递

我们一般说的国际商业快递就是指上面的四大国际快递，但是其实除了这些，还有一些小的商业快递针对特定国家也是比较有优势的，简单列举以下几种。

（1）TOLL环球快递（又名拓领快递），是澳大利亚Toll Global Express公司旗下的快递业务，到澳大利亚，以及泰国、越南等亚洲地区的价格较有优势。速卖通上的DPEX就是Toll Global Express。

（2）ARAMAX作为中东地区最知名的快递公司，成立于1982年，是第一家在纳斯达克上市的中东国家公司，提供全球范围的综合物流和运输解决方案，在全球拥有超过353个公司，约12 300名员工。其是国际货物邮寄中东国家的首选，时效非常有保障，正常时效为3个工作日，一般时间均为2~5天，主要优势在中东、北非、南亚等20多个国家。

（3）GATI在印度的快递、分拨和供应链解决方案领域中处于绝对的领军位置。

6. 国内快递

虽然前面讲了很多国际商业快递，但是其实我们国内现在也有不少快递在从事国际运输。

三、专线物流

跨境专线物流一般通过航空包舱方式将货物运输到国外，再通过合作公司进行目的地国国内的派送，是比较受欢迎的一种物流方式，也是针对某个指定国家的一种专线递送方式。它的特点是货物送达时间基本固定，如到欧洲英法德 5~6 个工作日，到俄罗斯 15~20 个工作日，运输费用较传统国际快递便宜，同时保证清关便利。

目前，业内使用最普遍的专线物流包括美国专线、欧洲专线、澳洲专线、俄罗斯专线等，也有不少物流公司推出了中东专线、南美专线。

平台上的专线物流运费比普通邮政包裹还要便宜，清关能力比普通邮政包裹强，运达速度快。不同物流服务商也提供了各自的专线物流，这样可以综合对比价格和时效性选择最优的线路。专线物流优势明显，主要是在价格和时效方面，不过缺点也有，那就是专线物流一般是物流服务商自己提供的服务，而这些物流服务商大小良莠不齐，需要店铺经营者自己花时间筛选。

四、平台集运

如果经营平台店铺，就会发现现在多了一种新的物流方式，就是平台集运。作为店铺经营者，可能对于这个新物流方式不是太懂，其实这是一个针对买家的服务方式。目前速卖通平台已经提供这个服务了。平台会自动筛选符合要求的商品。在买家购买时会出现选择集运的选项，如果买家选择集运，那么买家从不同店铺购买的多个商品，在各自店铺发货后会逐个进入中转仓库，等到齐了，统一打包成一个包裹再发给买家。买卖双方都有可能因此会减少分开发货的物流成本，这对于买卖双方都是一个有利的方式，并且能吸引到更多买家。

任务二　认识海外仓

【任务描述】海外仓现在越来越多地被应用于跨境电商，走品牌发展之路必然要走向对目标市场的海外仓布局，了解海外仓的运作模式和操作方法尤为重要。

一、什么是海外仓

海外仓是指建立在海外的仓储设施。海外仓储服务指卖家在销售目的地进行货物仓储、分拣、包装和派送的一站式控制与管理服务。确切来说，海外仓储应该包括头程运输、仓储管理和本地配送三个部分。

在跨境贸易电子商务中，国内企业将商品通过大宗运输的形式运往目标市场国家，在当地建立仓库、储存商品，然后再根据当地的销售订单，第一时间做出响应，及时从当地仓库直接进行分拣、包装和配送。

不少电商平台和出口企业正通过建设海外仓布局境外物流体系。海外仓的建设可以让出口企业将货物批量发送至国外仓库，实现该国本地销售、本地配送。自诞生开始，海外仓就不单单是在海外建仓库，它更是一种对现有跨境物流运输方案的优化与整合。

二、海外仓的兴起原因

随着跨境电商业务的发展，大家在物流发货时经常会遇到直发跨境包裹时效长、破损率高、旺季拥堵等诸多弊端。于是，大家迫切需要一种能解决这些问题的方式。

海外仓是顺应跨境电商发展趋势出现的一种仓储模式。对于跨境电商而言，想要获取较高利润，让买家认可自己的服务，就必须缩短配送时间，海外仓直接在当地发货，可以有效降低时间；经营者想要降低物流成本，解决破损率高、丢包率高的问题，就需要直接把控物流，而海外仓统一用传统外贸方式集中货运到仓库。海外仓可以说是顺应跨境电商发展趋势出现的一种仓储模式。

三、海外仓的优缺点

1. 海外仓的优点

（1）降低物流成本。

跨境电商以一般贸易的方式将货物输出至海外仓，以批量发货的形式完成头程运输，以零散地用国际快递走货可节省成本，并且会有效降低丢包、破损损失。

（2）可以退换货，提高海外买家的购物体验。

每个买家都十分看重售后服务，如果使用海外仓，买家可以退换货到海外仓就方便了许多。海外仓能给买家提供退换货的服务，也能改善买家的购物体验，从而提高买家的重复购买率。

（3）能有效地避开跨境物流高峰。

节假日，卖家会集中在节后大量发货，这势必会严重影响物流的运转速度，进而影响买家的收货时间。使用海外仓，卖家是需要提前备货批量发到海外仓的，有单只需下达指令进行配送就可以了，这就减少了高峰期物流慢的困扰。

2. 海外仓的缺点

（1）卖家无法像管理自己的仓库一样管理海外仓，货物发到海外仓，卖家就无法接触到货物了。

（2）库存压力大，仓储成本高，资金周转不便。

四、海外仓的流程

海外仓的流程主要包括以下几个步骤：

（1）头程运输：指货物从国内运送到目的地仓库的这段运输，很多承接海外仓头程运输的承运商也提供进出口清关的服务。卖家可根据货物的特性和需求选择合适的运输方式，如航空、海运或陆运。但出于成本的考虑，大部分商家选择海运作为头程的运输方式。

（2）入库操作：货物到达后，进行拆柜、分拣、清点、上架等操作，同时可能涉及缠膜、复核尺寸和重量等。对于需要送往 FBA（Fulfillment by Amazon）的货物，还需进行相应的标签和包装调整。

（3）拣货和打包：根据订单信息，工作人员打印拣货单，并在仓库中选取相应的商品。随后，商品会根据其属性进行二次包装加固，如玻璃制品可能需要气泡塑料包装以防止损坏。然后验货和面单打印贴。工作人员在发货前检验商品质量，确保发出的商品与订单信息一致。然后，打印并贴上面单，准备发货。

（4）尾程派送：买家下单后，卖家通过系统通知海外仓订单信息，之后海外仓负责发货并送到买家手中。派送方式可能包括自有团队、卡车或快递等。

图 4-1 为商品归类、出口退税、结汇、代缴进口关税及增值税服务。

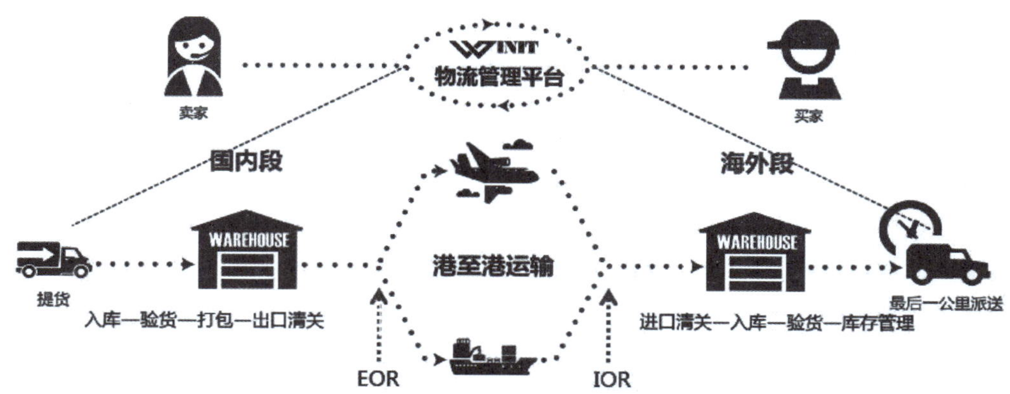

图 4-1　商品归类、出口退税、结汇、代缴进口关税及增值税服务

五、海外仓操作

1. 卖家自己将商品运至海外仓储中心，或者委托承运商将货发至承运商海外的仓库

这段国际货运可采取海运、空运或者快递方式到达仓库。

2. 卖家在线远程管理海外仓储

卖家使用物流商的物流信息系统，远程操作海外仓储的货物，并且保持实时更新。

3. 根据卖家指令进行货物操作

利用物流商海外仓储中心的自动化操作设备，严格按照卖家指令对货物进行存储、分拣、包装、配送等操作。

4. 系统信息实时更新

发货完成后系统会及时更新，以显示库存状况，让卖家实时掌握。

任务三　计算跨境物流运费

【任务描述】在跨境电子商务中，物流费用在产品成本中的占比很大，因此选择合适的物流，并准确地计算产品运费是非常重要的。

一、实重和体积重

在前面的介绍中，我们已经反复提到实重与体积重了。这是在物流计费中经常会用到的方式。

实重是指产品打包好后称重的实际重量。

体积重是指按照公式计算产品的包裹的体积除以系数得到的数值，物流公司如果运费是计泡的话就会对比包裹的实重与体积重，取其中较大的值用来计算运费。不同的物流公司体积重也不尽相同，一般是 5 000、6 000，个别是 8 000。

体积重（kg）的计算公式为：长(cm)×宽(cm)×高(cm)/系数。

商业快递通常会计算体积重。

二、直邮运费计算

在计算跨境物流运费（直邮）的时候，首先要学会查看运价表，直邮运价表主要由国家和对应的每千克的运费和服务费构成。直邮运费计算有两种方法。

（1）运费=克重×单价+服务费。

该种方法多适用于小包和专线物流方式，运费计算的方法是用货物的毛重乘以每克的运费单价，然后加上服务费。服务费是按每个包裹来收取的。如果同一个客户购买了多个产品，可进行合并打包，为公司节省快递的服务费。

任务：

刘晴有一个订单（普货）到挪威，她查e邮宝运费表如表4-2所示，她给货物打包后称重包裹重500克，尺码为15 cm×20 cm×20 cm，该物流方式不计体积重，在这种情况下，计算货物运费。

计算过程：

运费=克重×单价+服务费=500×0.08+19=59元

表4-2 e邮宝运费

运达国家/地区	运达国家/地区（英文）	起重克	重量资费 元（RMB）/KG ×每1 g计重，限重2 kg	操作处理费 元（RMB）/包裹
挪威	Norway	1	80	19

（2）运费=首重运费+续重运费。

该种方法多适用于大包、EMS和商业快递等。大包是需要再加服务费的，但EMS和商业快递没有服务费，商业快递一般是把国家分区的，不同的分区有不同的收费标准。要注意，商业快递一般都需计算体积重，并按体积重和重量取较大值来计算运费。

任务：

杨宇有一个订单（普货）到奥地利，他查询DHL运费表（表4-3），给货物打包后称重，包裹重600克，尺码为20 cm×15 cm×20 cm，DHL系数取5 000，运费7折。在这种情况下，计算货物运费。

表4-3 DHL运费

区域	寄达国	首重 （元/500g）	10 000 g（含）以下 续重（元/500g）	10 000g以上 续重（元/500 g）
8	巴基斯坦	164	37	36
9	美国	125	25	29
10	加拿大	150	24	27
11	墨西哥	163	33	34
12	英国	135	26	32
13	比利时	115	25	31
13	荷兰	115	25	31
13	意大利	115	25	31
13	法国	115	25	31

续表

区域	寄达国	首重（元/500g）	10 000 g（含）以下续重（元/500g）	10 000g 以上续重（元/500 g）
13	德国	115	25	31
13	卢森堡	115	25	31
13	摩纳哥	115	25	31
13	圣马力诺	115	25	31
13	梵蒂冈	115	25	31
13	奥地利	115	25	31
13	丹麦	115	25	31
13	芬兰	115	25	31
13	希腊	115	25	31
13	爱尔兰	115	25	31
13	列支敦士登	115	25	31

计算过程：

首先计算重量：体积重＝(长×宽×高)÷5 000

＝(20×15×20)÷5 000＝1.2

因为 1.2>0.6，所以取 1.2，收 1 个首重运费和 2 个续重运费：

运费＝首重运费+续重运费 ＝(115 + 31×2)×0.7＝123.9 元

三、海外仓运费计算

海外仓的运费分为头程运费、进出口国海关费用、仓库操作费和尾程运费等。一般头程运输承运商会按包税价进行报价。仓库操作费可合并在尾程运费中。因此，卖家可以把费用划分为头程运费和尾程运费两部分。其计算公式可以概括为：

海外仓运费 ＝ 头程运费 ＋ 尾程运费

头程运费＝克重×单价

头程运费取决于卖家选择的物流方式，出于成本考虑，大部分卖家会选择海运作为其头程运输方式，尾程运费是由海外仓和当地的配送人员收取的。

任务：

吴涛打算发一批货到海外仓，头程选择海运方式，运费为 15 元/千克，该批货物共 50 件，单件产品包装重量为 600 克，尺码为：20 cm×15 cm×20 cm，体积重计算系数为6 000，尾程按 5.68 美金/件收取运费，计算该种情况下，每个产品的运费是多少？汇率按 1∶7。

计算过程：

体积重＝(长×宽×高)÷6 000

＝(20×15×20)÷6 000＝1>0.6

因此，头程运费按体积重计算：

头程运费＝克重×单价

＝1×15＝15 元/件＝2.14 美元/件

海外仓运费=头程运费+尾程运费=2. 14+5. 68=7. 82 美元/件

海外仓产品，由于货物在目的国仓库，可使消费者快速收到货，大大提高了客户体验，因此跨境电商平台对海外仓货物的流量扶持力量较大。如果通过计算，发现海外仓运费低于直邮运费，那企业的决策大部分是偏向用海外仓的。甚至有些卖家在海外仓高于直邮运费的情况下，依然会选择使用海外仓，就是为了提升客户体验，争夺平台流量。

四、平台运费计算器

通过速卖通平台后台的物流方案查询（图 4-2）可以计算运费。登录进后台，单击“交易”选项，再单击“物流方案查询”选项。网址是：https：//ilogistics. aliexpress. com/recommendation_engine_internal. htm。

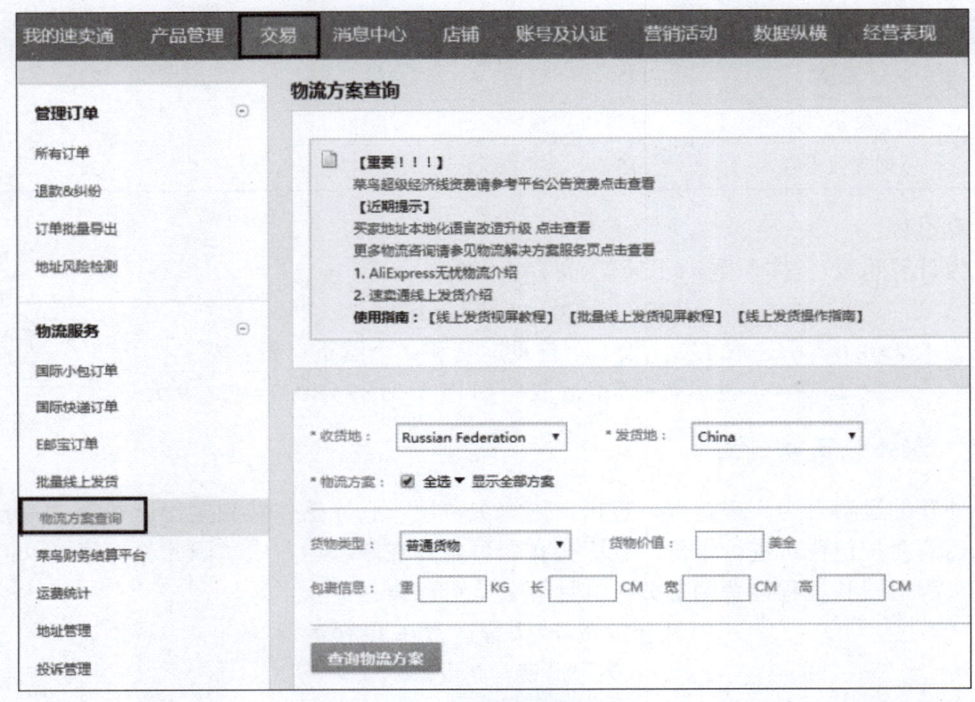

图 4-2　物流方案查询

在这里，我们可以选择收货地：比如 United States（美国）；发货地：一般是 China（中国），这个是定死的。货物类型有四种：普通货物、带电货物、纯电商品、液体货物（图 4-3至图 4-7），可以根据需要选择，这里我们选择普通货物进行示范。货物价值填写实际价值。货物价值会影响平台推荐物流，比如一个低价值的 2 美金的产品可能会推荐经济小包，300 美金的高价值产品就会推荐商业快递了。

包裹信息按实际测量填写，我们这里测试，重量：1 kg，尺寸：15 cm×15 cm×15 cm。

可以看到，这个系统非常方便，就算没有计算出费用但是可以走的相关产品的渠道也显示出来了，这样我们就可以自行联系相关渠道。

任务：

王华需要根据订单出货一个产品，出货前王华对该产品进行打包，并测量了包裹的尺码为：长 30 cm，宽 20 cm，高 25 cm，产品重量称得为 1.8 千克，需要通过商业快递寄送，计费参数为 6 000，计费重量为体积重和重量取大，请据此计算该包裹的计费重量。

计算过程：

$$体积重 = (30\times20\times25)\div6\ 000 = 2.5\ 千克$$

因为　2.5 > 1.8，所以该产品包裹的计费重量为 2.5 千克。

该产品按 2.5 千克计算运费。

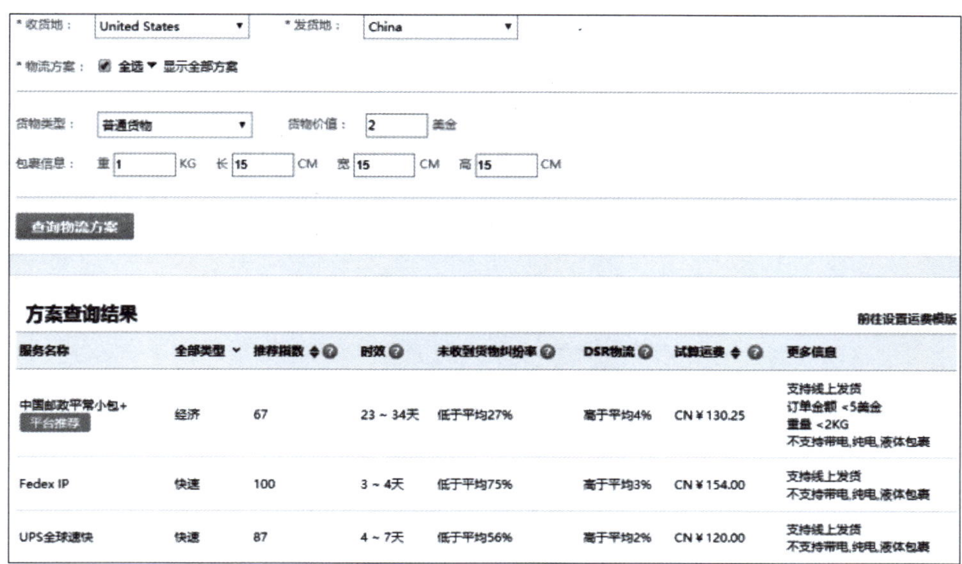

服务名称	全部类型	推荐指数	时效	未收到货物纠纷率	DSR物流	试算运费	更多信息
中国邮政平常小包+ 平台推荐	经济	67	23～34天	低于平均27%	高于平均4%	CN ¥ 130.25	支持线上发货 订单金额 <5美金 重量 <2KG 不支持带电,纯电,液体包裹
Fedex IP	快速	100	3～4天	低于平均75%	高于平均3%	CN ¥ 154.00	支持线上发货 不支持带电,纯电,液体包裹
UPS全球速快	快速	87	4～7天	低于平均56%	高于平均2%	CN ¥ 120.00	支持线上发货 不支持带电,纯电,液体包裹

图 4-3　美金货物查询

服务名称	全部类型	推荐指数	时效	未收到货物纠纷率	DSR物流	试算运费	更多信息
Fedex IP 平台推荐	快速	100	3～4天	低于平均75%	高于平均3%	CN ¥ 154.00	支持线上发货 不支持带电,纯电,液体包裹
UPS全球速快	快速	87	4～7天	低于平均56%	高于平均2%	CN ¥ 120.00	支持线上发货 不支持带电,纯电,液体包裹
DHL	快速	84	4～6天	低于平均32%	高于平均4%	CN ¥ 134.00	支持线上发货 不支持带电,纯电,液体包裹

图 4-4　300 美金货物查询

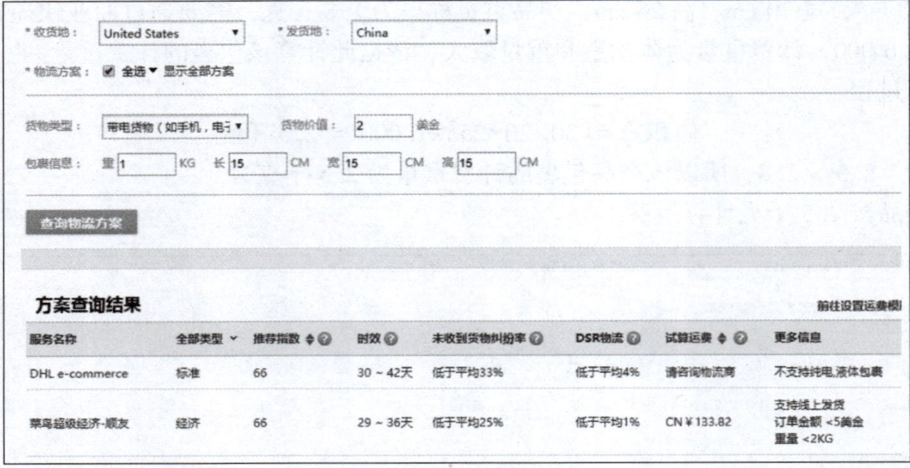

* 收货地：United States
* 发货地：China
* 物流方案：全选 显示全部方案
货物类型：带电货物（如手机，电子
货物价值：2 美金
包裹信息：重 1 KG 长 15 CM 宽 15 CM 高 15 CM
查询物流方案
方案查询结果
前往设置运费模
服务名称 全部类型 推荐指数 时效 未收到货物纠纷率 DSR物流 试算运费 更多信息
DHL e-commerce 标准 66 30～42天 低于平均33% 低于平均4% 请咨询物流商 不支持纯电,液体包裹
菜鸟超级经济-顺友 经济 66 29～36天 低于平均25% 低于平均1% CN ¥ 133.82 支持线上发货 订单金额 <5美金 重量 <2KG

图 4–5　带电货物查询

* 收货地：United States
* 发货地：China
* 物流方案：全选 显示全部方案
货物类型：纯电商品（如充电宝）
货物价值：2 美金
包裹信息：重 1 KG 长 15 CM 宽 15 CM 高 15 CM
查询物流方案
方案查询结果
前往设置运费模版
服务名称 全部类型 推荐指数 时效 未收到货物纠纷率 DSR物流 试算运费 更多信息
菜鸟超级经济-顺友 经济 66 29～36天 低于平均25% 低于平均1% CN ¥ 133.82 支持线上发货 订单金额 <5美金 重量 <2KG
出口易 标准 - - - - 请咨询物流商 重量 <30KG
顺友 标准 - - - - 请咨询物流商 重量 <30KG

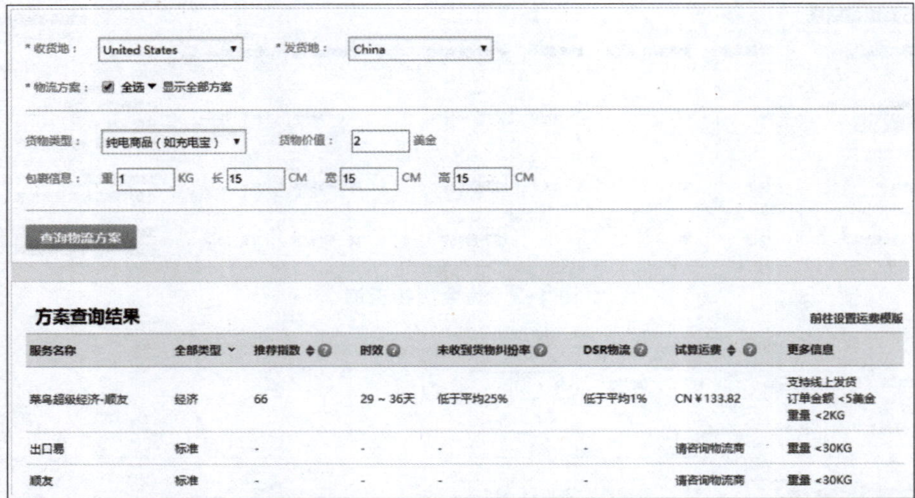

图 4–6　纯电货物查询

* 收货地：United States
* 发货地：China
* 物流方案：全选 显示全部方案
货物类型：液体货物（如指甲油）
货物价值：2 美金
包裹信息：重 1 KG 长 15 CM 宽 15 CM 高 15 CM
查询物流方案
方案查询结果
前往设置运费模版
服务名称 全部类型 推荐指数 时效 未收到货物纠纷率 DSR物流 试算运费 更多信息
菜鸟超级经济-顺友 经济 66 29～36天 低于平均25% 低于平均1% CN ¥ 133.82 支持线上发货 订单金额 <5美金 重量 <2KG
出口易 标准 - - - - 请咨询物流商 重量 <30KG

图 4–7　液体货物查询

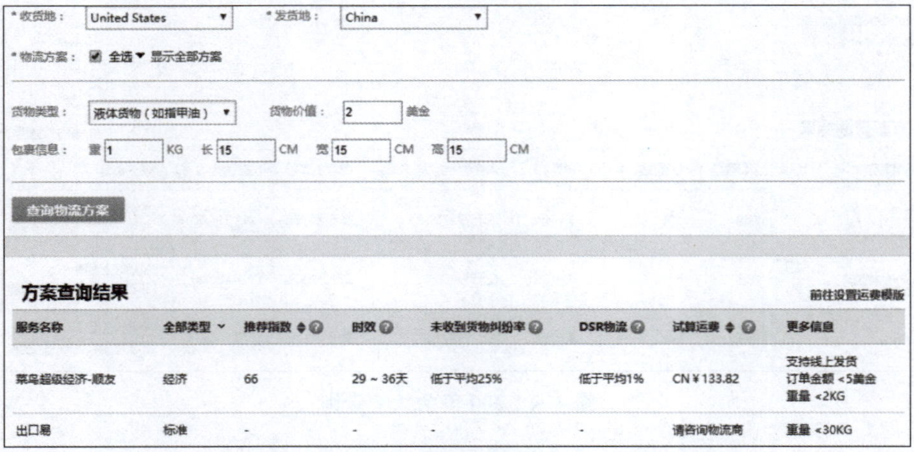

小贴士

从此案例我们不难看出，如果卖家选择的快递方式需要计算体积重，则可能出现按体积重计算运费比按实际重量计算的运费多不少的情况，这种情况也是造成很多直邮卖家亏损的主要原因。比如卖家在上架产品的时候是按产品重量来预估产品运费的，但后续出单的时候，发现客户选择的物流方式需要按体积重和重量比来计算运费，而体积重又比重量大很多，其结果就是运费陡增，导致卖家利润缩减或亏损。

任务四 跨境物流的选择

【任务描述】往往运往同一目的地有多种物流选择，卖家要综合考虑时效、速度、服务等综合因素，来进行跨境物流的选择，进而提高订单履行的质量和效率。

前面介绍了这么多的物流渠道，那么怎么选择最适合的渠道呢？

这要结合自己的实际需求，如果产品定位比较高端，价值也比较高，可以走商业快递，提升品牌形象的同时也可以避免损失。如果产品价值相对不高，而运输成本可能占比较重，那么可以尽量选择相对低廉的邮政小包作为主要运输方式。

因此，我们在发货之前，可以充分地综合比较，从价格、时效、运输安全等角度去合理安排运输渠道。

一、一般货代服务流程

跨境电商经营者在实际经营过程中，物流运输通常是和货代合作，由货代作为承接商再去与邮局或者商业快递运作。当然也有直接和邮局或者商业快递合作的（图 4-8）。这之间的区别主要在于你可以选择一个好的货代而不用再去和不同的邮局或者商业快递一一联系了。实际经营中，你可能需要不同的运输渠道，全部都自己操作，既费时间，信息掌握也不全面，而货代通常拥有更多的运输渠道可以满足需求。

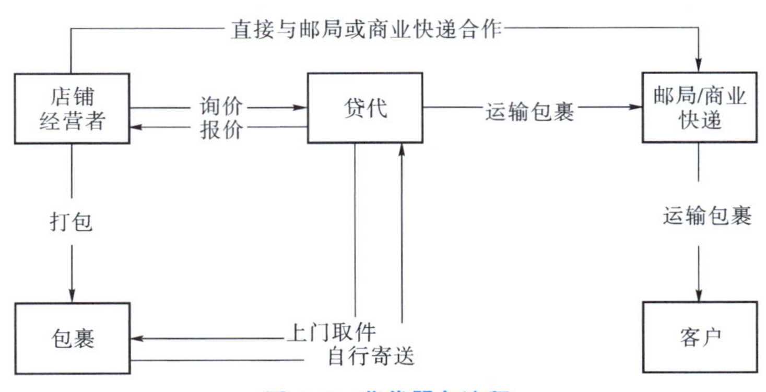

图 4-8 货代服务流程

二、不同国际物流对比

跨境国际物流对比见表4-4。

表4-4 跨境国际物流对比

物流渠道	费用	时效	操作难度	积压风险
邮政小包	低	慢	简单	无
商业快递	高	快	简单	无
海外仓	中等	快	难	有

任务五 物流模板设置

【任务描述】跨境电商物流模板是店铺设置中最重要的部分，物流模板能够直接影响产品的运费和购物体验，要理解其原理并正确设置。

物流运费模板可以让商品在不同国家消费者的购买页面，显示不同的运费，有的显示包邮，有的显示不包邮；有的国家显示的是标准运费，有的国家显示的是扣除折扣后的运费。

物流运费模板是平台提供的设置方式，可以一次设置，在产品编辑时直接选用，方便快捷。下面介绍物流运费模板的相关设置。

一、认识新手运费模板

平台为不熟悉跨境物流的新人提供了新手模板，里面包含简易类物流“AliExpress 无忧物流—简易 AliExpress Saver Shipping”；标准类物流“AliExpress 无忧物流—标准 AliExpress Standard Shipping”；e 邮宝—ePacket；中国邮政挂号小包—China Post Registered Air Mail；快速类物流“AliExpress 无忧物流—优先 AliExpress Premium Shipping”；EMS 这些物流方案（图4-9至图4-11）。

运费模板提供了标准运费计算，新手也可以利用此模板快速录入产品，产品页面会自动计算运费，相当方便，不过由于没有设置任何折扣，运费显示可能相对较高，这对于新手是好事，可以保证运费不会亏损，但是在有经验之后，应该尽快更改并且自定义，以便提高产品运费的竞争力。

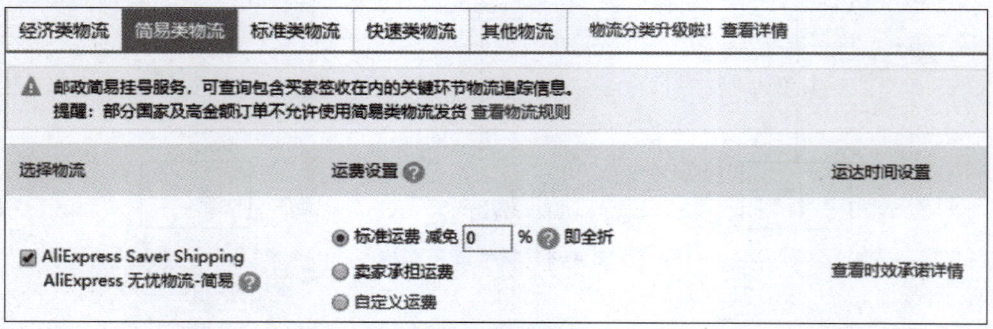

图4-9 简易类物流

图 4-10　标准类物流

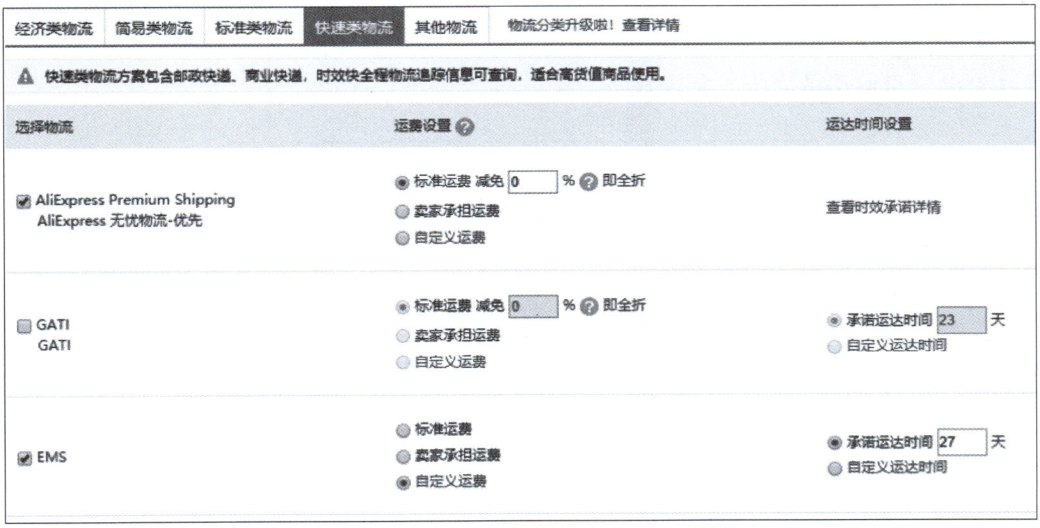

图 4-11　快速类物流

二、新建运费模板

在运费模板界面，单击“新增运费模板”按钮（图 4-12）。

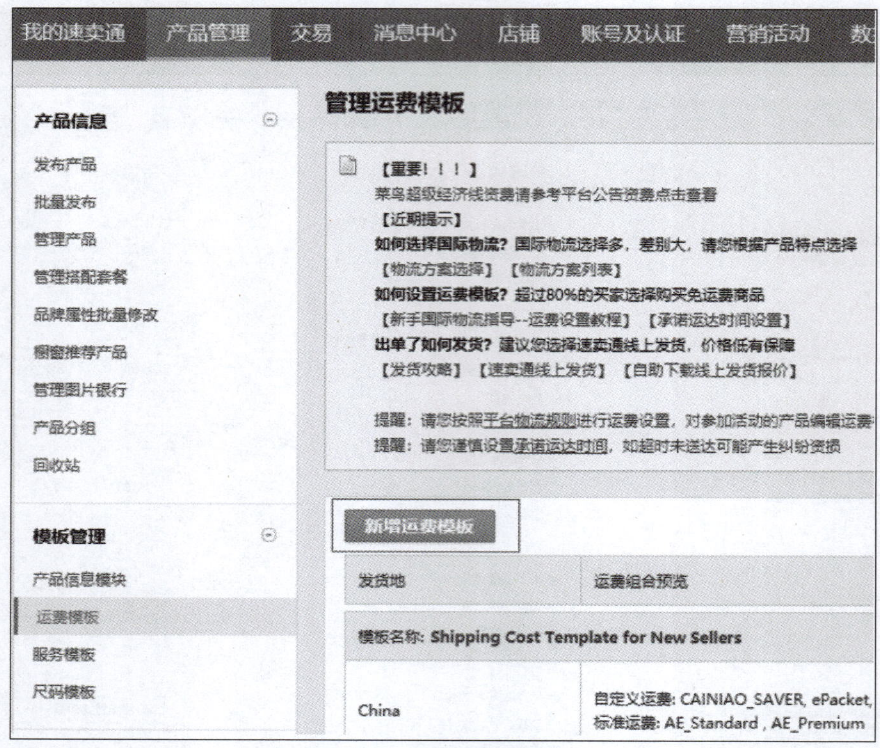

图 4-12　新建运费模板

在出现的界面中输入运费模板名称，注意这里要用英文填写，内容自己定，这是给自己看的，方便自己选择运费模板，比如可以写 1 kg 以内运费模板，这里我们填写的是测试运费，然后单击“保存”按钮。注意，发货地如果不是使用海外仓都是 China，如果使用海外仓可以单击“点此申请海外发货地设置权限”命令（图 4-13）。

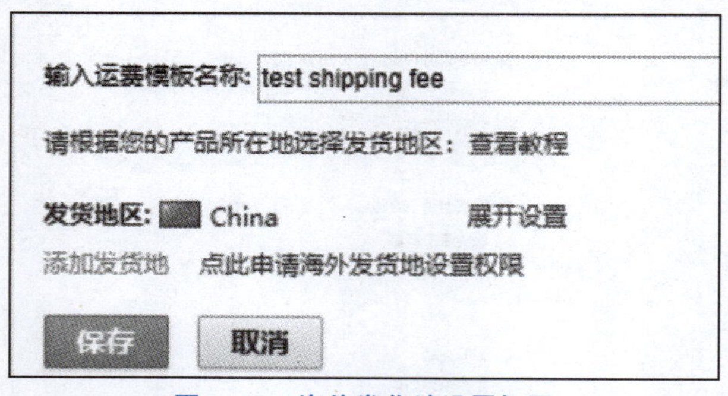

图 4-13　海外发货地设置权限

保存后，会自动跳回运费模板界面，这时可以看到我们创建的运费模板（图 4-14），如果没有出现，可以刷新页面，这时就可以看到系统给我们默认添加了一些物流渠道。

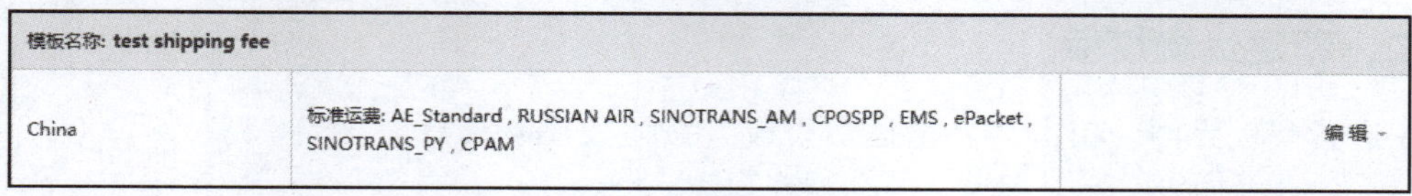

图 4-14　创建的运费模板

这里可以单击“编辑”选项进入模板编辑界面（图 4-15）。可以看到有各种物流渠道的选项，勾选需要的渠道，如果默认添加的渠道不需要也可以去除。在运费设置里有标准运费选项，可以选择，后面的输入框里可以输入 100 以内的数值表示按照标准运费减免多少。如果选择卖家承担运费就表示包邮，买家不用支付运费，还有自定义运费选项，这个选中后，可以跳转到自定义界面。如果有和货代谈判出的不同的运费或者有针对某些国家的特殊营销，都可以选择。

图 4-15　模板编辑

这里以标准类物流 China Post Registered Air Mail 为例，单击自定义运费后，会出现选择国家/地区，可以按照地区选择国家，也可以按照区域选择国家，地区是按照洲来区分的，通常我们选择按照地区来选择国家，这种方法查找国家更加方便。这里我们可以根据邮局或者货代提供的费用进行选择。

比如我们算出韩国、日本的运费比较便宜，就可以使用包邮，因此选中这两个国家，在设置运费类型里，选择卖家承担运费，再单击“确认添加”按钮，这样就设置好了这两个国家包邮。

确认后，可以看到我们已经设置好的一条运费组合规则（图 4-16），然后继续编辑或者删除。而添加一个运费组合就可以添加另一个规则。我们可以根据运费表把我们要运输的国家逐一都添加上。全部添加好后单击“保存”按钮，这样一个自定义运费就设置好了，此外我们还可以自定义运达时间，方法是一样的。全部运输渠道设置好后就可以单击“保存”按钮保存模板了。

这样，我们就设置好一个完整的运费模板了。设置模板并不复杂，把运费规则事先定义清楚，哪些国家运输，哪些国家不运输，运输的国家分别可以走哪几个渠道，这些才是至关重要的事情。

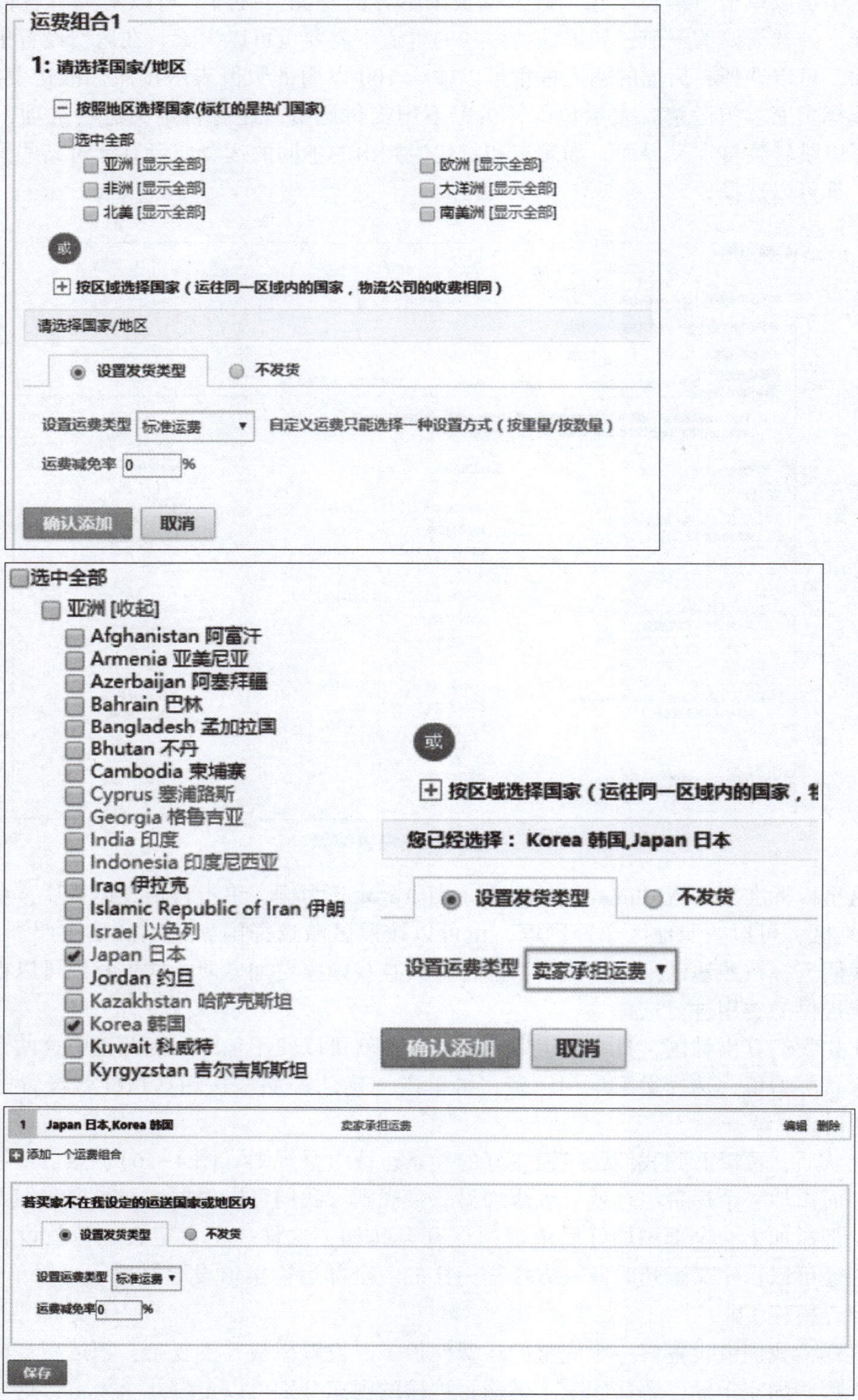

运费组合1

1: 请选择国家/地区

按照地区选择国家(标红的是热门国家)

选中全部

亚洲 [显示全部]　　欧洲 [显示全部]

非洲 [显示全部]　　大洋洲 [显示全部]

北美 [显示全部]　　南美洲 [显示全部]

或

按区域选择国家（运往同一区域内的国家，物流公司的收费相同）

请选择国家/地区

设置发货类型　　不发货

设置运费类型 标准运费　自定义运费只能选择一种设置方式（按重量/按数量）

运费减免率 0 %

确认添加　取消

选中全部

亚洲 [收起]

Afghanistan 阿富汗

Armenia 亚美尼亚

Azerbaijan 阿塞拜疆

Bahrain 巴林

Bangladesh 孟加拉国

Bhutan 不丹

Cambodia 柬埔寨

Cyprus 塞浦路斯

Georgia 格鲁吉亚

India 印度

Indonesia 印度尼西亚

Iraq 伊拉克

Islamic Republic of Iran 伊朗

Israel 以色列

Japan 日本

Jordan 约旦

Kazakhstan 哈萨克斯坦

Korea 韩国

Kuwait 科威特

Kyrgyzstan 吉尔吉斯斯坦

或

按区域选择国家（运往同一区域内的国家，

您已经选择： Korea 韩国,Japan 日本

设置发货类型　　不发货

设置运费类型 卖家承担运费

确认添加　取消

1	Japan 日本,Korea 韩国	卖家承担运费	编辑 删除

添加一个运费组合

若买家不在我设定的运送国家或地区内

设置发货类型　　不发货

设置运费类型 标准运费

运费减免率 0 %

保存

图 4-16　运费组合

任务六　国际物流单号查询

【任务描述】了解跨境电商物流查询系统，能够及时查询跨境物流信息并告知客户。

一、常用查询工具

邮政官网、快递官网都能查询。这里推荐几个工具，可以一次查询不同的快递或者邮局的单号，使用起来更加方便。

17track：https：//www. 17track. net/zh-cn，老牌查询网站，深耕查询 10 多年了，也是速卖通平台的官方合作伙伴。

Trackmore：https：//www. trackingmore. com/，查询新秀，也有不凡功力。

速卖通平台集成的菜鸟网络全球物流跟踪：https：//global. cainiao. com/，平台亲生，查无忧物流特殊订单，非它不可。

二、国际物流状态解析

物流订单在运输过程中，到了什么地方，现在是什么状态，这个是客户最关心的问题，可是那些奇怪的物流术语却看不懂。下面为大家列举了常见的术语解释以供参考。

包裹状态是指当前包裹运输阶段的一个表示。一般分为这几种：查询不到/运输途中/到达待取/投递失败/成功签收/可能异常/运输过久。

1. 查询不到

包裹查询不到跟踪信息。一般为以下的情况：

运输商还未接收到您的包裹。

运输商还未对您的包裹进行跟踪信息的录入。

提交的单号错误或者无效。

提交的单号已经过期。

一般来说，包裹发货后，运输商需要时间进行包裹处理及跟踪信息的录入。因此，包裹发货后并不一定马上就可以查询到跟踪信息。在未上网或查询不到的状态下，可以与运输商联系确认，或稍后再进行查询。

2. 运输途中

包裹正在运输途中。一般为以下的情况：

包裹已经交给了运输商。

包裹已经封发或离港。

包裹已经到达目的地国家，正经海关检验。

包裹正在目的地国家进行国内转运。

其他的一些运输过程，例如中转至其他目的地国家以外的国家等。

包裹在运输途中时，一般要留意查看详细跟踪信息。如包裹已经到达目的地国家，可以隔一两天查询一次，以确保收件人顺利及时收取到包裹。

3. 到达待取

包裹已经可以收取。一般为以下的情况：

包裹已经到达目的地的投递点。

包裹正在投递过程中。

包裹到达待取的情况下，我们建议收件人联系目的地国家运输商了解投递事宜。请注意，一般运输商对取件有一定的保留期，所以当前状态下，要尽快联系取件，以免包裹被退回。

4. 投递失败

包裹尝试派送但未能成功交付。一般为以下的情况：

正常情况下，包裹未能派送成功的原因通常是：派送时收件人不在家、投递延误重新安排派送、收件人要求延迟派送、地址不详无法派送或不提供派送服务的农村或偏远地区等。

投递失败的情况下，我们建议收件人联系目的地国家运输商安排再次投递或者自取包裹。请注意：一般运输商对未投妥件有一定的保留期，所以在当前状态下请尽快联系取件，以免包裹被退回。

5. 成功签收

包裹已经成功签收。一般为以下的情况：

正常情况下，成功签收表示收件人已经成功收取包裹。如果收件人并未接收到包裹，建议收件人咨询目的地国家运输商或发件人在发件国家开档查询投递情况。

6. 可能异常

包裹运输途中可能出现异常。一般为以下的情况：

包裹可能被退回，常见退件原因是：收件人地址错误或不详、收件人拒收、包裹无人认领超过保留期等。

包裹可能被海关扣留，常见扣关原因是：包含敏感违禁、限制进出口的物品，未交税款等。

包裹可能在运输途中遭受损坏、丢失、延误投递等特殊情况。

7. 运输过久

包裹已经运输了很长时间而仍未投递成功。一般为以下的情况：

运输商在到达某个运输阶段后，不再进行跟踪信息的录入。

运输商遗漏了跟踪信息的录入。

包裹在运输中可能丢失或者延误。

这些是物流运输中的大概状态，查询时显示的文本不一定是这些字样，具体显示内容各个渠道都有不同。

具体术语可以参考网址：https：//www. trackingmore. com/tracking-status-cn. html。

三、查询常见问题

物流运输中，客户经常会问一些问题，这些问题都是从业者可能需要解答的，这里列举了一些常见原因。

Q1. 我的包裹在哪里？我一个月前购买的！

以下是通常情况下，全球邮政挂号小包/e 邮宝的处理及运输状态（不包括偏远国家及地区）：

第 1~2 天　接收/原发货地

第 2~3 天　转运/出口互换中心

第 2~4 天　待海关检验/出口互换中心

包裹封发离港后，大部分将不再更新包裹状态，直至到达目的地国家

第 4~10 天　抵达目的地国家港口或机场/目的地

第 10~15 天　待海关检验/进口互换中心

第 15~30 天　国内转运以及最后 1 英里①交货

如果超过 60 天仍未顺利投递，包裹可能会退回给发件人。

当您的包裹到达目的地国家后，如果您急于收货，可以尝试联系您当地的运输商加快交货。

Q2. 我的包裹的确切位置是什么？

对于大多数国际挂号小包、大包以及快递服务，国际件一般没有预计到达日期，所以运输时间可能比你预期的慢。由于进出口海关程序和航空公司的安排不同，国际航运与国内快递有很大的差异。

Q3. 为什么我的包裹“查询不到”？

“查询不到”表示我们找不到该单号的任何信息。可以仔细检查跟踪号是否正确，或者联系发货人（物流服务商）验证一下单号。

如果跟踪号是正确的，请在包裹发出至少 1~2 天后再查询跟踪详细信息。因为通常情况下，运输商还需要一些时间来进行包裹的收取及处理。

Q4. 如何修改包裹收件地址？

一般情况下，如果包裹已发货，则无法更改地址。只能等包裹到达目的地国家后，联系当地的运输公司来反馈想要更改地址的请求。

Q5. 包裹被卡在某地时，会有更新信息吗？

如果包裹已经有很长一段时间没有更新物流信息，这可能意味着该包裹仍在运输途中或者运输商省略了这一部分的跟踪信息。也有一些运送方式不支持全流程的物流跟踪，在这种情况下可以直接联系收件国本地的运输公司来正式调查包裹下落。

【习题】

【技能拓展】

1. 宁波思动电子商务有限公司接到一个订单，客户选择了中国邮政挂号小包，发货目的国为瑞典，产品包装后的重量是 500 克，运费折扣 9 折，运价表如下（表 4-5），请你据此计算以下产品发到客户手中所需要的运费。

---

① 1 英里 = 1.609 千米。

表 4–5　运费表

配送范围/目的地国家/地区列表 Destination			0~150 g（含 150 g）		151~300 g（含 300 g）		300~2 000 g	
			正向配送费（根据包裹重量按克计费）	挂号服务费 Cost by parcel	正向配送费（根据包裹重量按克计费）	挂号服务费 Cost by parcel	正向配送费（根据包裹重量按克计费）	挂号服务费 Cost by parcel
			元（RMB）/kg	元（RMB）/单	元（RMB）/kg	元（RMB）/单	元（RMB）/kg	元（RMB）/单
俄罗斯	Russian Federation	RU	60.00	21.00	60.00	20.50	52.50	21.50
美国	United States	US	53.00	18.00	53.00	18.00	53.00	18.00
巴西	Brazil	BR	—	—	—	—	—	—
法国	France	FR	68.00	12.00	58.00	13.00	58.00	13.00
英国	United Kingdom	UK	52.00	15.50	51.00	15.50	50.00	15.50
澳大利亚	Australia	AU	65.00	14.50	54.00	16.00	54.00	16.00
德国	Germany	DE	60.00	15.00	53.00	16.00	48.00	17.00
以色列	Israel	IL	61.00	16.00	57.00	16.50	53.00	17.00
瑞典	Sweden	SE	57.00	22.50	54.00	22.50	48.00	23.00
西班牙	Spain	ES	50.00	18.00	50.00	18.00	50.00	18.00
加拿大	Canada	CA	70.00	15.80	60.00	16.30	54.00	18.00
荷兰	Netherlands	NL	50.00	17.50	50.00	17.50	48.00	18.00
意大利	Italy	IT	55.00	22.00	49.00	22.50	47.00	23.00
挪威	Norway	NO	55.00	17.00	50.00	17.50	48.00	18.00
捷克	Gzech Republic	CZ	75.00	12.80	55.00	14.50	52.00	14.50
瑞士	Switzerland	CH	52.00	23.00	52.00	23.00	48.00	23.50
日本	Japan	JP	40.00	23.00	40.00	22.00	34.00	23.00
波兰	Poland	PL	65.00	13.00	60.00	13.00	52.00	14.50

2. 设置运费模板：

e 邮宝：美国、乌克兰包邮，俄罗斯 8 折，其他国家标准运费。

速卖通平台线上发货指南

跨境物流信息查询

各国通关经验

【德育园地】

以海外仓为依托的跨境电商　助力全球化进程

新冠疫情全球蔓延，实体零售业遭受巨大冲击，部分线下生活和消费需求转移至线上，跨境电商业务急速增长。在此背景下，中国跨境电商企业抓住机遇，加速出海，开拓海外市场，在取得自身更大发展的同时，也汇入全球抗击疫情的历史洪流。

跨境电商的迅速发展，催生跨境物流的多样化发展需求。海外仓不仅是跨境电商和跨境物流的产物，更是跨境电商时代物流业的大趋势，完善海外仓服务体系可以有效降低我国外贸企业全球供应链整体营运成本。加快海外仓网络建设是落实“一带一路”倡议和企业国际化发展的重要手段，也是促进新旧动能转化、推动国内国际双循环相互促进的重要工具。作为跨境电商发展的基础设施之一，海外仓的完善与发展，让中国跨境电商乘风破浪。

海外仓存在的基本目的是便利出口跨境电商企业储存货物，实现更短距离、更高效率的配送。因此，存储是核心功能，仓储管理水平十分关键。信息技术时代，国际贸易尤其是高质量国际贸易的用户需求发生改变，对国际物流服务支撑体系提出更高要求，先进的仓储管理技术尤其重要。一个海外仓常常占地数万平方米，十几万种商品，上百万件库存，巨大货场和海量存货，如采取人工手段进行分拣、上架，对企业而言既不经济也不高效。海外仓规模越大，智能化、信息化、专业化水平就越重要，人工智能和大数据管理系统等新技术的引入让海外仓、跨境电商平台、买家实现即时共享，从而为快速精准的分拣、出库、配送做好准备。

“一站式服务”综合体逐渐成形。外资电商和物流企业“最后一公里”布局给海外仓发展带来较大冲击，功能单一的海外仓很容易被取代。运营成本不断增长及利润空间不断被稀释，也让海外仓运营企业的生存面临考验。目前，为了在残酷的市场竞争中实现更好发展，中企海外仓需从原有的仓储、配送功能向包含清关、税收、轻加工、贴换标、退换货、售后等在内的多种功能迈进，打造跨境电商企业服务综合体，着力提升服务水平，为跨境电商企业和海外买家提供更多便利。

当前，尽管全球化面临逆流翻涌，但那不过是人类历史大潮中溅起的几朵浪花。任何一个国家都不是孤岛，人类社会再也无法回到“不相往来”的历史中，国际分工继续深化的趋势不会逆转。在新历史时期的全球化进程中，各国将共同塑造并制定规则，改革和升级现有体系，并以包容、共享、协商、普惠、均衡的方式进行发展。跨境电子商务是大势所趋，也将是国际贸易持续发展的重要推动力。以海外仓为依托的跨境电商，将帮助中国在新历史时期全球化进程中发挥更加关键的作用。

［人民日报海外版，https：//baijiahao. baidu. com/s？ id = 1678763590251915610&wfr = spider&for = pc］

思考：如何提升海外仓服务体系？基于海外仓的跨境电商一定是与国际竞争吗？是否有合作的部分？

【项目评价表】

<table>
<tr><td colspan="3">在线课平台成绩（30%）</td><td>得分：</td></tr>
<tr><td colspan="3">知识掌握与技能提高（40%）</td><td>得分：</td></tr>
<tr><td>任务</td><td>评价指标</td><td>评价结果</td><td>备注</td></tr>
<tr><td>跨境电商物流选择</td><td>1. 跨境物流的种类
2. 运输限制
3. 运输时效</td><td>A□ B□ C□ D□ E□
A□ B□ C□ D□ E□
A□ B□ C□ D□ E□</td><td></td></tr>
<tr><td>国际运费计算</td><td>1. 小包运费计算
2. 商业快递运费计算
3. 海外仓运费计算</td><td>A□ B□ C□ D□ E□
A□ B□ C□ D□ E□
A□ B□ C□ D□ E□</td><td></td></tr>
<tr><td>店铺物流模板设置</td><td>1. 认识新手运费模板
2. 包邮国家组设置
3. 不包邮国家组设置</td><td>A□ B□ C□ D□ E□
A□ B□ C□ D□ E□
A□ B□ C□ D□ E□</td><td></td></tr>
<tr><td>职业素养思想意识</td><td>1. 遵规守纪、服务意识
2. 吃苦耐劳、职业素养
3. 团结合作、善于沟通</td><td>A□ B□ C□ D□ E□
A□ B□ C□ D□ E□
A□ B□ C□ D□ E□</td><td></td></tr>
<tr><td colspan="3">学生自评（10%）</td><td>得分：</td></tr>
<tr><td colspan="3">小组评价（10%）</td><td>得分：</td></tr>
<tr><td>团队合作</td><td>A□ B□ C□</td><td>协作能力</td><td>A□ B□ C□</td></tr>
<tr><td colspan="3">教师评价（10%）</td><td>得分：</td></tr>
<tr><td>教师评语</td><td colspan="3"></td></tr>
<tr><td>总成绩</td><td></td><td>教师签字</td><td></td></tr>
</table>

项目五

产品定价与发布

学习目标

知识目标

了解跨境电商产品价格的构成

了解成本导向法和竞争导向法

掌握产品标题拟定方法和原则

掌握跨境电商产品上架步骤

技能目标

能分析产品成本、费用、利润和佣金

能按成本导向法和竞争导向法计算产品价格

能正确选取关键词并拟定产品标题

能撰写产品英文文案并上架产品

素养目标

塑造工匠精神

养成仔细认真的品质

建立民族自信和文化自信

教学重点

跨境电商产品价格的构成、成本导向定价法、竞争导向定价法、产品标题拟定、主图处理与制作、商品详情描述

教学难点

文案撰写、产品信息诊断与优化

【项目导图】

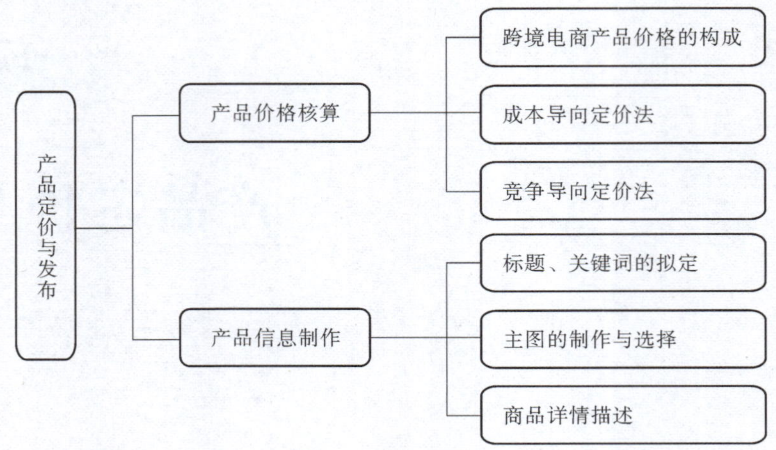

【项目介绍】给产品定价是跨境电商业务的重要工作环节，首先要分析产品价格的构成；然后计算不同利润率下的产品上架价格；最后对产品进行打折，并计算折后利润。

【知识目标】产品的采购成本；跨境产品价格的构成；价格计算流程。

【技能目标】能分析产品价格的构成；公司选定了爆款、利润款等，能根据产品定位进行相应的定价；能计算不同利润率下的产品上架价格；能计算产品打折后的利润。

项目引例

李明是公司跨境业务员，在做选品上架业务的时候，首先需要给产品定价。李明在1688 上找到了想发布的产品，制定价格的时候需要考虑哪些因素，了解跨境产品价格的构成是重要的工作内容。价格定高了卖不掉，定低了会使公司亏损，因此这是一个非常重要并且有技术含量的环节。

任务一　分析跨境电商产品价格的构成

【任务描述】在选定了产品后，需要计算产品上架价格，这就需要了解产品价格的构成，只有熟知价格的每个部分，才能正确计算产品价格。

【相关知识】

跨境电商产品价格由 4 部分构成：成本、费用、利润和平台佣金。产品价格按是否包含运费分为包邮价和不包邮价。包邮价价格中含有国际运费（图 5-1）。

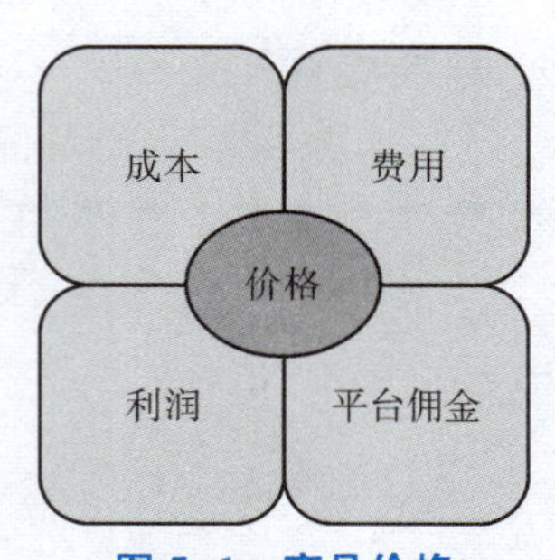

图 5-1　产品价格

1. 成本

产品的成本是指拿到产品时需要的成本，如果是自己工厂制造的，产品的成本即指产品的生产成本；如果是别的工厂或公司采购过来的，即指拿到产品时需要负担的所有成本，比如在 1688 上采购的产品成本指产品的包邮价。

2. 费用

产品的费用，包括国内运费、额外费用、国际运费、营销费用等。国内费用是产品由仓库发到快递公司的费用。额外费用包括小包丢包费和包装材料等费用，小包的丢包率为 1%~2%，包装材料费用比较低，可和丢包费合并设置费率 2%；对于速卖通这种平台，参加联盟营销会收取至少销售额 4%的费用作为联盟佣金费用。营销费用是参加速卖通联盟营销，或进行投放竞价广告等营销行为所支付的费用，这个因自身店铺和运营策略的不同而不同。

3. 利润

利润分为成本利润率和销售利润率，成本利润率是成本的一定百分比，销售利润率是销售价格的一定百分比。利润需要根据产品的定位来进行设定，如果产品定位是引流款，那么其销售利润率应该设置得比较低，比如 5%左右；如果产品定位是利润款，那么其销售利润率可设置在 15%~40%，根据市场竞争情况而定。产品的利润率很大程度上取决于市场同类商品的价格情况。

4. 平台佣金

平台佣金是平台收取的服务费，不同的跨境电商平台收取的佣金不同，平台一般按照卖家订单的销售额的一定百分比收取佣金。2017 年 4 月的速卖通平台规则版本中规定，速卖通平台按不同类目采用不同的佣金率。敦煌网则根据不同的订单量来采用不同的佣金率，实行“阶梯佣金”政策：

- 当单笔订单金额少于 300 $，平台佣金率为 8.5%~15.5%
- 当单笔订单金额达到 300 $ 且少于 1 000 $，平台佣金率为 4.0%
- 当单笔订单金额达到 1 000 $ 且少于 5 000 $，平台佣金率为 2.0%
- 当单笔订单金额达到 5 000 $ 且少于 10 000 $，平台佣金率为 1.0%
- 当单笔订单金额达到 10 000 $，平台佣金率为 0.5%

wish 平台、亚马逊平台的佣金率是按销售金额的 15%来计算的。

跨境电商产品的定价要考虑的因素有很多，如产品类型（爆款、引流款、利润款）、产品的特质（同质性、异质性、可替代程度）、同行竞品价格水平、店铺本身的市场竞争策略等。价格分为上架价格和实际成交价格，上架价格是产品上架时的价格，而成交价格是实际成交的时候客户付的钱，成交价格很有可能是产品上架后打了折扣之后的价格。

任务二　按成本导向定价法计算产品上架价格

【任务描述】 跨境电商运营时，不同的运营策略下会采取不同的利润率，计算不同利润率下的产品上架价格是跨境业务员必备的技能。李明打算为图 5-2 中的小白鞋计算上架价格。平台佣金率 15%，包装重量 600 g，运费 9 折，试计算保本价和 40%销售利润率的上架价格。人民币对美元汇率按中间价 6.5 计算。

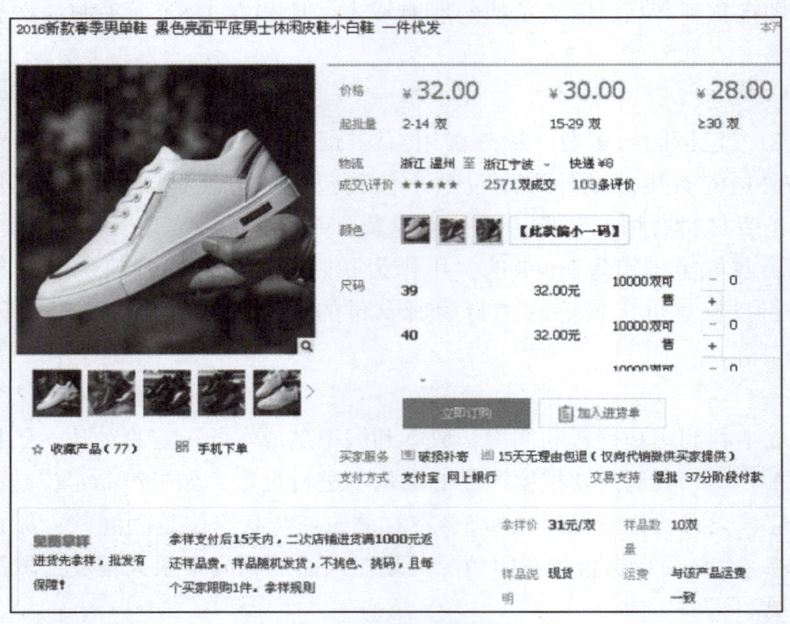

图 5-2　计算上架价格

【相关知识】

跨境电商由于是 B2C，价格经常是显示包含运费的价格。跨境产品可能卖到世界的任何国家，不同国家的运费不一样，那在产品上架的时候如何确定产品的运费进而确定产品价格呢？在实践中，我们通常选定部分国家包邮（比如按中邮小包价格五区包邮），其他国家补交超过的部分，这个可以通过运费模板来实现。这个选定的包邮运费可以参考中邮小包运价，也可参考其他常用物流方式（比如 e 邮宝或燕文等）的价格，只要后面补运费的时候扣掉价格里已经包含的运费即可。

最基本的可以采用的定价方法有成本导向定价与竞争导向定价。

成本导向定价法就是从商品价格的构成方面去考虑问题，成本导向定价有几种不同的方法：

[方法一]

包邮价价格计算公式为：

价格 = 成本 + 费用 + 利润 + 平台佣金

不包邮价价格计算公式为：

价格 = 成本 + 利润 + 平台佣金

[方法二]

在实践中，一般先计算保底价（包邮）

保底价 = 成本 + 国际运费 + 佣金

再计算产品上架价格

上架价格 = 保底价 + 利润

= 保底价 + 上架价格 × 销售利润率

上架价格 = 保底价/（1− 销售利润率）

【任务实施】先计算保底价，再计算上架价格。

保底价=成本+国际运费+佣金

由于 1688 是批发网，很多时候都是 2 件或 3 件起卖，这时可以查看供应商网站是否有提供分销价，分销价通常可以购买一双。如果没有分销价，可以取拿样价。

成本=31+8=39（元）

费用=0.6×90.5×0.9+8=56.87（元）

保底价=39 + 56.87 +销售额×15%

得到：　保底价=112.79 元÷6.5=17.35（美元）

上架价格=保底价/（1−销售利润率）

上架价格=17.35/（1−销售利润率）

=17.35/（1−40）

=28.92（美元）

任务三　按竞争导向定价法计算产品上架价格

【任务描述】经理要求李明搜集在速卖通网站上销售的同类产品价格，并算出加权平均数。请你根据李明搜索的下列表格（表 5−1），算出加权平均数。

表 5−1　销量价格表

店铺	销量 /双	价格/美元
1	1 523	3.5
2	855	2.9
3	568	6.5
4	322	8
5	196	12
6	89	13

【相关知识】

竞争导向定价法的定价基本依据是市场上同行相互竞争的同类产品的价格，特点是随着同行竞争情况的变化随时来确定和调整其价格水平。如想要了解某产品同行的平均售价，具体做法是：在自己想要进入的跨境电商买家平台搜索产品关键词，按照拟销售产品相关质量属性和销售条件，依照销售量进行大小排序，可以获得销量前 10 的卖家价格；如果想获得销量前 10 卖家的平均价格，可以按照销量前 10 的卖家价格做加权平均，再根据平均售价倒推上架价格。

采用竞争导向定价法，更多地要依据产品的差异性和市场变化因素。如果企业产品进入一个新的电商平台，可以参照销售产品十分近似企业的售价试水，并不是比竞争对手低的价格才是最好的定价。在与同行的同类产品竞争中，最重要的是不断培育自己产品的新卖点，培育新的顾客群，通过错位竞争和差别性的定价方法，才会找到产品最合理的价格定位。

【任务实施】

总数量 = 1 523+855+568+322+196+89 = 3 553

市场平均价格 = 1 523/3 553×3. 5+855/3 553×2. 9+568/3 553×6. 5
+322/3 553×8+196/3 553×12+89/3 553×13
= 4. 95（美元）

任务四　产品上架流程

【任务描述】产品上架有比较多的环节，为减少工作中出现错误，李明想梳理一下产品上架的大致流程和环节。

【任务分析】熟知产品上架流程，能够提高新进员工的工作效率，减少出错。不同的跨境电子商务平台的产品上架流程不尽相同，但需要呈现给消费者的关于产品和服务的信息等要素都是一样的。因此，在做上架工作前，要把需要做的工作梳理清楚。

【相关知识】

对比几个主流的跨境电商平台，归纳主要的工作环节：设置产品标题、放置产品图片、计算产品价格、填写商品属性信息等。由于上架的产品数量不断增多，为了便于管理，还需要填制产品信息表格，涵盖产品的 SKU 编号、成本、重量、不同利润率下的价格等。以速卖通平台为例，产品发布的流程如图 5-3 所示。

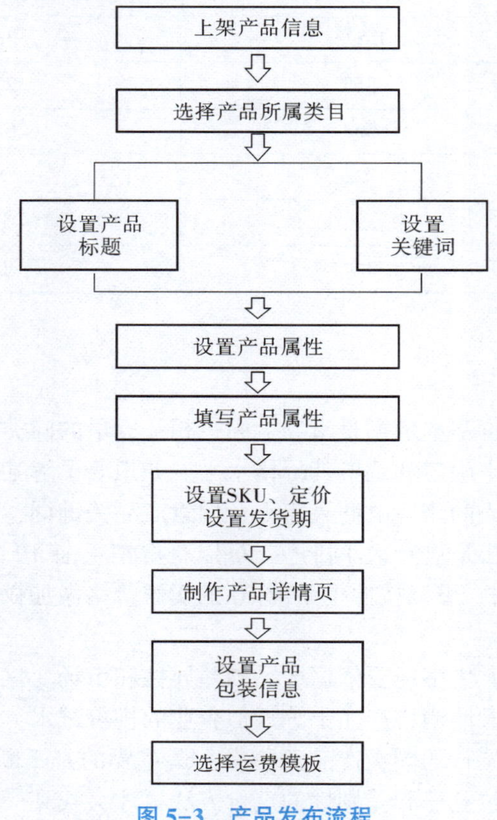

图 5-3　产品发布流程

一家网店里会上架非常多的产品供客户选择，为了便于管理这些产品，我们会给产品编号，产品编号可以和 SKU 结合起来，便于掌握产品情况。

SKU 全称是 Stock Keeping Unit（库存量单位），即库存进出计量的单位，定义为保存库存控制的最小可用单位，可以件、盒、托盘等为单位。

针对电商而言，SKU 有另外的注解：

（1）SKU 是指一款产品，每款都有一个 SKU，便于电商品牌识别产品。

（2）一款产品多色，则有多个 SKU，例：一件衣服，有红色、白色、蓝色，则 SKU 编码也不相同，如相同则会出现混淆，发错货。

SKU 的设置可以根据自己公司的情况制定统一标准，主要是便于进行产品和库存管理。比如，可以设置店铺名称+员工编号+产品序号。总之，公司最好形成统一的产品 SKU 设定规则，便于日后的管理。

【任务实施】

（1）发布产品流程的第一步便是选择产品类目（图 5-4），选择正确的类目能够让卖家的产品得到更好的曝光，使产品被买家更快、更好地找到。

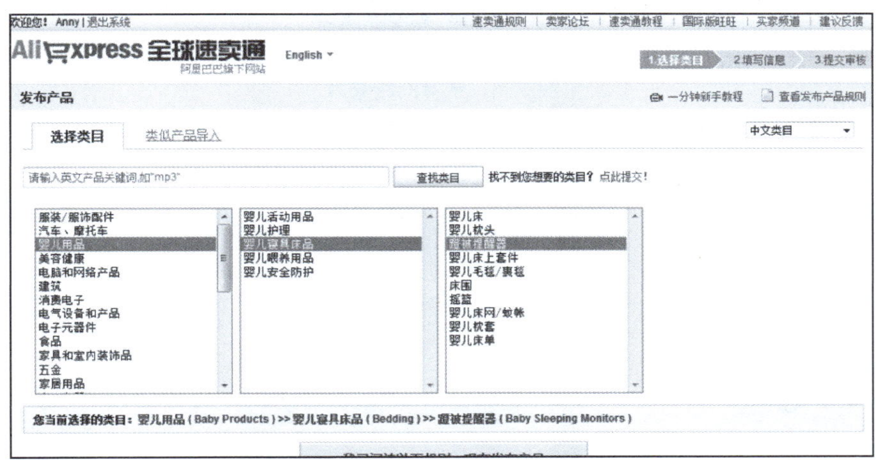

图 5-4　选择类目

那么如何来选择类目呢？可以在“选择类目”的下方输入产品英文关键词来搜索，如果搜索不到，就单击“查找类目”按钮后面的“查看中英文类目对照表”，下载平台类目 Excel 表格来手动查找（图 5-5）。

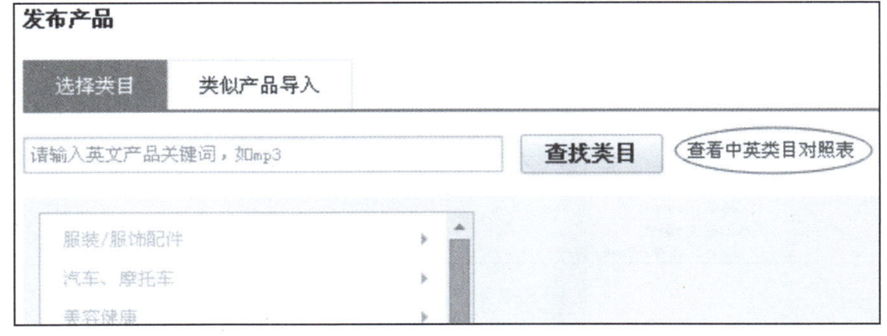

图 5-5　查找类目

如果再找不到，可参考同行卖家，在前台搜索要发布的产品，看看在卖同类产品的其他卖家是如何选择类目的，在产品页面的右上角我们就能够看到此卖家对该产品的归类（图 5-6）。需要注意的是，不可随便找一个卖家就模仿其归类，一个比较简便可行的方法是找销量不错的卖家。一般情况下，销量不错的卖家的归类是正确的、获得平台认可的。

图 5-6　参考同行卖家

（2）选择类目完成后，单击“下一步”按钮，就来到了填写产品基本信息（图 5-7）的部分。产品基本信息的第一部分就是产品属性的填写（图 5-8）。产品的类目属性是产品属性的重要组成部分之一，买家经常会根据类目属性来筛选产品。正确填写类目属性可以让产品更精准地被买家找到。然后是 item specifics，即产品属性。产品属性关系到买家能否准确地搜索到卖家的产品，个性化的属性可以用自定义属性，属性填写率应达到 78% 以上。

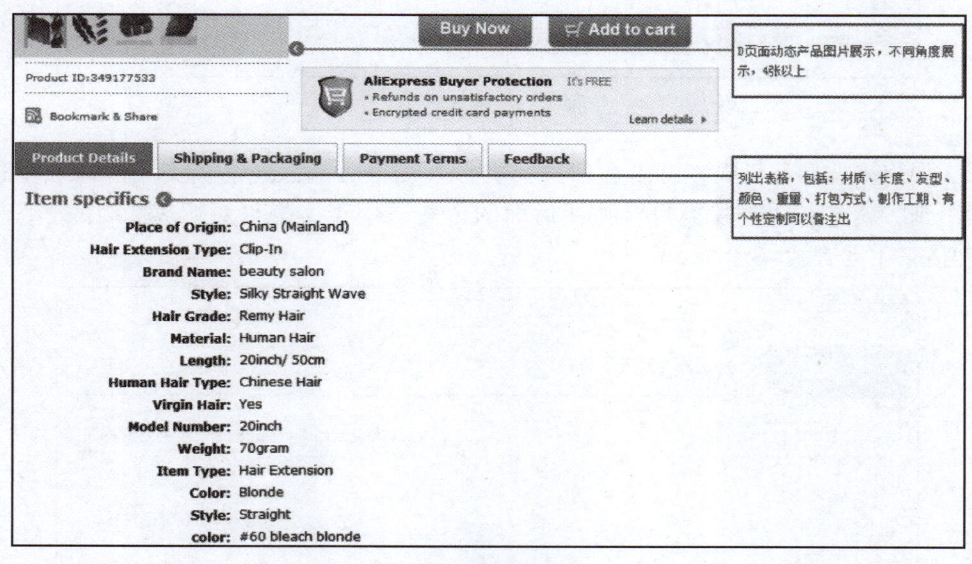

图 5-7　产品基本信息

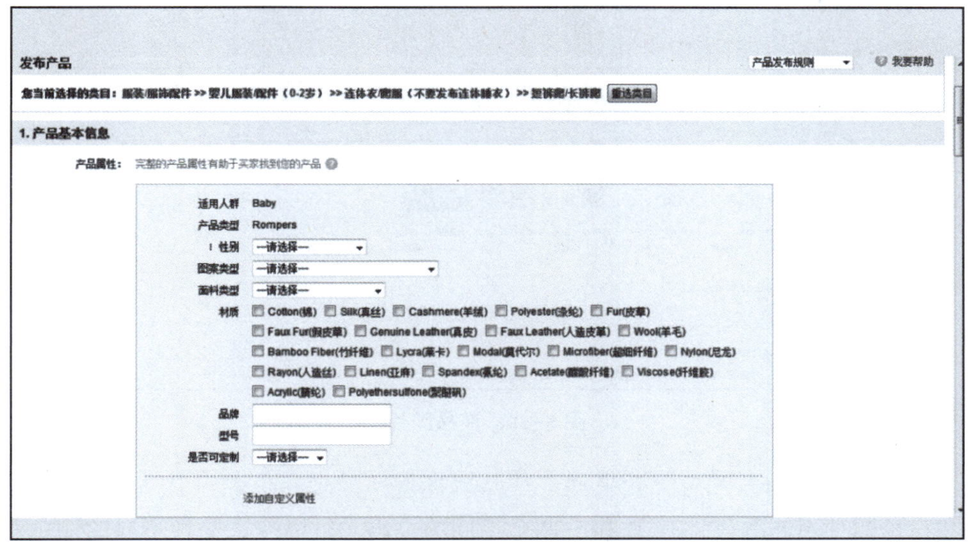

图 5-8　产品属性

（3）在填写完产品属性之后，就需要填写产品标题（图 5-9），产品的标题是买家搜索到产品并吸引买家单击进入产品详情页面的重要因素。填写完产品标题之后需要填写产品关键词，建议选择能突出产品特点和销售优势的词进行填写。

图 5-9　产品标题填写

（4）下一步是上传产品图片（图 5-10）。产品的图片应能够全方位、多角度地展示产品，建议上传不同角度的产品图片。

（5）在上传完图片以后，需要根据实际情况来选择销售方式以及单位。例如卖的是衣服，可以选择“件/个（piece/pieces）”；卖的是鞋子，可以选择“双（pair）”。如果单件销售，选择“按件/个（piece/pieces）出售”即可；如果是把产品打包出售，那么卖家只需选择“打包出售”并填写每包的数量。

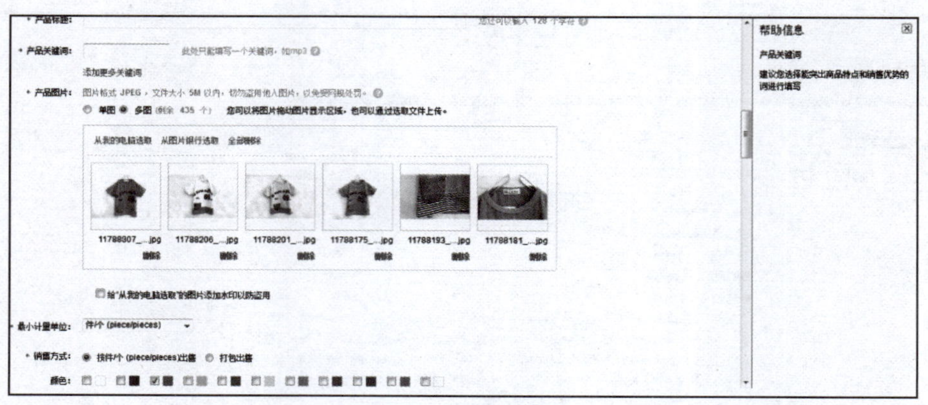

图 5-10　产品图片

（6）在填写完销售方式后，就来到了产品属性规格的填写区域（图 5-11）。假如衣服有蓝色和粉色两种不同颜色，有 M 和 L 两个不同的尺码，可以勾选两种不同的颜色和尺码，得到四种不同的规格。在选择颜色时，可以自定义颜色，也可以根据不同的颜色上传相应的图片。对于不同的属性规格，可以设置不同的价格，也可以批量设置为统一的价格。如果某种规格的产品缺货，可以单击库存按钮里的“无货”键。如果卖家有自己的产品管理系统，也可以输入产品编码，产品编码便于卖家对产品进行管理。

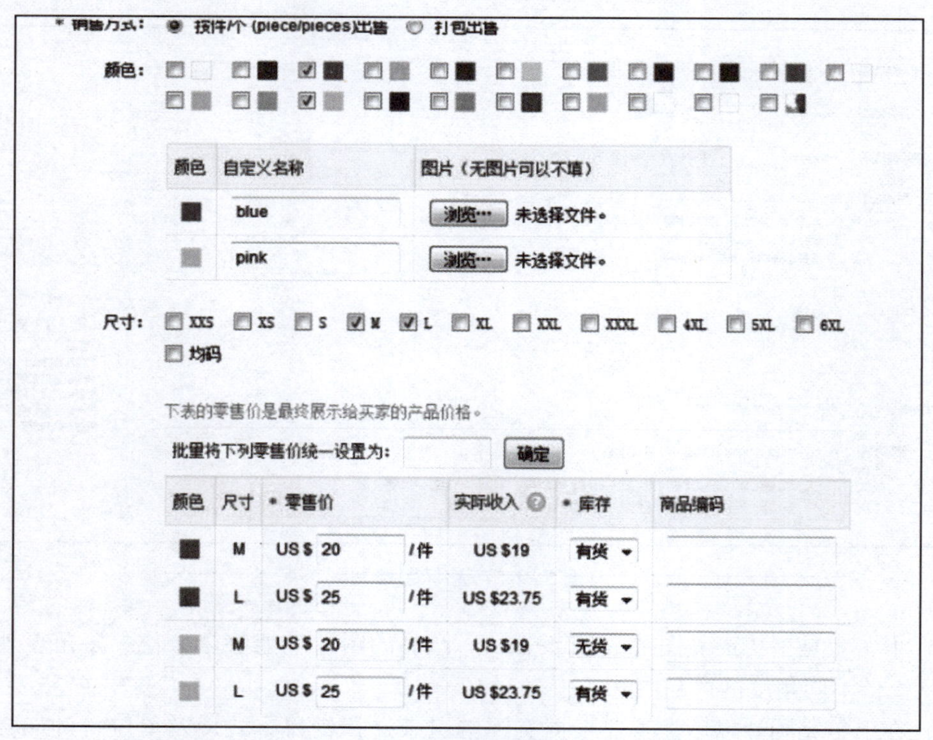

图 5-11　产品属性规格填写

如果卖家产品支持批发，那么可以勾选“批发价”并设置批发价（图 5-12）。

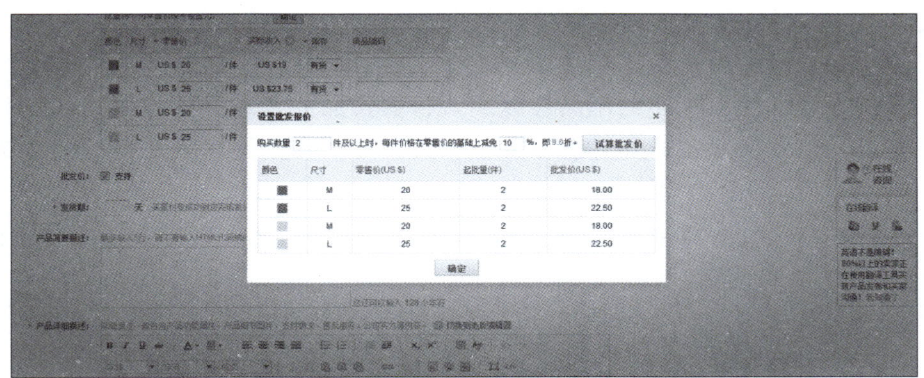

图 5-12　设置批发价

（7）下一步是设置发货期，发货期是指买家付款成功到卖家完成填写发货通知的时间。在此时间内，卖家需要完成备货、发货操作，并且填写发货通知。逾期未填写发货通知，订单将自动关闭。现在主流的跨境电商平台的发货期一般都设置在 5 天以内发货，速卖通平台以填入单号时间为发货时间，wish 平台以网上跟踪信息时间为发货时间，因此卖家要注意设置合理的发货期，以避免产生成交不卖。

（8）最后是产品详细描述。产品的详细描述是让买家全面了解产品并有意向下单的重要因素。优秀的产品详情页能增强买家的购买欲望，加快买家下单的速度。产品的详细描述部分是对标题和属性的补充，包括产品重要的指标参数、功能的描述；产品的尺寸、颜色及测量方法的描述；还可以配以图片说明产品的维护打理方式等。

【拓展知识】

产品发布的相关规定

速卖通平台重复铺货的规则如下（包含但不仅限于以下情况）：

规则 1：产品主图相同，且标题、属性、价格、详细描述等关键产品信息雷同，视为重复铺货。

规则 2：产品主图不同（比如主图为同件产品不同角度拍摄图片），但标题、属性、价格、详细描述等关键产品信息雷同，视为重复铺货。

任务五　标题、关键词的拟定

【任务描述】经理让李明参考平台上其他卖家的标题来为公司的产品拟定标题和关键词，准备上架。

【任务分析】跨境电商平台中，消费者通常是通过关键词来寻找产品的，系统根据消费者输入的关键词去匹配产品标题作为搜索结果输出的重要依据。因此，产品标题和关键词的拟定是非常重要的环节，对后面产品的排序有比较大的影响。

【相关知识】

一、产品标题

产品标题是买家搜索到卖家并吸引买家单击进入卖家的产品详情页面的重要因素。正确的产品标题通常是由中心词和修辞词组成的，字数不应太多，标题要做到准确、完整、简洁。产品标题支持站内外关键字搜索，一个专业的产品标题能让产品从搜索页面上万的优质产品中脱颖而出。优质的产品标题应该包含产品的名称、核心词和重要属性，能够突出产品的卖点。在速卖通等以搜索为主要机制的平台中，标题是影响产品曝光最重要的因素。

例如：Baby Girl Amice Blouse Pink Amice Coat With Black Lace /Suit Must Have Age Baby：1-6 Month Sample Support

制作标题：三段法

核心词 + 属性词 + 流量词

一般在设计标题时应将核心词，也就是顶级热搜词放到最前面，保证相关性。接下来放置属性词，也是出于相关性的考虑，为了让产品标题描述尽量好，尽量完善，例如长度、颜色、材质、功能、配置、款式等。最后放置属于自己的流量词，也就是真正能为产品带来流量的词，为了和核心词区分开，流量词可以参考热搜词中除了核心词以外的其他词，如2019 new，wholesale，hot sale ，fashion 等。

在此基础上可以进一步完善的内容：销售方式、产品材质/特点、品牌、状态、类型、对应客户群等。

二、标题注意事项

亚马逊平台对产品标题也有非常严格的要求：

- 每个字的首字母必须大写（除了 a，an，and，or，the 之类的词）
- 不能有任何特殊字符或标点符号，数字用阿拉伯数字
- 如包含批量销售，在商品名称后面添加（pack of X）
- 简明扼要，不能有重复同一个意思的关键字
- 标题首位必须是品牌名，如果是无品牌产品，将首位的 Brand 写为“Generic”
- 不能有公司、促销、物流、运费或其他任何与产品本身无关的信息

eBay 平台要求产品标题不超过 80 个字符，因此在设置标题时，应尽量选用和产品最相关、最重要、买家最可能使用的关键词。

产品标题应该涵盖以下内容：

（1）产品的关键信息以及销售的亮点。

（2）销售方式及提供的特色服务。

（3）买家可能搜索到的关键词。

字数不应太多，要尽量准确、完整、简洁。合理地设置产品标题能够明显提升产品的曝光。

速卖通平台规则——标题堆砌

不同的跨境电商平台都会对标题出台一些管理政策，比如速卖通平台规定如果标题中出现多次同样意思的产品词，则会被认为是标题堆砌，会受到搜索排名靠后的处罚。

（一）定义

标题堆砌指在产品标题描述中出现关键词使用多次的行为。

（二）具体案例

案例：产品的描述使用相同或近似的关键词堆砌

某产品标题为 cell phone mobile phone mobile telephone oem cell，这个标题就犯了标题堆砌的错误，会受到平台排名靠后的处罚。

（三）如何避免标题堆砌

产品标题是吸引买家进入产品详情页的重要因素。字数不应太多，应尽量准确、完整、简洁，用一句完整的语句描述产品。

标题的描述应该是完整通顺的一句话，如描述一件婚纱：Ball Gown Sweetheart Chapel Train Satin Lace Wedding Dress，这里包含了婚纱的领型、轮廓外形、拖尾款式、材质，用 wedding dress 来作为产品的核心关键词。

（四）标题堆砌的处罚

对标题堆砌的产品，平台将在搜索排名中靠后，并将该产品记录到搜索作弊违规产品总数里；当店铺搜索作弊违规产品累计达到一定量后，平台将给予整个店铺不同程度的搜索排名靠后处理；情节严重的，将对店铺进行屏蔽；情节特别严重的，将冻结账户或直接关闭账户。

三、关键词

关键词源于英文“keywords”，特指单个媒体在制作使用索引时所用到的词汇。关键词搜索是网络搜索索引的主要方法之一，是用户在使用搜索引擎时输入的、能够最大限度概括用户所要查找的信息内容的字或者词，是信息的概括化和集中化。在给产品设定关键词时建议选择能突出产品特点和销售优势的词。

（一）关键词的选取方法

- 核心词（如 T-shirt）
- 属性词+核心词（突出卖点）（如 Cotton T-shirt）
- 修饰词+核心词（如 2015 New T-shirt）
- 利用 Google Adwords 关键词工具或平台的搜索词分析工具

（二）关键词分总的关系

1. 包含法

举例：wafer type butterfly valve

那么关键词就可以分别设置为：

wafer butterfly valve；butterfly valve；valve

即：对夹蝶阀、蝶阀、阀门

范围差异越来越大，不同层次的关键词都要有。

2. 以某一个关键词为中心，用其他词对其进行修饰：

举例：wafer butterfly valve，concentric wafer butterfly valve，manual wafer butterfly valve

即：对夹蝶阀、同心对夹蝶阀、手动操作对夹蝶阀

四、搜索排序机制

在电商平台中，卖家都希望自己上传的产品能够排名靠前，那在没有投放广告的情况下，平台是如何进行产品排序的呢？这首先要明白平台的搜索排序逻辑，不同跨境电商平台

的搜索排序逻辑不同，掌握平台的搜索排序机制能够帮助卖家更好地进行产品信息化工作。速卖通平台的搜索排序主要是看产品的相关性和商业性两大方面（图 5-13）。

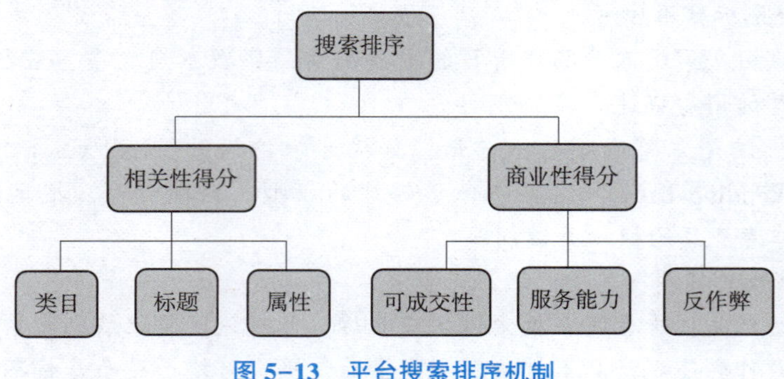

图 5-13　平台搜索排序机制

1. 相关性

买家输入关键词搜索或类目浏览时，系统会通过产品类目、标题、属性以及详细描述判断你的商品是不是买家想要的，与买家实际需求相关性越高的商品，排名越靠前。

2. 商业性

商业性主要包括以下三个方面：

a. 可成交性：

平台看重商品的交易转化能力，一个符合海外买家需求、价格和运费设置合理且售后服务有保障的商品是买家想要的。平台会综合观察一个商品曝光次数以及最终成交量来衡量一个商品的交易转化能力，转化高代表买家需求高，有市场竞争优势，从而会排序靠前，反之则排名靠后或减少曝光量。同时一个商品累积的成交和好评，有助于帮助买家快速地做出购买决策，会排序靠前，反之靠后。

b. 服务能力。

平台会根据产品和卖家在服务指标上的表现进行打分，服务好的产品排名靠前，反之靠后。

主要考察以下几个方面：

卖家的服务响应能力：买家消息，及时答复买家的询问将有助于提升卖家在服务响应能力上的评分。

订单的执行情况：发货快，包装完好无损、运输时间短等方面提升。

订单的纠纷、退款情况：如实描述，保证商品的质量，避免买家收到货以后产生纠纷、退款的情况。如遇到买家有不满意的时候，应该提前积极主动地与买家沟通、协商，避免纠纷的产生，特别是要避免纠纷上升到需要平台介入进行处理的情况。平台对于纠纷少的卖家会进行鼓励，对于纠纷严重的卖家将会受到搜索排名严重靠后甚至不参与排名的处罚。

卖家的 DSR 评分：卖家的 DSR 评分直接代表着交易结束后买家对于商品、卖家服务能力的评价，是买家满意与否的最直接的体现，平台会优先推荐 DSR 评分高的商品和卖家，给予更多曝光机会和推广资源，对于 DSR 评分低的卖家进行大幅的排名靠后处理甚至不参与排名的处罚。日常多关注卖家后台每日服务等级的表现并提升。

c. 反作弊：

作弊对产品和对卖家的影响很大，特别是发生重复铺货、类目错放之类严重作弊的产品，会直接降到排序最后，甚至屏蔽，整个店铺产品的排序也会受到影响。

任务六　主图的拍摄与制作

【任务描述】产品的主图需要自己拍摄，但由于拍摄技术不行，李明决定一边学习摄影，一边采用供应商提供的图片，但需要对这些图片进行处理才能使用。

【任务分析】产品图片的拍摄十分重要，一张好的图片能够极大地提高产品的转化率。自己店铺产品的图片最好自己拍摄，但由于很多人没有拍摄条件或不具备拍摄技术，往往采取处理供应商图片的方式获取产品图片，但千万注意不要侵权。

【相关知识】

一、主图的拍摄

一张好的主图应该做到清晰、简洁、主体突出、色彩真实、展示细节等。不同的目标有不同的技巧和要求。

清晰——对焦准确、控制快门

简洁——合适的背景、主体鲜明

主体突出——构图合理

色彩真实——白平衡正确、颜色鲜艳、布光

展示细节——布光、微距拍摄

拍摄照片需要摄影棚及摄像设备（图 5-14）：

三角架

辅助灯光设备

相机

图 5-14　摄像设备

小件产品可自己搭建拍摄环境（图 5-15）：

照片的构图比较有讲究，产品的摆放其实也是一种陈列艺术，同样的产品使用不同的造型和摆放方式会带来不同的视觉效果。下面介绍几种比较常用的构图法：

1. 放射构图法

放射构图法（图 5-16）是将产品或者线条、影调按照 x 的形式排列组合的构图方式，其特点就是透视感强，有利于把人的视线从四周引向中心位置，或者是将人的视线从中心位置引向四周，从而使画面具有力量感，适合在各类产品主图与图片的拍摄中使用。

图 5-15 拍摄环境搭建

2. 对角构图法

对角构图法（图 5-17）是引导线构图法的一个分支，指画面的两个对角连成一条引导线，并将画面沿着引导线进行分布。引导线可以是直线、曲线，甚至是折线等，只要是遵循整体画面的延伸方向往两个对角延伸的，都为对角构图法。

对角构图的特点在于它呈现的视觉效果是倾斜的，引导线可以带着观众的视线“走”遍整个画面。把画面安排在对角线上，更有立体感、延伸感和运动感；同时对角构图法可以增强画面的纵深感，使得画面变得更加有张力。其主要运用于海报和产品实物图中，亦可用于各个产品类目。

图 5-16 放射构图法

3. 三角构图法

三角构图法（图 5-18）是将产品摆放到三角形区域内的构图法则。大家都知道三角形具有稳定性，因此，三角构图法的优点在于，它可以形成一个稳定的整体区域。这样拍照或者制作图片的时候，画面就不至于太散乱，能很好地表现出视觉中心位置，让消费者一眼就看出你要突出什么。其适合于无须真人模特的产品图片拍摄和稳重大气的海报设计等。

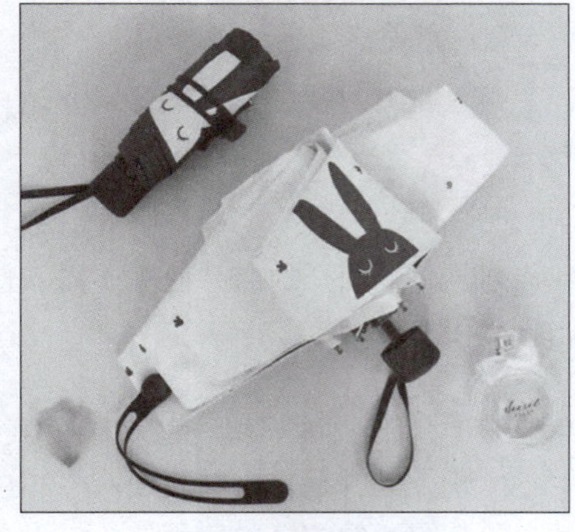

图 5-17 对角构图法

图 5-18 三角构图法

4. 中心构图法

中心构图法（图 5-19）顾名思义就是将画面的主体放在画面的正中间，当主体位于中心部位的时候，人的视线自然而然地就都集中在了这个点上。其特点是能充分体现产品本身，从而使得主体突出、明确，而且画面容易取得左右平衡的效果。在淘宝产品拍摄中，主要用于主图的标准化展示。

5. 九宫格构图法

九宫格构图法（图 5-20）也称为“井”字构图法，是构图法中最常见、最基本的方法之一。它是通过分格的形式，把画面的上、下、左、右四个边平均分配成三等份，然后用直线把对应的点连接起来，使得画面当中形成一个“井”字。整体画面被分成九个格子，“九宫格”的称呼也由此而来。而交叉线产生的那四个交叉点，在国外的摄影理论中被称为“趣味中心”，也就是我们要表现的主体产品所在的最合理位置。九宫格构图法实际上运用的就是黄金分割线定律，利用将画面放置于“趣味中心”的方法，使得画面更加舒适。这一方法最灵活且最万能，适用于各种类目的照片拍摄和海报设计。

图 5-19　中心构图法

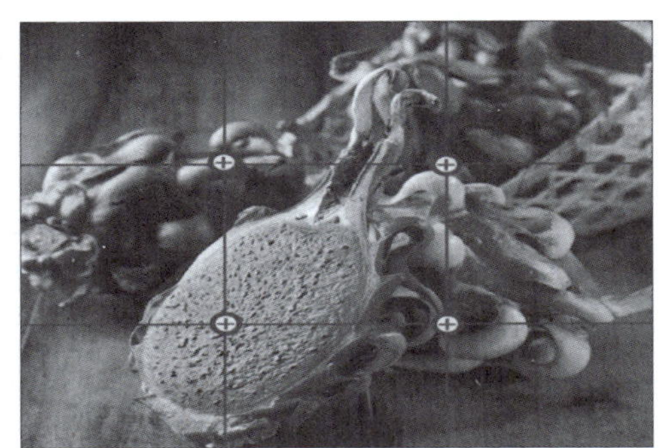

图 5-20　九宫格构图法

二、主图的规范

在主图的选择中，图片的清晰度是一张主图的首要条件，模糊的主图不仅影响消费者的视觉体验，还会严重地影响产品的价值体现。所以，在选择产品的主图时，首先要考虑图片的清晰问题。其次，主图应能够从不同侧面表现产品的特征，让客户通过主图对产品有比较全面的了解。因此，主图应从不同角度对产品进行拍摄，展示出产品不同角度的样子，正、侧、背、细节、包装的展示都要有，给客户以良好的体验。

对于产品主图来说，合理的产品展示角度不仅能增强产品的立体感，还可以让买家更加清晰地看到产品的全貌，并且一个好的产品角度可以让产品更加灵动。在确保产品角度合理的情况下，还需要注意产品的完整性。对于静物来说，产品应尽量展现出多个侧面，这样可以让买家通过一张图片获取更多的产品信息。不同的电商平台对主图的要求不尽相同，亚马逊、速卖通等跨境电商平台不主张多产品拼图，主张做白底正方形单件产品图。

主图的顺序也比较重要，第一张首图最为重要，因为首图会默认显示到买家的搜索结果页面中，直接影响产品的点击率。后面的图片称为副图，副图可从不同侧面展示产品，也可以有其他作用，例如：

【德育园地】

大国工匠

- 展示产品的细节
- 展示产品的应用场所
- 展示产品的尺寸大小
- 展示产品的卖点

平台严格禁止盗用其他卖家的图片，因为这样做不但会让买家怀疑卖家的诚信，并且将会受到平台严厉的处罚。如果图片被其他卖家盗用，可以直接联系平台进行投诉，平台有专人负责受理并严厉处罚盗用图片的卖家。图片上不可有联系方式和站外产品链接等。

平台提倡卖家能够对自己所销售的产品进行实物拍摄，在进行展示的时候，能够进行多角度、重点细节的展示，图片清晰美观，这些将有利于让买家快速了解产品，做出购买的判断。不要为了刺激买家购买，对产品图片过分修饰；不要抄袭其他卖家图片。

需要选取一张曝光正确的产品图片，光线的色温及明暗会造成产品的色差问题。如果采用了一张曝光有问题的图片，就容易引起售后纠纷。因此，在图片的选择上，对于图片的正确曝光也需要考虑和筛选。比如，采用逆光拍摄的角度，正面光线不足，就无法辨别衣服的实际颜色，这样就容易让消费者对颜色产生理解误差。

很大部分消费者习惯用放大功能查看产品情况，由于主图支持放大功能，为了让消费者可以更加清晰地查看产品主图的细节情况，产品主图尽量选择 800 px×800 px 以上的图片。在保证清晰度的同时也要考虑图片的大小，因为有些平台设有图片大小的限制，比如速卖通平台规定单张图片大小不能超过 500 KB。如果有 logo，统一放在图片左上角。

颜色图是上传 SKU 时需要上传的图片，颜色图不需要很大，比如速卖通规定颜色图的大小不超过 200 px×200 px 。

短视频的出现，凭着丰富的内容、生动的表现技巧、灵活的社交属性，聚集了巨大的流量，为电商平台带来了新的生机。当前，跨境电商平台普遍推荐卖家在产品详情页中放入产品视频，如速卖通平台产品视频在产品主图的第一个位置，而亚马逊的产品视频则一般在产品主图的最后一个位置。这是因为视频能够给消费者更直观、更全面的产品表达。以前我们在网上买东西还会担心收到的实物与卖家的描述完全不一样，有了视频展示这种情况就好多了。毕竟视频可以多元化和全方面地展示产品实物，可以减少客服压力。同时，用户了解清楚产品也能大大减少后续实物与用户预期不符产生的退货事件。视频中可以包含公司 logo、产品宣传片、广告片，画面唯美，展示受众人群极广。

视频还可以打消用户不信任的心理，用户在浏览产品时的不解、怀疑或不信任的心理，都会让用户在下单过程中犹豫不决。通过视频可以很好地让用户放下心来。产品视频能够示范产品的功能和优势，可以帮助客户做出购买决定。

这里有一组亚马逊的公布数据来支持它：

96% 的消费者认为视频在做出在线购买决定时很有帮助；79% 的在线购物者更愿意通过观看视频来获取产品信息，而不是阅读页面上的文字；正确的产品视频可以将转化率提高 80% 以上。

三、产品视频分类

1. 用户体验视频

此类视频是指展示客户正在使用的产品，这有助于潜在买家更好地了解产品使用场景。例如设计几个家用摄像头的场景，让消费者理解产品的功能和作用。一个具有说服力的优秀剧本在这里是关键，无论是大声说出还是在屏幕上显示。拍摄这类视频的关键是通过塑造消费场景让消费者感同身受、达成共情，进而形成下单动力。

2. 解说视频

这种类型的视频真正专注于产品的好处以及它如何为客户解决问题，也可以是站在买家的角度来讲解一下产品的亮点以及产品人性化的亮点。某些产品的好处，例如一些营养品、护肤品，仅从它们的视觉外观来看并不清楚。展示产品如何使用以及对用户有何价值的视频是一项重要的问题。

3. 对比视频

这种类型的视频展示了该产品与竞争产品的比较，或者与客户一生中没有该产品的结果的比较。当有许多类似的产品在售，并且您的产品解决了这些其他产品的关键问题，或者有其他买家想要了解的重要差异时，通过鲜明的对比，可以很好地发挥作用。

上传的视频时长 1~3 分钟就可以了，点到为止即可。视频时长如果太长了用户就没有看下去的欲望了。如果你的产品比较复杂或者安装步骤特别麻烦，你可以在关联视频处上传一条专门的开箱视频：这个视频专门介绍产品组装步骤、细节描述、使用教程等，时长可以稍微长一点，4~7 分钟即可，让买了产品的用户可以有视频教程来跟着安装和使用，从而提升用户的满意度。

近几年短视频行业崛起得非常迅速，国内外的电商平台上也都推出了视频展示功能。虽然通过图片也可了解产品，但是因为时间碎片化以及信息的复杂多样性，消费者们不再满足只能看到静态的图片，他们更希望能够看到产品的动态视频，便于更加直观地了解产品，同样，优秀的视频能够大大提高产品的竞争力，让卖家的产品从一众竞争者中脱颖而出。产品视频是细节运营手法，从细节来打败你的竞争对手，这也就是我们所说的精细化运营。

四、产品视频拍摄

产品 listing 中的宣传视频怎么拍？怎么拍才可以提升视频的吸引力并加深客户对产品的了解呢？

（一）拍摄器材的选择

1. 智能手机

对于一些低成本创业的小商家或者学生，没有太多的资金投入在昂贵的专业摄像机上，近几年手机性能越来越好，特别是拍摄功能与相机相比也毫不逊色，足以满足产品拍摄需要。首推国产品牌华为 P30 pro，有超广角摄像头及潜望式全焦摄像头，在拍照时能智能识别场景，并根据用户需求做出智能优化。其他的手机，只要具备防抖、降噪和高感光度，能保证高清晰度即可。

2. 固定支架或防抖

固定支架应用于静态镜头拍摄，主要防止因为拍摄时手部抖动而导致视频模糊不清。固定支架可以分为桌面式和俯拍式，用于从不同角度对产品进行拍摄。防抖器是专门用来防抖的设备，和手机或单反相机结合使用可以获得非常好的防抖效果，拍摄移动镜头的时候采用防抖器非常必要。

3. 微距镜头

如果想拍摄产品的局部细节，当手机拍摄距离与产品非常近的时候，是无法对焦的，可以购买与手机匹配的微距镜头，展示产品的细节和质感。

4. 灯光及背景

照明对于产品拍摄来说是至关重要的，如果允许，尽量使用自然光。日落前、日出后的时间，可以获得最柔和的光线。在其他天气情况下，使用反光板或散射板同时结合光圈、快门的调整来找到适合的拍摄光源。

小件物品的背景选择范围非常广泛，如不同颜色的背景布、卡纸都可以作为背景，首饰或者工艺品可以借助棉、麻、丝、缎，甚至植物叶片等物体突出质感。如果是大件物品室内拍摄的话，那么白墙就是很好的背景。推荐卖家购买灯源、背景架、背景板套装，集多功能于一体，性价比较高，轻易达到最佳的拍摄效果。

（二）拍摄方法

产品视频可以将页面难以表达的卖点视频化，大大提高转化率，降低客服咨询率，提升品牌的形象。在拍摄前应该先精心设计分镜头脚本，布置好视频拍摄场景，要注意以下方面：

（1）多角度展示：包括产品的前面、后面、侧面等 360 度不同视角的视图。

（2）突出卖点：包括使用场景、使用效果、测评过程、测评结果等。

（3）镜头运用：综合运用特写镜头、近镜头、中镜头、远镜头和全景镜头对产品进行拍摄。

（4）使用指导：如果是功能性产品，展示使用方法。

（5）品牌介绍：强调品牌产品特色，与其他同类产品做对比。

目前阶段，亚马逊平台只有通过了品牌备案的卖家才可以在 listing 中上传主图视频。视频发布好了出现在这个位置（listing 首页），位置非常明显。上传的视频带有购买链接，点击链接可以直接跳转购买。所以卖家们最好上传自己的视频，把这几个位置占满，如果不上传视频的话，亚马逊就会推一些竞品的视频到这个位置。进店铺的用户非常有可能点击竞品的视频链接从而跳转到别人的店铺里，这样你就失去了一个成交的机会。

来看看往届师兄师姐们拍摄的视频吧！

任务七　产品详情页制作

【任务描述】李明挑选了一件衣服作为新品牌上架，现在要制作此产品的详情页，该如何制作呢？

【任务分析】了解产品详情页包含哪些模块，该如何布局和排列。

【相关知识】

一、详情页设计

产品详情页是对产品更为详细和全面的描述，也是为产品做广告的重要阵地，此处的描述是在主图和属性的基础上进行更为详细和突出重点的描述。优秀的详情页的要求是：风格统一、简洁美观；充分展现产品；体现产品卖点；有令人印象深刻的文案；有吸引人的关联营销、店铺促销等。

详情页的一般格式如表 5-2 所示。

表 5-2　详情页的一般格式

区域	图片类型
广告区	欢迎光临图
	关联营销模块
产品图区	尺码表、产品图
	摄像图
	细节图
	效果图
与产品相关的图片区	特点介绍图
	真假对比图
	消费者分享图
	包装图
售后服务区	网购流程图
	物流示意图
	售后赔付图
	请给好评图
	FAQ 常见问题解答
	公司图

按产品描述功能分解：

（1）产品整体图片：全面展示产品的整体效果。

（2）产品细节图片：从细节展示产品的部分效果。

（3）模特或功能效果图片：模特展示，或产品的功能效果情景展示。

（4）广告图：卖点挖掘及促销图，卖点打动。

（5）SKU 属性：以文字、图片或表格等多种形式说明产品的材质、规格等信息。

（6）产品介绍：大多数以文字形式介绍产品。

（7）使用说明：使用流程或产品使用注意事项等。

（8）产品卖点：以细节图和文字放大产品的卖点，一般是工艺、材质等细节说明，让顾客更多地了解产品的特性。

（9）产品类比：与同类产品比较，挖掘产品与其他产品的差别和优势。

（10）口碑：展示出售记录、好评、买家评价、真人秀等。

（11）包装展示。

（12）售后说明 & 常见问题解答。能够回答买家心中的常见问题，减轻客服的压力，降低询盘率，提高工作效率。

（13）企业文化展示、品牌文化展示。

（14）关联营销。

（15）活动图片：店铺活动、其他促销活动。

产品详情页的内容比较丰富，以上列举的内容并不必须全部展示在所有产品的详情页面中，不同店主可根据产品特点或自身偏好选择以上的部分内容进行展示。但同一个店铺的产品详情页应该风格统一，这样才能给买家留下比较专业、不杂乱的印象。

注意：在编辑产品信息时，务必基于事实，全面、细致地描述产品。

①例如电子类产品需将产品功能及使用方法给予全面说明，避免买家收到货后因无法合理使用而提起纠纷。

②又如服饰、鞋类产品建议提供尺码表，以便买家选择，避免买家收到货后因尺寸不合适而提起纠纷等。

③不可因急于达成交易而对买家有所欺骗，如实际只销售 2 GB 容量的 U 盘却刻意将容量大小描述成 256 GB，此类欺诈行为一经核实，速卖通平台将严肃处理。

④产品描述中对于产品的瑕疵和缺陷也不应有所隐瞒。

⑤产品描述中建议注明货运方式、可送达地区、预期所需的运输时间；同时也建议向买家解释海关清关缴税、产品退回责任和承担方等内容。

二、文案

1. 亚马逊商品要点（Bullet Point）

亚马逊产品描述部分给出分列的 5 条内容，被称为五点描述，是为卖家进行各个角度的商品描述的，突出有关商品的重要信息或特殊信息，买家根据商品要点来了解商品的重要特征。卖家应在这个部分传达商品的主要功能和重要特征，突出有关商品的重要信息或特殊信息。商品要点通过传达商品的主要功能和卖点，可以和其他同类产品形成差异化。简洁的、详细的商品要点描述有助于顾客更进一步地了解商品信息，了解商品魅力。数据表明，精心编写的商品文案可以提升销量。可以从以下几个方面进行文案撰写。

①产品（穿插关键词）。

在五点描述中介绍产品的时候穿插重要的关键词，因为亚马逊的搜索不局限于标题，listing 里的很多板块都占有对应的搜索权重。每句话前面可以用 1~2 个词简要突出概括这个卖点，有数据更好。Bullet Points 五点中，最好是自然地穿插 2 个核心关键字在里面，有助于搜索优化。注意英文语法常识（英文拼写、标点符号、字母大小写等），买家看到商品描述有语法错误或者拼写错误的时候会对商品质量以及卖家的服务水平产生疑问。

②产品参数。

写产品文案的时候，重要参数要体现出来，必要的参数可放在标题，不重要的参数

（例如产品的大小码、产品颜色）不要放。尽可能地填写商品各种参数信息，每个品类都有比较特殊的利于检索和浏览的字段，尽量填写它们可以获得更多的曝光机会。认真填写商品细节，以便消费者更好地了解商品。商品参数中的长度、重量等度量单位使目标市场制式。服饰和鞋靴类商品，请标明目标市场尺码，方便消费者寻找合适的商品。

附图的图片中也要突出一些能影响购买的产品参数（图 5-21）。

③功能。

跨境电商平台上产品同质化严重，在开发产品写产品文案的时候要突出产品的特色、优势等。这样才能更容易脱颖而出，让客户注意到。

④用途。

产品的用途书写要与图片对应，避免产品与描述不一致，导致差评。注意排序，把对买家最重要的、最有利的信息放到最前面。使用目标市场消费者的习惯用语描述商品，提高关键词匹配率。

建议：

①简明扼要（简明切忌冗长的书写）。

②突出亮点（比如功能用途特色）。

2. 商品数据缺陷率

LDR（Listing Defect Rate），即商品数据缺陷率，指的是在刊登商品的时候缺少某个品类商品的重要信息，以致影响客户体验，其是亚马逊平台对商品数据进行监测的指标。

数据质量显示在 Inventory→Manage Inventory 页面：Quality alerts & Suppressed

- 商品没有主图，包括有尺寸颜色变化的父子商品的主图（Main Image）
- 商品没有描述（Description）
- 商品没有功能点（Bullet Points 1-5 或 Key Product Features 1-5）
- 商品没有关键字（Search Term 1-5）
- 某些品类缺少参数细节 Model Number，Manufacturer Part Number
- Inactive 的商品也要及时查看和处理

【任务实施】

购买产品参数如图 5-21 所示。

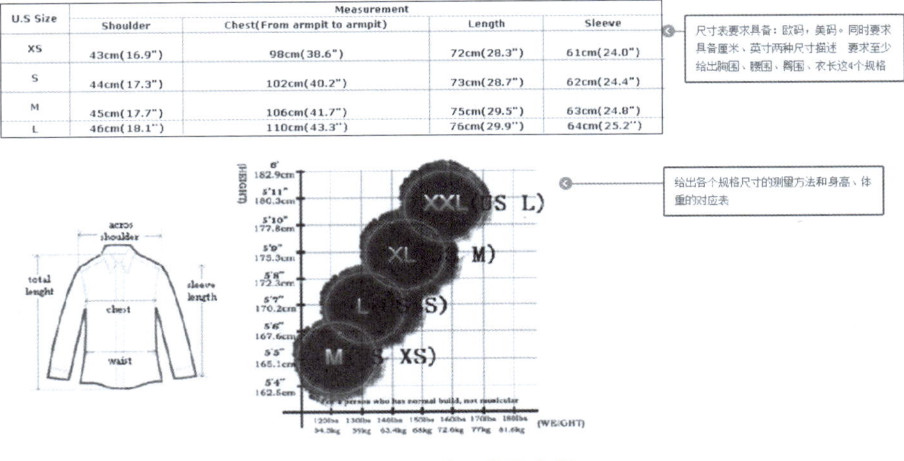

U.S Size	Measurement			
	Shoulder	Chest(From armpit to armpit)	Length	Sleeve
XS	43cm(16.9")	98cm(38.6")	72cm(28.3")	61cm(24.0")
S	44cm(17.3")	102cm(40.2")	73cm(28.7")	62cm(24.4")
M	45cm(17.7")	106cm(41.7")	75cm(29.5")	63cm(24.8")
L	46cm(18.1")	110cm(43.3")	76cm(29.9")	64cm(25.2")

图 5-21　购买产品参数

MAN BELTED WINTER TRENCH COAT WOOL BLEND SZ M 850 (BLACK,GREY)
US$ 61.19 - US$ 76.49/piece

DOUBLE BREASTED HALF SLIM COAT JACKET SZ M 800 (BLACK,KHAKI)
US$ 50.39 - US$ 62.99/piece

HIGHNECK DOUBLE ZIP SWEAT JACKET FLEECE INSIDE SIZE M 799 (BLACK,GRY)
US$ 35.99 - US$ 44.99/piece

FUNNEL COLLAR ZIP HOODED JACKET HOODIE SZ M 905 (GREY,BLACK)
US$ 38.87 - US$ 48.59/piece

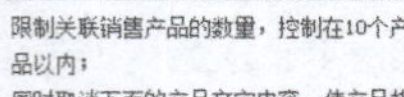

DOUBLE COLLAR SIDE ZIP SHORT JACKET SWEAT SIZE M 859 (KHAKI,GREY,BLACK
)

DOUBLE ZIP HOODED SWEAT JACKET HOODIE SZ M 982 (BLACK,WHITE)
US$ 34.55 - US$

ASYMMETRIC ZIP UP SWEAT JACKET FLEECE INSIDE SZ M 907 (BLACK,GRY)
US$ 33.11 - US$ 41.39/piece

HOODED CASUAL MAN CHECK SHIRT SWEAT SZ M 802 (BLACK,RED)
US$ 23.75 - US$ 29.69/piece

Terms of Service

Shipment:

When you place an order, please choose a shipping method and pay for the order including the shipping fee. We will send the items within X days once your payment is completed.

We do not guarantee delivery time on all international shipments due to differences in customs clearing times in individual countries, which may affect how quickly your product is inspected. Please note that buyers are responsible for all additional customs fees, brokerage fees, duties, and taxes for importation into your country. These additional fees may be collected at time of delivery.

We will not refund shipping charges for refused shipments.

The shipping cost does not include any import taxes, and buyers are responsible for customs duties.

发货、运输说明：
说明买家付款后的发货时间，注明买家必须承担关税

Returns:

We do our best to serve our customers the best that we can.

We will refund you if you return the items within 15 days of your receipt of the items for any reason. However, the buyer should make sure that the items returned are in their original conditions. If the items are damaged or lost when they are returned, the buyer will be responsible for such damage or loss, and we will not give the buyer a full refund. The buyer should try to file a claim with the logistic company to recover the cost of damage or loss.

The buyer will be responsible for the shipping fees to return the items.

退货说明：
买家收到货15天时间内可以提起退货要求（时间可以设置长，但不能设置短）
买家必须保证退回的货物完好，若有损坏或者丢失，买家需要承担责任，买家需要承担退回的运费

尺寸存在正常误差（给出认可的误差范围），颜色会由于显示屏和灯光等存在轻微色差

Sizing or Fit Issues

As all of our dresses are hand-sewn and customer tailored, the finished gown may vary by approximately ±1 inch in the specified measurements.

To ensure that your dress will still fit you perfectly, our tailors have created all our dresses with additional fabric in the seams to allow minor size modifications to be made easily. If you find the products are not suitable for you and have questions, you can contact us directly.

Color Mismatch

Differences in color may be caused by some other reasons such as color reflection in the monitor, lighting, background etc. However, if you believe that the item received is in wrong color, please contact us to see if a return or refund is possible.

图 5-21 购买产品参数（续）

任务八 产品分析与优化

【任务描述】接触跨境运营岗位已近 2 个月，李明不断地上架新品，也尝试进行营销，但效果都不理想，求教经理后，李明得知，产品的信息质量不过关，营销效果会事倍功半，因此，李明决定对店铺内的产品进行优化。

【任务分析】

电商平台同一店铺的产品只有少数产品曝光率较高，大部分产品是难以得到较好曝光的，这时就需要对产品进行分析和优化，以提升点击率和转化率。

【相关知识】

一、数据指标

当今是大数据时代，很多决策都需要数据的支持，网店运营非常重要的内容就是要经常

浏览店铺的各种数据指标，下面的指标是必须要掌握的。

UV（独立访客）：即 Unique Visitor，访问网站的一台电脑客户端为一个访客。

PV（访问量）：即 Page View，即页面浏览量或点击量，用户每次刷新即被计算一次。

◆点击率=(点击量/曝光量)×100%

◆转化率=(成交量/点击量)×100%

◆客单价：订单金额/订单数

影响曝光量的因素：

◆关键词选取

◆标题质量

影响点击率的因素：

◆图片美观度和吸引力

◆产品卖点是否突出

◆产品价格

影响转化率的因素：

◆价格

◆产品信息质量：标题、文案

◆消费者评价

◆服务：物流、赔付、保障等

供需指数：统计时间段内行业下产品指数/流量指数，即供给/需求。

竞争指数：该值越大，竞争越激烈；越小，竞争越小。

飙升幅度：累计搜索指数比上一个时间段内累计搜索指数增长的幅度。

平均页面停留时间：用户浏览单页面花费的平均时长。

跳失率：顾客通过相应入口只访问了一个页面就离开的访问次数，占该入口总访问次数的比例。

访问深度：用户平均每次连续访问浏览的店铺页面数。

二、商品信息优化

1. 产品标题

产品标题是匹配关键词搜索、影响产品在敦煌网和谷歌中的曝光率的关键因素。

建议产品标题满足以下要求：

（1）尽量精简，体现出最合适的主关键词。

（2）产品名称中准确地体现产品关键词，在精不在多。

（3）重要关键词最好根据实际情况放在前 5 个 Word 位置之中。

（4）产品标题必须是一个完整可读的句子（目前很多标题完全是由产品的属性组合起来的；不具有可读性）。

产品标题优化举例：

原产品标题：

Prom/Evening Dresses Sweetheart Low BackBall Gown Hi-Lo Bubble

优化后的标题为：

Sweetheart Prom/Evening Dresses with Hi-Lo Bubble，Low Back Ball Gown

2. 产品基本属性

目前各个行业都有相应的属性可供卖家选择，必选的属性不多。

建议卖家为产品选择至少4个符合的属性，您选择的属性会出现在页面的相关内容中。个性化商铺属性使用自定义属性设计越多越好，属性名称中加入产品主关键词。

3. 产品关键词

建议选择能体现产品核心的英文关键词进行填写，不要填写单个词的关键词。

产品关键词有如下影响：

- 产品页面的标题、描述
- 便于敦煌网在站内相关产品或内容中推广卖家的产品，提高产品曝光量
- 利于搜索引擎通过该关键词引流到卖家的产品页

样例：

产品标题为 2012 Popular Sexy One-shoulder Evening Dress Prom Gown

关键词则可以写为：

2012 Evening Dress 或者 One-shoulder Evening Dress 或者 Sexy Evening Dress，而不是只填写 Dress 或者不填。

4. 产品详细描述

产品详细描述建议包括如下内容。

1）产品图片建议

首图区填写的产品图片，尽量都在详描中展示。

2）文字内容建议

（1）越详细清楚，转化率越高，退货率越少，买家购买越放心。

（2）适当添加关键词和相关的长尾关键词（3~5个，具体看文字内容的多少）；位置分别为开始、中间、结尾。关键词加入文字中的前提是必须通顺，不能硬塞。

（3）为关键词进行加粗加斜，起到强调作用，切忌整段加粗加斜。

【习题】

【技能拓展】

Speaker Feature（图5-22）：

1. Support A2DP，AVRCP，Handsfree profile，FM radio
2. With FM function，can search radio station broadcast automatically

3. International advanced wireless chip and circuit design techniques, support all wireless devices

4. With Hi-Fi speaker, to make sure the clear and bright sound

5. Support Micro SD card and USB card, play MP3 format audio

6. The wireless working distance is 10 meters

7. With AUX line in, can directly connect the outside devices, for example, tablet PC/TV/cellphones

8. It will close automatically after 30 mins if bluetooth mode no connection

◆Bluetooth Version: V4.2

◆Working Range: in 10 metres

◆Dimension: 75 mm×75 mm×161.6 mm

◆Gross Weight: 512 g

◆Loudspeaker Output: 5 W

◆Signal-to-Noise: ≥90 dB

◆Distortion: ≤0.5%

◆Battery Voltage/Capacity: 1,200 mAh

◆Battery Charging Voltage: 5V /500 mAh

◆Play time values for speakers : 3-4 hours

1. 根据产品信息，拟定此产品标题

2. 选取 3 个产品关键词和 10 个 tags

图 5-22　产品信息

产品发布与优化

【德育园地】

产品详情页中的“工匠精神”

目前的跨境电商平台，同一个产品你会看到千篇一律的产品详情描述，同质化程度非常严重。在销售中，Listing 质量的好坏会打打营销销售，但由于制作商品详情页非常耗时耗力，很多卖家就 Copy 其他卖家做好的详情页，只做些许更改，根本没有倾注自己的心血。好的详情页设计是非常有讲究的。

案例分析

1. 手机壳

This phone case is made with layers of carbon fibers. It is shatter-resistant.（这手机壳材质是碳纤维，很耐摔。）

讲产品能给消费者带来的益处比只客观陈述更能打动人，比如上例可转化为：

With this case, your phone could survive from any fall.（选择这个手机壳，你就再也不用担心手机被摔了。）

描述产品时，不要直接把乏味枯燥又难懂的产品特征介绍给客户。要站在客户的角度，把产品特征转化成产品带来的实际益处，这样才能打动客户。

2. Everlane（时尚产品和配饰零售商）

Everlane 产品描述非常符合其品牌风格，时髦而不失优雅。查看 Everlane 的产品描述，你会发现该品牌经常应用“All. Damn. Day”“take your usual size”这类非常轻松的日常聊天的词汇，营造出了一种平易近人的亲切感。你需要了解自己的目标客户的日常用语，比如留意目标客户在产品 review 中、在论坛中经常使用的词汇，将这些词总结出来，再应用到产品描述中，这样你的产品描述对你的目标顾客会有一种天然的吸引力。

3. DeWalt（五金、工具及配件零售商）

好的产品描述常常具备这么一个特点，能够突出产品的细节差异。一些电商卖家在撰写产品描述时，常常忽略产品之间的细微差异，认为太过琐碎，然而就是这些琐碎之处决定了消费者是否购买你的产品。

DeWalt 就是这么吸引顾客的，如图 5-23 所示。

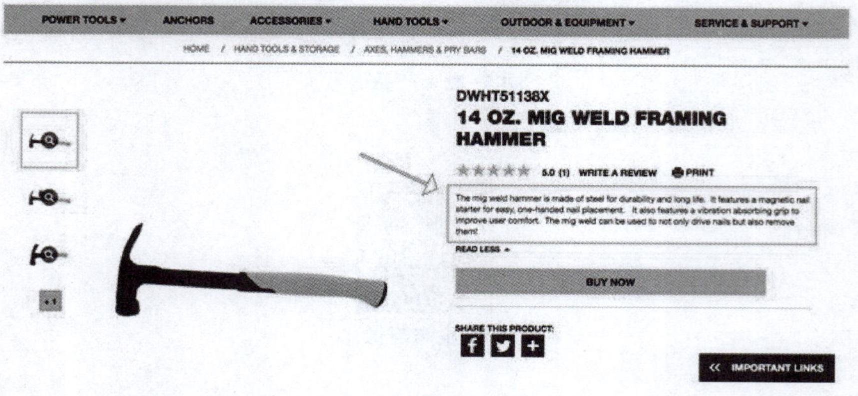

图 5-23 DeWalt 产品描述 1

描述是这么写的（图 5-24）：

“vibration absorbing grip to improve user comfort” and is a light 14oz “for a fast swing and reduced fatigue”.

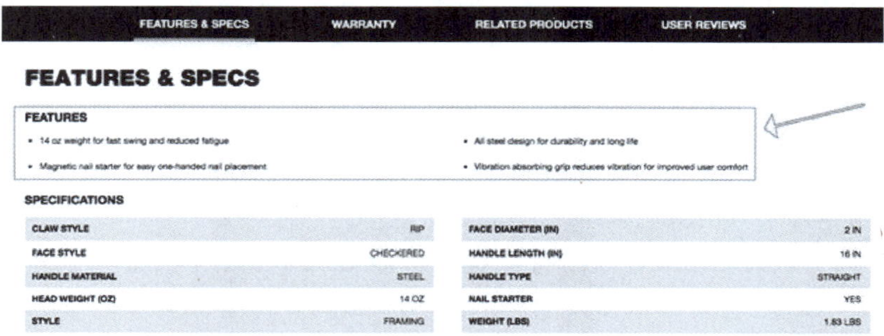

图 5-24　DeWalt 产品描述 2

直接指明锤子的重量和避震效果，强调了锤子的使用舒适度，而这正是许多消费者所关心的。

4. Dollar Shave Club（美容美发产品）

幽默的产品描述往往能降低人们对广告的抵触心理，从而促进购买。

Dollar Shave Club 多年来一直采取幽默诙谐的方式，来推销他们的剃须刀。

如图 5-25 所示，Dollar Shave Club 的产品描述中用了这两个短语 “the final frontier” “like a personal assistant for your face”，用非常巧妙的方式来暗示消费者这是他们需要的唯一一把剃须刀，“私人助理” 的比喻非常幽默。

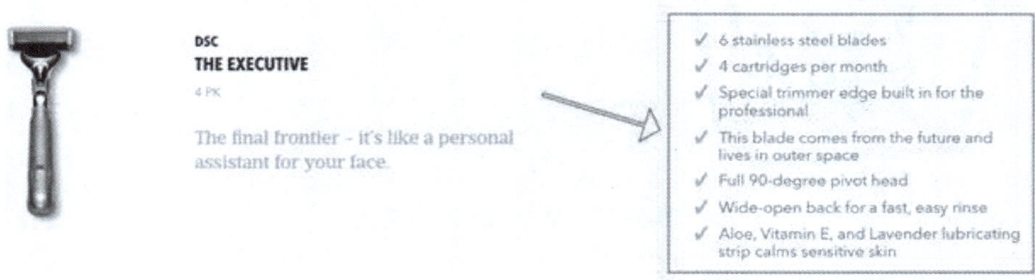

图 5-25　Dollar Shave Club 产品描述 1

即使在传达与产品功能相关的信息时，Dollar Shave Club 也没有忘记制造幽默氛围（图 5-26）：

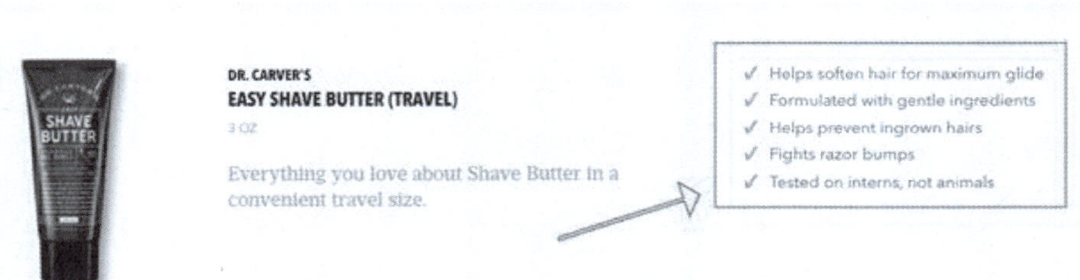

图 5-26　Dollar Shave Club 产品描述 2

许多电商企业都会向顾客强调其产品没有进行动物实验，来剥取好感，但描述非常平淡无奇，就是一句“not tested on animals（没有在动物身上实验）”。

但这不是Dollar Shave Club的风格，他们是这么说的“Tested on interns，not animals（在实习生身上做测试，而不是动物）”，令人不禁捧腹大笑，印象深刻。幽默拥有极大的感染力，不仅能帮助人们记住你的产品，还能帮你卸下顾客的戒心，更容易做出购买决定。

5. Wayfair（家具及家具用品零售商）

Wayfair是全球最大的在线家居用品零售商之一，拥有3 800多名员工和3 600万名活跃用户。他们之所以如此成功，部分原因在于他们的产品描述能够通过讲故事的方式激发客户的想象力，让顾客感受拥有其产品的幸福感。

如描述吊灯，Wayfair并没有一开始就介绍产品的规格、特征等，而是用“Greet guests with a warm and welcoming glow（用温暖热烈的灯光迎接你的客人）”这类场景描述式的言语来激发客户的想象（图5-27）。

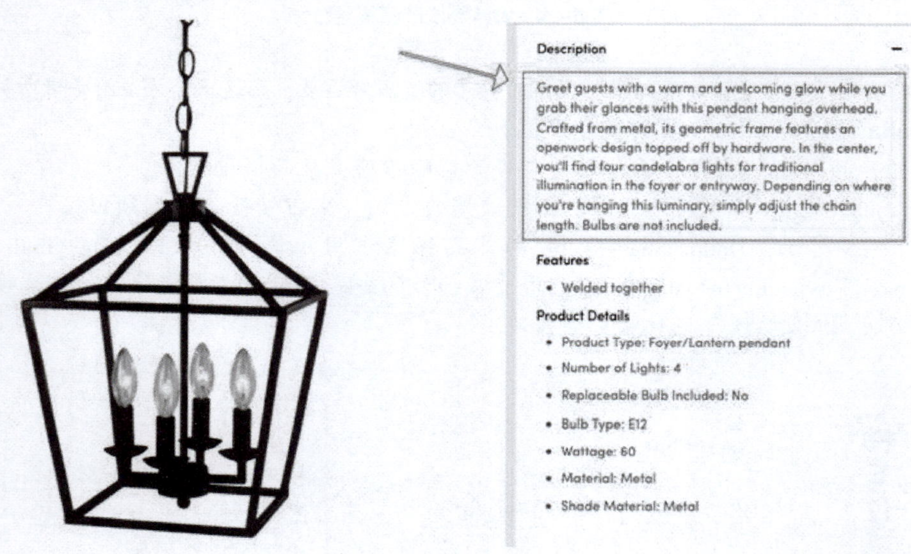

图5-27 Wayfair产品描述

[来源：跨境Savior https：//www. cifnews. com/article/43730]

思考：反思下你在做商品详情页的时候，是否用心去做了？是什么导致你不愿意用心去做？做详情页的过程中，你是否能够感受到工匠精神。

【项目评价表】

<table>
<tr><td colspan="3">在线课平台成绩（30%）</td><td>得分：</td></tr>
<tr><td colspan="3">知识掌握与技能提高（40%）</td><td>得分：</td></tr>
<tr><td>任务</td><td>评价指标</td><td>评价结果</td><td>备注</td></tr>
<tr><td>产品价格分析表</td><td>1. 价格构成要素
2. 包邮价
3. 利润核算</td><td>A□ B□ C□ D□ E□
A□ B□ C□ D□ E□
A□ B□ C□ D□ E□</td><td></td></tr>
<tr><td>标题与关键词</td><td>1. 标题三段法
2. 核心词、属性词的选取
3. 关键词拟定</td><td>A□ B□ C□ D□ E□
A□ B□ C□ D□ E□
A□ B□ C□ D□ E□</td><td></td></tr>
<tr><td>图片和详情页设计</td><td>1. 主图构图与拍摄
2. 图片处理
3. 文案和详情页设计</td><td>A□ B□ C□ D□ E□
A□ B□ C□ D□ E□
A□ B□ C□ D□ E□</td><td></td></tr>
<tr><td>职业素养思想意识</td><td>1. 工匠精神、精益求精
2. 文化自信、创新发展
3. 团结合作、善于沟通</td><td>A□ B□ C□ D□ E□
A□ B□ C□ D□ E□
A□ B□ C□ D□ E□</td><td></td></tr>
<tr><td colspan="3">学生自评（10%）</td><td>得分：</td></tr>
<tr><td colspan="3">小组评价（10%）</td><td>得分：</td></tr>
<tr><td>团队合作</td><td>A□ B□ C□</td><td>协作能力</td><td>A□ B□ C□</td></tr>
<tr><td colspan="3">教师评价（10%）</td><td>得分：</td></tr>
<tr><td>教师评语</td><td colspan="3"></td></tr>
<tr><td>总成绩</td><td></td><td>教师签字</td><td></td></tr>
</table>

项目六

推广与营销

学习目标

知识目标

了解跨境电商营销的分类

了解 SNS 营销的定义、特点和优势

掌握站内营销工具的应用流程

掌握付费营销的原理和方法

技能目标

能开展单品折扣、优惠券、满立减和搭配销售等免费营销

能分析平台活动类型并报名参加

能正确选择产品并合理设置关键词和出价

能撰写产品推广文案并开展 SNS 推广

素养目标

养成精工细作、严谨科学的作风

培养诚信经营的品质

养成数据分析和科学决策的素养

教学重点

免费营销工具运用、平台活动

教学难点

付费营销技巧、SNS 营销

【项目导图】

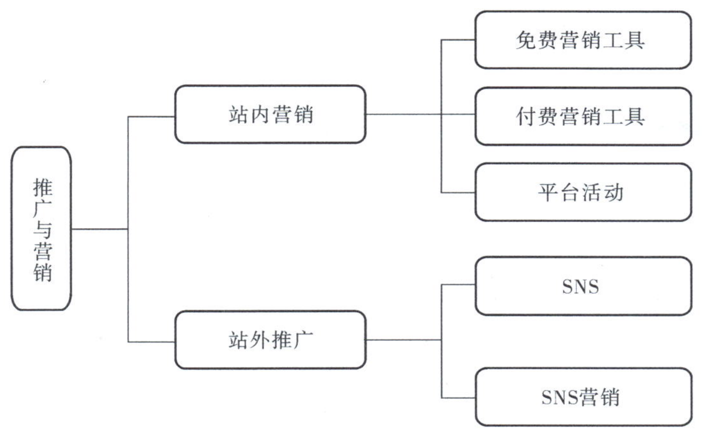

项目引例

跨境电商推广与营销

2018年4月，小林加入一家传统工贸公司的业务部门，主要开展跨境电商B2C业务。负责速卖通店铺的运营。因为公司以前主要以传统型贸易为主，很少接触B2C业务，所以基本上是从零起步，而小林也是刚从学校毕业，店铺运营经营经验也比较少。新店开始少量上传的产品，既没有流量也没有销量，小林经过几个月的摸索，平时逛一下外贸论坛，进行了大批量的产品上传，但是效果仍不是很好，订单量还是很少。之后，他整理自己的运营思路，摸索了两周左右，拼命地查资料、看论坛，把详情页仔细优化，统一主图风格，在上传产品时，在属性词的填写上下大功夫，价格的设置也参考了大量平台的同类产品和店铺，做产品价格优化和价格区间优化。他还把线上发货、运费模板都基本吃透了，理顺了所有的基础模块的设置，但订单情况依然惨淡，他有点丧气。公司层面虽然没有给小林很大的压力，但是长时间业绩提不上去，他当初刚进公司的激情已经快没有了。

公司根据当前情况，给小林报名参加了相关的培训，主要是营销推广方面的内容。参加培训后，小林才知道，速卖通后台的营销工具有很多，但每个工具到底该怎么用，什么时候用，怎么搭配使用，他依然一头雾水。联盟营销和其他站外推广看似简单，可是没有清晰的营销思路做指导，只会南辕北辙，耗时耗力。速卖通直通车和国内淘宝的直通车操作一样吗？怎么才能让直通车的效果发挥到极致？什么样的直通车计划才是最适合当前店铺实际情况的呢？假如你是这家店的运营人员，你该怎么做好基本的营销推广工作呢？

任务一　站内免费营销工具运用

以速卖通、敦煌网为例，许多跨境电商平台都有自己的免费营销工具，这些工具的运营可以以最低的成本获得免费流量，是许多新手卖家的必然选择。开始店铺运营，首先要了解这些免费营销工具并学会如何运用。

一、橱窗推荐

【任务描述】学生能独立进行橱窗推荐设置。

【任务分析】选中想要进行橱窗推荐的产品，在产品管理中设置橱窗推荐。

【相关知识】

（一）橱窗推荐的来源

目前，橱窗推荐有两个来源：

（1）上新奖励：2018 年 4 月—2019 年 3 月每月都有新发产品橱窗奖励，奖励规则如下：每月新发 10 款且有 1 款被打 new 标，奖励 1 个橱窗；每月新发 30 款且有 5 款被打 new 标，奖励 2 个橱窗；每月新发 50 款且有 10 款被打 new 标，奖励 3 个橱窗。

（2）卖家服务等级奖励：具体奖励标准如图 6-1 所示。

卖家服务等级详解

	不及格	及格	良好	优秀
定义描述	上月每日服务分均值小于60分	上月每日服务分均值大于等于60分且小于80分	上月每日服务分均值大于等于80分且小于90分	上月每日服务分均值大于等于90分
橱窗推荐数	无	无	1个	3个
平台活动权利	不允许参加	正常参加	正常参加	优先参加
营销邮件数量	0	1000	2000	5000

图 6-1　卖家服务等级奖励

（二）橱窗推荐规则

（1）每个橱窗推荐只能为一个 ID 的产品进行设置橱窗。

（2）橱窗推荐持续时间为 7 天，7 天为不间断时间；橱窗推荐过程中，不能更换产品；产品下架，橱窗推荐的时间依然会扣除。

（三）橱窗推荐的设置方法

如图 6-2 所示，在产品管理页面，选中想要进行橱窗推荐的产品，单击更多操作当中的橱窗推荐，选中的产品就会被加上橱窗，在速卖通买家页面根据综合评分进行展示。

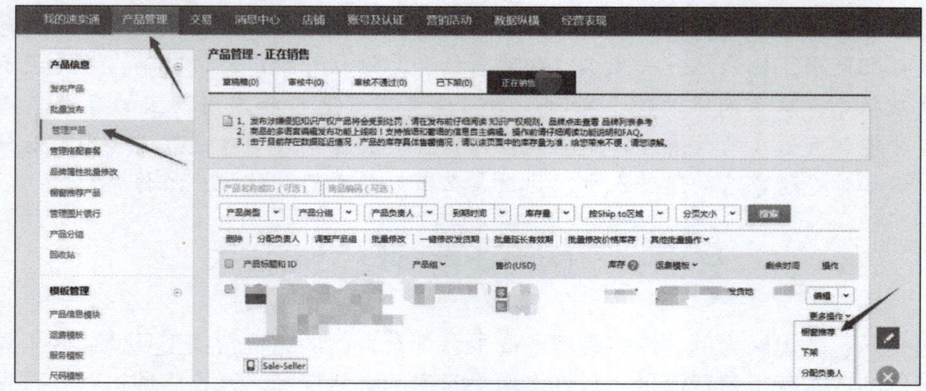

图 6-2　产品管理页面

注意：不是说加了橱窗推荐的产品就一定会展示在同类目产品的前列。速卖通的产品展示规则相当复杂，而且展示规则的算法也是一种保密数据。橱窗推荐只是为你选中的产品加上了橱窗推荐这一项目的分数。产品的展示排名，最终依据的是产品的综合评分。

二、单品折扣

【任务描述】学生能独立进行店铺单品折扣设置。

【任务分析】分析店铺整体利润水平，在营销活动中根据店铺实际情况设置单品折扣。

【相关知识】

单品打折优惠，原全店铺打折+店铺限时限量工具结合升级工具，用于店铺自主营销（图 6-3）。

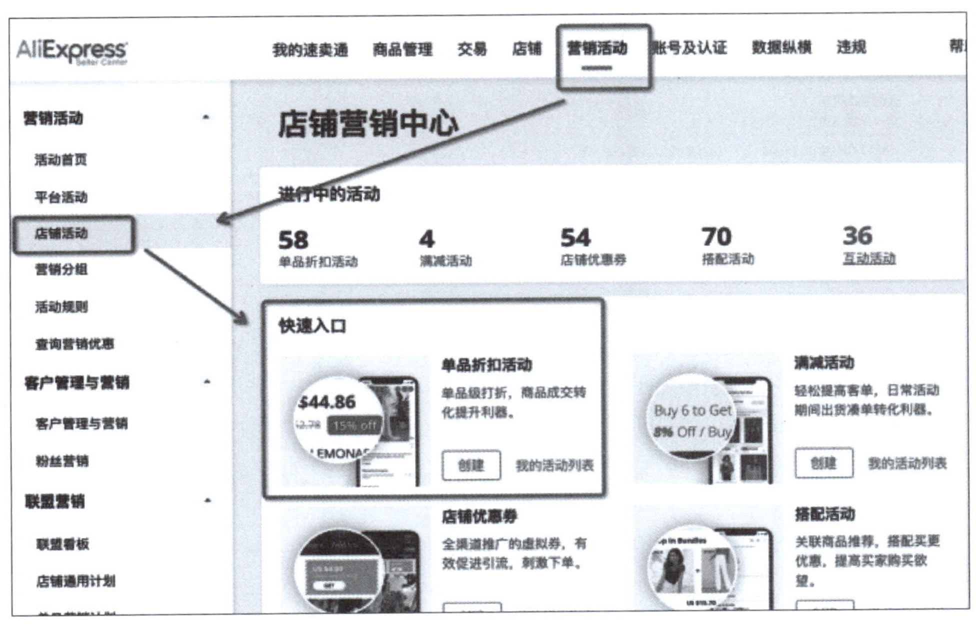

图 6-3　单品折扣活动

单品的打折信息将在搜索、详情、购物车等买家路径中展示，从而提高买家购买转化，快速出单。

1. 本次升级点

（1）取消每月限制的活动时长和活动次数，单场活动最长支持设置 180 天。

（2）允许活动进行中暂停活动（适用于活动设置错误快速止损）。

（3）活动进行中允许操作新增/退出产品（无需暂停活动即可操作），以及编辑折扣，且实时生效。

（4）取消锁定产品编辑以及运费模板，编辑后可实时同步到买家前台（仅针对单品折扣活动的产品）。

（5）单场活动支持最大设置 10 万个产品。

（6）取消活动复制功能，可通过 Excel 表格批量上传。

（7）支持单个产品设置粉丝/新人专享价。

注：以上场景均适用于日常活动，大促场景下的单品折扣活动不允许暂停活动，预热开始后不允许新增/退出产品，不允许编辑产品（同平台活动锁定逻辑一致）。

2. 活动基本信息设置

2.1 可单击“创建活动”（图6-4）进入活动基本信息设置页面。

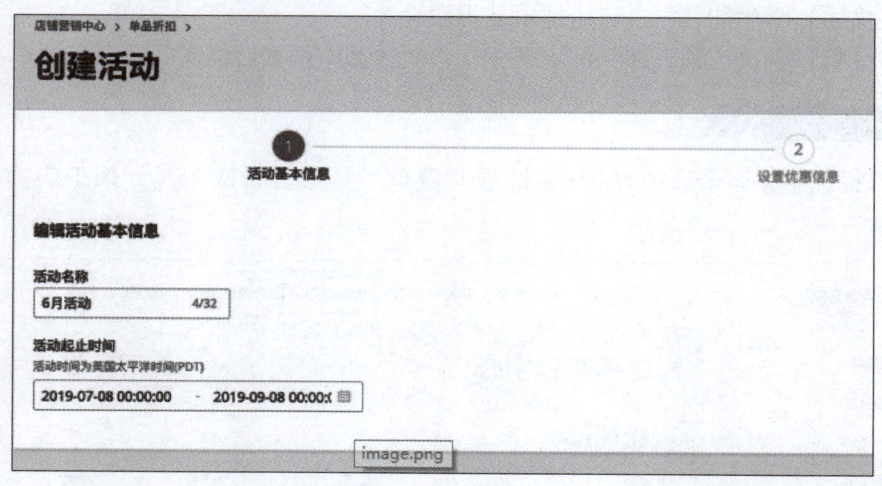

图6-4 创建活动

（1）活动名称最长不超过32个字符，只供查看，不展示在买家端。

（2）活动起止时间为美国太平洋时间。

（3）最长支持设置180天的活动，且取消每月活动时长、次数的限制。

（4）活动设置的时间开始后，活动即时生效（请注意，如在设置过程中到了活动展示时间，则活动即开始）。

（5）单击“提交”后进入设置优惠信息页面（图6-5）。

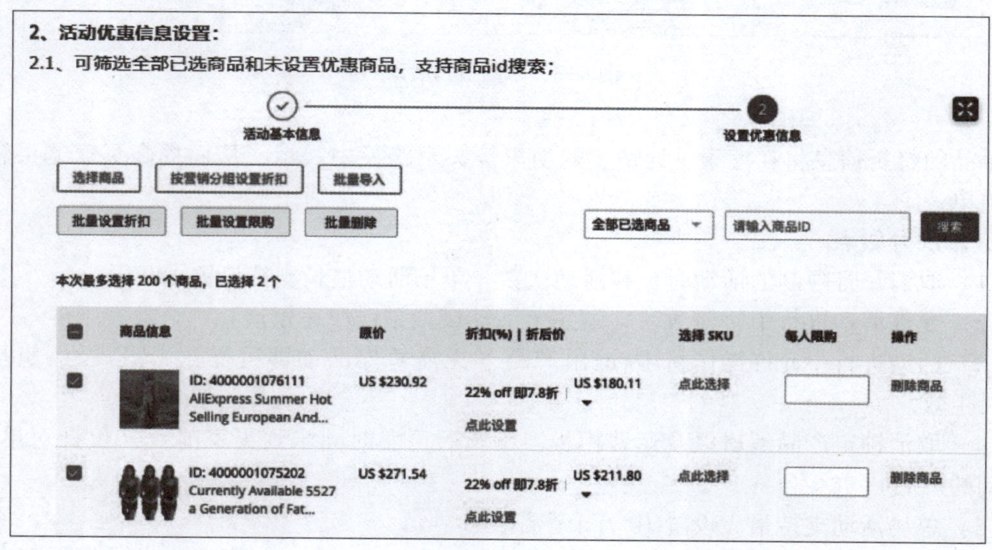

图6-5 优惠信息页面设置

2.2　支持单个产品根据营销分组、表格导入形式设置。

2.2.1　支持批量设置折扣（图 6–6）、批量设置限购、批量删除（默认所有 SKU 都参加活动）。

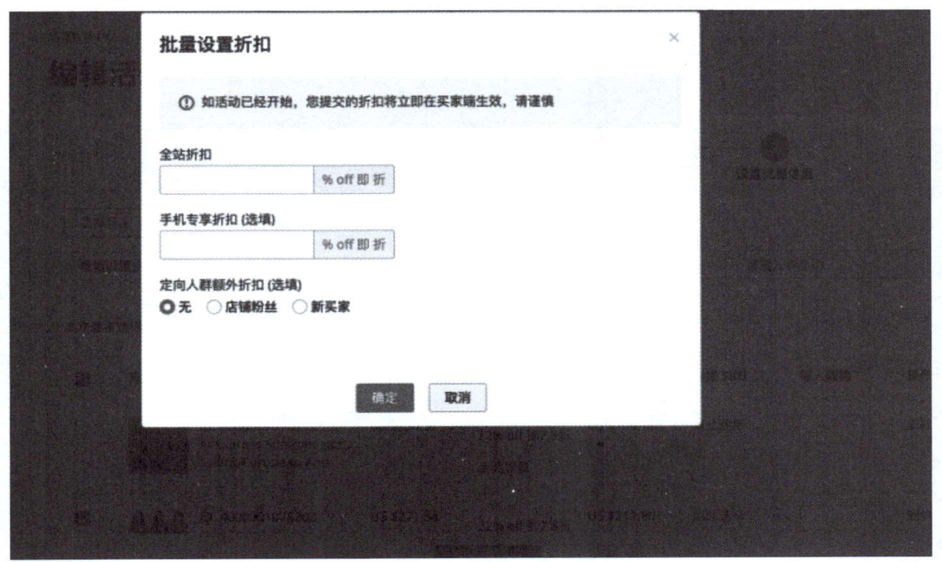

图 6–6　批量设置折扣

2.2.2　支持按照营销分组设置折扣（图 6–7），分组内的产品会被导入至活动内。

特别注意：目前设置 App 折扣不具备引流功能，因此营销分组设置折扣处取消了设置 App 折扣的功能。如需设置 App 折扣，可回到单品选择页面设置。如只设置全站折扣，即 PC 和 App 均展示同一个折扣。

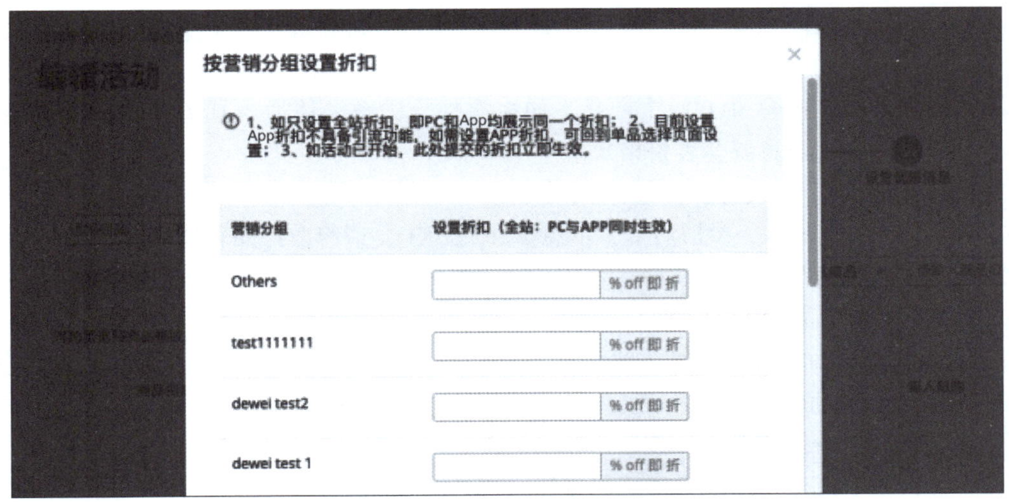

图 6–7　营销分组设置折扣

2.2.3 支持通过表格形式批量导入（图 6-8）。

（1）Product ID：必填项，可以在产品管理处获取 ID。

（2）Product Title：非必填项，可以复制产品的标题。

（3）Discount：必填项，填写产品折扣率，比如希望设置 10%off，填写 10 即可。

（4）Mobile Discount：非必填项，填写 App 端折扣率，如不设置，默认 App 和 PC 端折扣率一致。

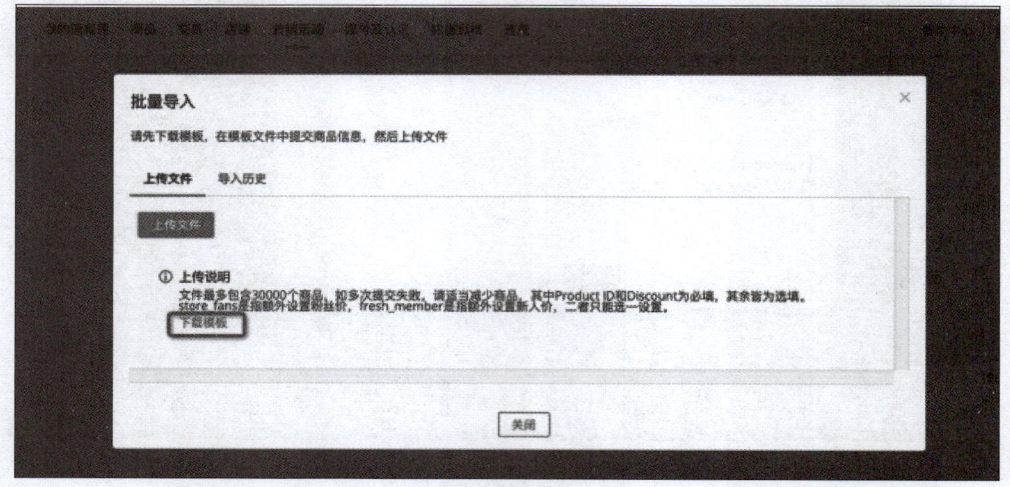

图 6-8 批量导入

（5）Target People：非必填项，此处填写 store_fans 或者 fresh_member，store_fans 是指额外设置粉丝价，fresh_member 是指额外设置新人价，二者只能选一设置。

（6）Extra Discount：非必填项，定向人群额外折扣，比如想要针对新人设置额外折扣 1%，那么您可以在此处填写 1，在第五列填写 fresh_member。

（7）Limit Buy Per Customer：非必填项，每个买家限购数量；如希望设置每个买家限购 2 件，输入 2 即可。

提醒：文件最多包含 30 000 个产品，如多次提交失败，请适当减少产品，且注意表格不要带有空格，不要随意调整表格格式。

2.3 支持单个产品设置粉丝/新人专享价。

2.4 不支持部分 SKU 参加活动，不想参加的 SKU，请修改产品普通库存数为 0。

2.5 单击“保存”按钮并返回，即创建完成活动，等活动开始后即时生效。

2.6 同一个产品只能参与同个时间段内一场单品折扣活动。

2.7 可同时参加同个时间段的平台活动，平台活动等级优先于单品折扣，因此会生效。

3. 单品折扣活动状态

（1）活动状态分为未开始、生效中、已暂停、已结束。

（2）未开始状态会展示倒计时，可编辑（进入活动基本信息页）、管理产品（进入优惠信息编辑）或暂停活动。

（3）生效中状态可查看活动详情、管理产品、暂停活动，暂停活动适用于快速止损整个活动，如对单个可直接修改。

（4）已暂停状态可重新生效活动、查看活动详情。

（5）已结束状态可查看活动详情。

三、店铺优惠券

【任务描述】学生能独立进行店铺优惠券设置。

【任务分析】分析店铺整体利润水平，在营销活动中根据店铺实际情况设置店铺优惠券。

【相关知识】

一、店铺优惠券的种类

店铺优惠券分为领取型优惠券和定向发放型优惠券，两种优惠券各有两个类型。

1. 领取型优惠券

（1）类型 1，买家无使用条件限制的优惠券，即只要订单金额大于优惠券的面值，买家就可以使用。例如，优惠券面值为 US $ 2，只要买家订单金额大于或等于 US $ 2.01 就可以使用。无使用条件限制的优惠券的优势是使用门槛低，可以提高用户的黏度和回头率。买家领取优惠券后，使用率比较高，特别是可以吸引新买家下单，可以大幅度提高店铺的订单转化率。注意，无使用条件限制优惠券的设置一定要根据店铺产品的价格，综合考虑后才能进行设置。如果店铺产品有些价格只有 US $ 6，再设置了 US $ 5 的无使用条件优惠券，买家只需要支付 US $ 1 就可以买到价格为 US $ 6 的产品，而这时候，很少有买家会买多件。此时，就会产生比较大的损失。

（2）类型 2，买家订单金额达到一定要求才能使用的优惠券，例如，设置的优惠券面值为 US $ 2，使用条件是订单金额满 US $ 30 才能使用，这时，只有买家订单金额大于或等于 US $ 30 才能使用这张 US $ 2 的优惠券。优势是可以避免低价商品让利过多，还可以刺激买家单个订单买多件产品以达到可以使用优惠券的金额。但注意，使用条件要根据店铺客单价来设置，一般情况下使用条件要高于店铺客单价，最好是在不高于店铺客单价 2 倍的基础上，高于店铺单个产品的折后最高价。这样，在买家有需要的情况下，会有很大概率为了使用优惠券而凑单。

2. 定向发放型优惠券

定向发放型优惠券分为选择用户线上发放和二维码两种。

二、店铺优惠券的个数

领取型优惠券每月 30 个；定向发放型优惠券每月 20 个。店铺优惠券没有时长限制。

三、店铺优惠券的设置方法

（1）在营销活动页面选中店铺优惠券（图 6-9），单击添加优惠券，创建活动，填写活动名称（活动名称只能使用英文字符），选择活动开始时间和结束时间。

（2）优惠券领取规则设置（图 6-10）：根据店铺情况设置面额、每人限领数量和发放总数量。每人限领数量最高为 5，发放总数量最低为 50。

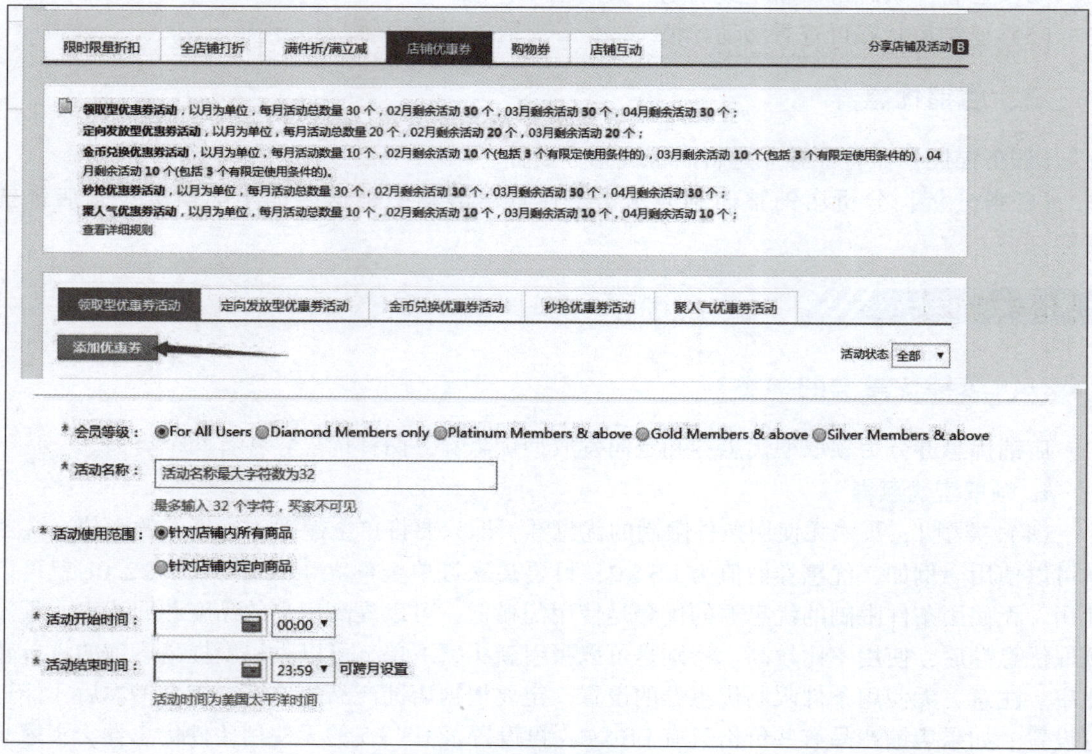

限时限量折扣 全店铺打折 满件折/满立减 店铺优惠券 购物券 店铺互动 分享店铺及活动

领取型优惠券活动，以月为单位，每月活动总数量 30 个，02月剩余活动 30 个，03月剩余活动 30 个，04月剩余活动 30 个；
定向发放型优惠券活动，以月为单位，每月活动总数量 20 个，02月剩余活动 20 个，03月剩余活动 20 个；
金币兑换优惠券活动，以月为单位，每月活动数量 10 个，02月剩余活动 10 个(包括 3 个有限定使用条件的)，03月剩余活动 10 个(包括 3 个有限定使用条件的)，04月剩余活动 10 个(包括 3 个有限定使用条件的)。
秒抢优惠券活动，以月为单位，每月活动总数量 30 个，02月剩余活动 30 个，03月剩余活动 30 个，04月剩余活动 30 个；
聚人气优惠券活动，以月为单位，每月活动总数量 10 个，02月剩余活动 10 个，03月剩余活动 10 个，04月剩余活动 10 个；
查看详细规则

领取型优惠券活动 定向发放型优惠券活动 金币兑换优惠券活动 秒抢优惠券活动 聚人气优惠券活动

添加优惠券 活动状态 全部

* 会员等级：For All Users Diamond Members only Platinum Members & above Gold Members & above Silver Members & above

* 活动名称：活动名称最大字符数为32

最多输入 32 个字符，买家不可见

* 活动使用范围：针对店铺内所有商品

针对店铺内定向商品

* 活动开始时间：00:00

* 活动结束时间：23:59 可跨月设置

活动时间为美国太平洋时间

图 6-9 店铺优惠券

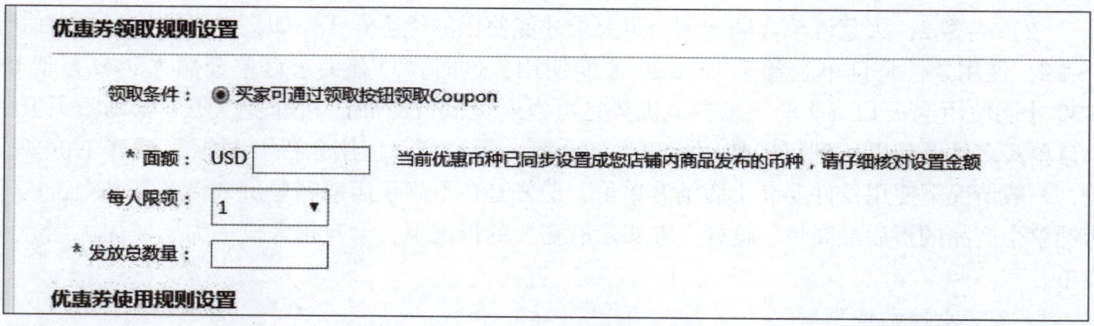

优惠券领取规则设置

领取条件：买家可通过领取按钮领取Coupon

* 面额：USD 当前优惠币种已同步设置成您店铺内商品发布的币种，请仔细核对设置金额

每人限领：1

* 发放总数量：

优惠券使用规则设置

图 6-10 优惠券领取规则设置

（3）设置优惠券使用规则（图 6-11）：当使用条件为不限的时候，就是无条件限制的优惠券。当使用条件为订单金额满 USD____时，即为满足条件方可使用的优惠券。有效天数设置一般情况下为 3~7 天。单击“确认创建”按钮，完成优惠券的设置。

注意：

①店铺优惠券时间一般不能设置太短，一般情况下要超过一个星期。

②同一个时段内可以设置多个店铺优惠券，但是建议数量要超过 5 个。

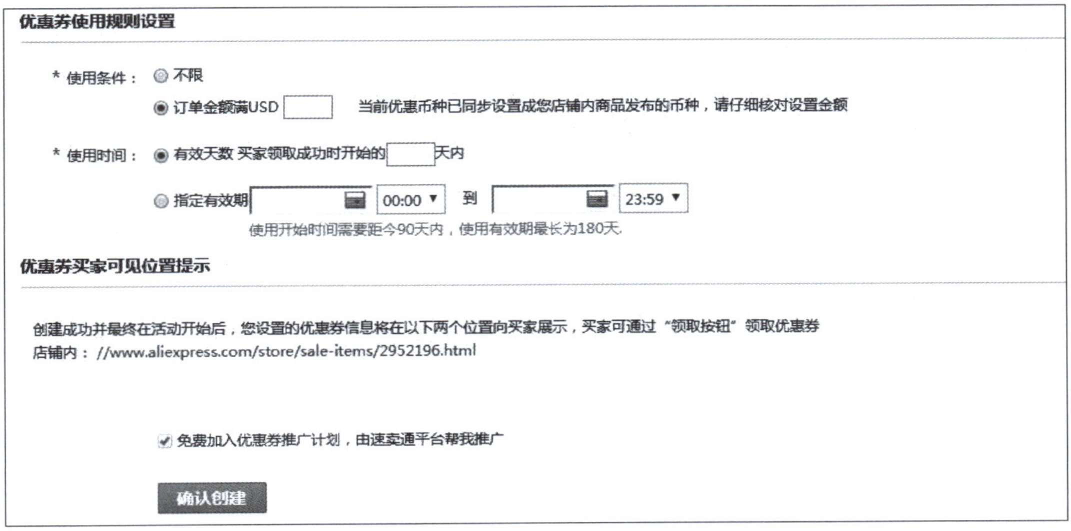

优惠券使用规则设置

* 使用条件：○ 不限
◉ 订单金额满USD [　] 当前优惠币种已同步设置成您店铺内商品发布的币种，请仔细核对设置金额

* 使用时间：◉ 有效天数 买家领取成功时开始的[　]天内
○ 指定有效期 [　] 00:00 到 [　] 23:59
使用开始时间需要距今90天内，使用有效期最长为180天.

优惠券买家可见位置提示

创建成功并最终在活动开始后，您设置的优惠券信息将在以下两个位置向买家展示，买家可通过“领取按钮”领取优惠券
店铺内：//www.aliexpress.com/store/sale-items/2952196.html

☑ 免费加入优惠券推广计划，由速卖通平台帮我推广

确认创建

图 6-11　优惠券使用规则设置

四、店铺满立减

【任务描述】学生能独立进行店铺满立减设置。
【任务分析】根据店铺实际情况，在营销活动中设置店铺满立减活动。

【相关知识】

一、全店铺打折时长和个数

无时长和个数限制。

二、满立减类型

满立减分为全店铺满立减、商品满立减、全店铺满件折和商品满件折四个类型。

三、满立减条件

满立减分为多梯度满减和单层级满减。

四、店铺满立减设置方法

在营销活动页面选中店铺满立减，单击创建活动，填写活动名称，选择活动开始时间和结束时间（图 6-12）。

根据实际需要选择想要设置的活动类型，当选择商品满立减或者是商品满件折的时候，要选择相应的商品（图 6-13）。

根据店铺情况进行满立减条件设置，当选择多梯度满减时，要进行三个梯度的满立减设置，其中梯度三的折扣力度要大于梯度二的折扣力度，梯度二的折扣力度要大于梯度一的折扣力度。单击“提交”，完成满立减设置（图 6-14）。

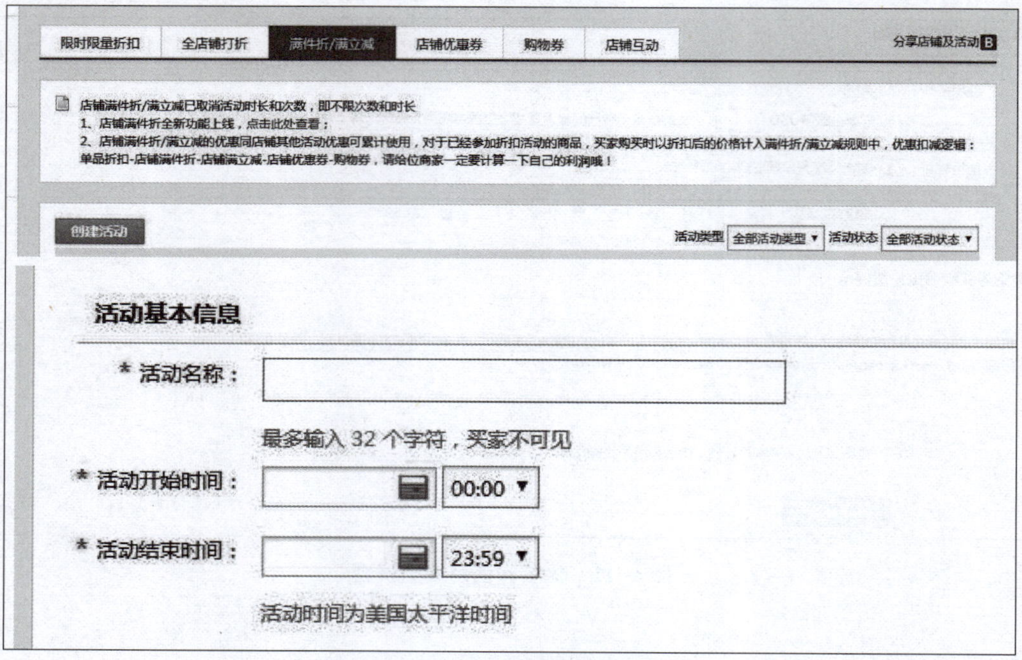

图 6-12　店铺满立减设置方法

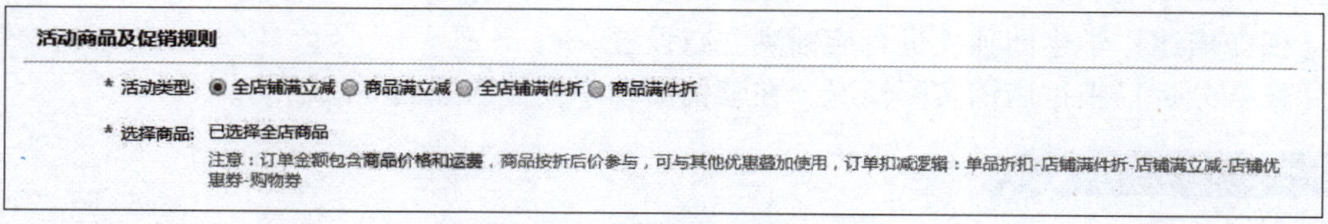

图 6-13　活动商品及促销规则

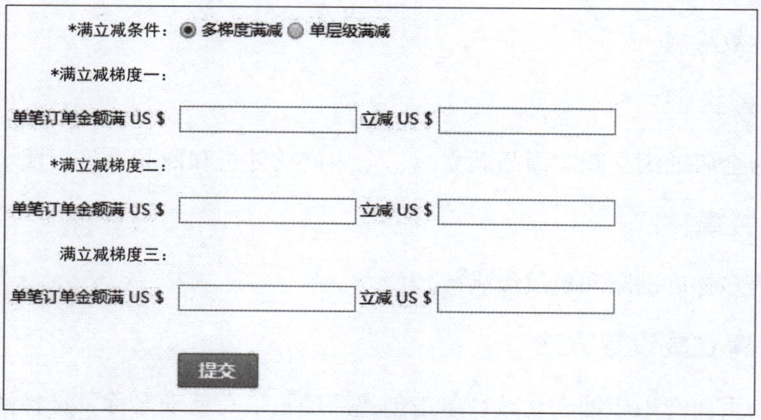

图 6-14　满立减条件设置

注意：

同一时段内，只能设置一个满立减活动。

五、搭配销售

搭配销售可以将店铺商品进行组合销售，刺激转化，提高客单。

新版搭配销售，去掉了算法搭配折扣比例，卖家可以编辑算法创建的搭配套餐，进行自主定价。

1. 人工搭配销售

设置店铺内商品组合搭配销售方案，同时提供算法搭配功能。

Step1：创建搭配套餐（图 6-15）

登录“我的速卖通”，单击“营销活动”，在“搭配活动”中单击“创建搭配套餐”选项。

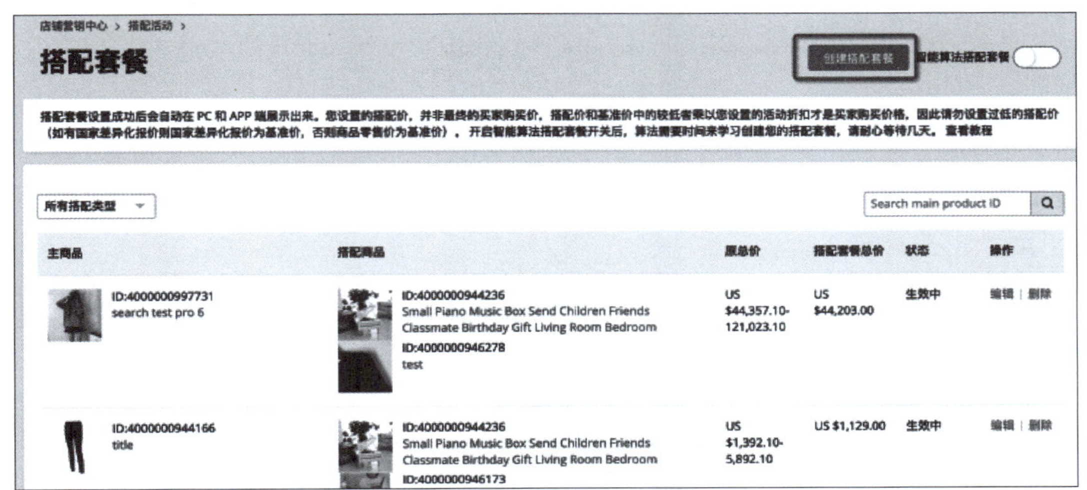

图 6-15　创建搭配套餐

Step2：选择主商品和搭配的子商品（图 6-16）

选择 1 个主商品和 1～4 个子商品，同时设置搭配价。一个商品最多可作为主商品在 3 个搭配套餐中，最多可作为子商品在 100 个搭配套餐中。

创建搭配套餐

主商品(必须选择 1 个)

选择/替换主商品

主商品信息	SKU	原价	搭配价	操作
ID:4000000997731 search test pro 6	Size:XL;Color:Black	US $77,777.00	US $	批量设置搭配价 | 删除 | 前移 | 后移
	Size:XL;Color:Sky Blue	US $8,888.00	US $	
	Size:L;Color:Black	US $1,111.00	US $	
	Size:L;Color:Sky Blue	US $33,333.00	US $	

图 6-16　创建搭配套餐

设置搭配：

设置搭配价：可以批量设置或者单个进行设置，搭配价不可大于商品原价。

通过“删除”可以删除已选的商品，重新进行商品选择。

通过“前移”“后移”，可以进行子商品的顺序移动，确认在对消费者展示时的子商品搭配顺序。

Step3：提交搭配创建（图 6-17）

编辑后提交创建搭配套餐。

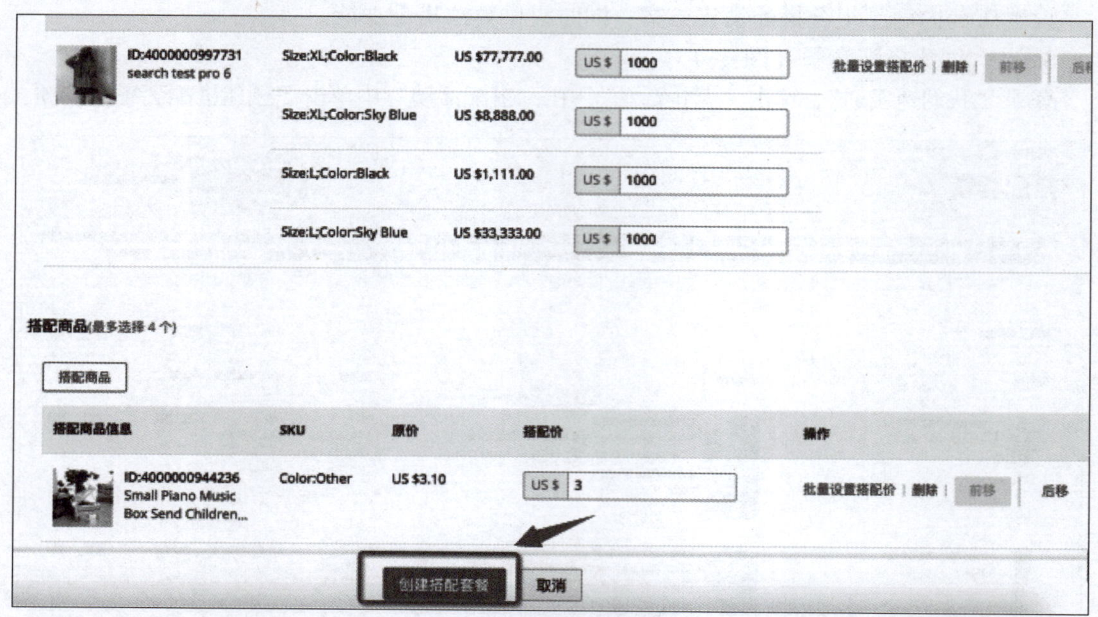

图 6-17　提交搭配创建

2. 算法搭配销售

通过打开算法搭配套餐，系统每天会创建根据算法推荐的搭配套餐，套餐价为商品原价，也可以删除或者编辑算法搭配套餐。如果不需要，则不开启开关，则后续不会再生成新的算法创建搭配套餐。

Step1：打开开关（图 6-18）

登录“我的速卖通”，单击“营销活动”，在“搭配活动”中打开“智能算法搭配套餐”。

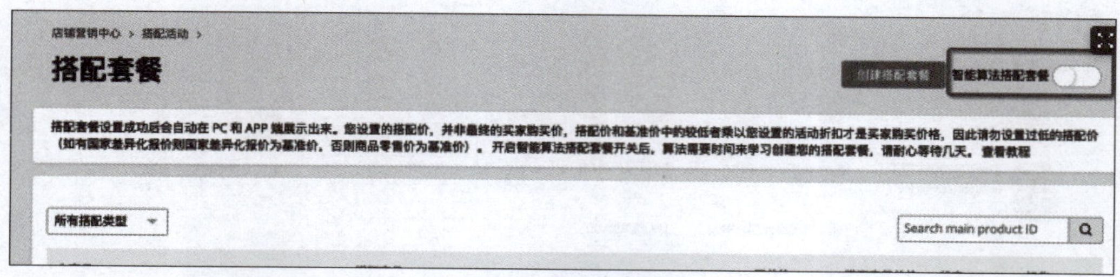

图 6-18　选择搭配套餐

Step2：确认开启（图 6-19）

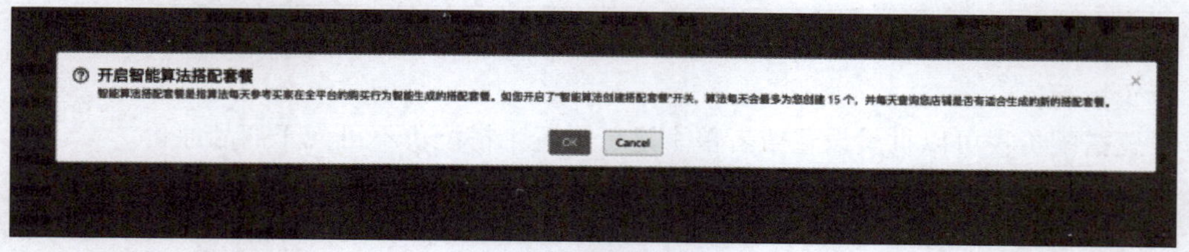

图 6-19　确认开启套餐

六、店铺互动活动

店铺互动活动分为互动游戏和拼团两类。

卖家可设置“翻牌子”“打泡泡”“收藏有礼”三种互动游戏，其中活动时间、买家互动次数和奖品都可自行设置，设置后选中放入粉丝趴帖子中可快速吸引流量到店。

店铺拼团是一个可以更好对外传播拉新的工具，通过拼团营销工具设置更低的折扣，驱动用户在站外和好友分享并共同下单。

登录商家后台，单击“营销活动→店铺活动→互动活动”，进入创建页面后，选择“创建拼团”，单击前往（图 6-20）。

可通过选拼团后，筛选出拼团列表页。

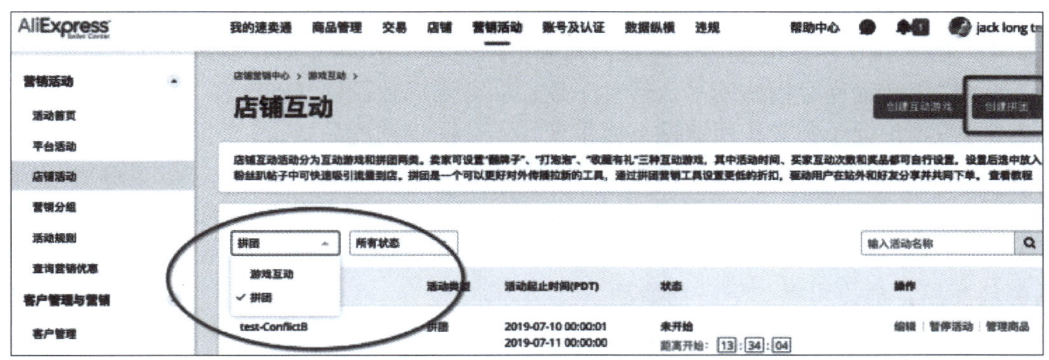

图 6-20　店铺拼团

1. 活动基本信息设置：

1.1　进入“互动游戏”，单击“创建拼团”后进行活动基本信息设置（图 6-21）。

图 6-21　活动基本信息设置

1.2　活动名称不得超过 32 个字符，只供卖家查看，不展示在买家端。

1.3　活动起止时间为美国太平洋时间，可通过小工具查看其他时区。

1.4　最长支持设置 180 天的活动，且取消每月活动时长、次数的限制。

1.5 活动时间开始后，活动即时生效。

1.6 拼团类型分二人团和多人团，即一人发起拼团，选择商品且付款成功后，通过社交账号分享给外部用户，被分享者通过链接来参团，选择商品并付款成功后即拼团成功，如在 24 小时内（或者活动结束）未凑齐人数，则拼团失败。

1.7 拼团模式一旦设定，无法修改。

1.8 单击“提交”按钮后进入设置优惠信息页面。

2. 设置优惠信息（图 6–22）

2.1 单击“选择商品”进入商品选择页。

2.2 选择完商品后单击“确定”，进入折扣、库存、限购设置页面。

2.3 折扣范围为 5%~99%，使用批量设置时，会默认选中所选商品的全部 SKU 进行折扣设置。

2.4 支持 SKU 纬度设置活动库存，勾选上需要参与活动的 SKU 输入库存即可。

2.5 拼团活动库存模式同平台活动一致，即需要单独设置活动库存。

2.6 拼团价会单独在拼团链接页面呈现，不会同步到商品 detail 页面。

2.7 单击“查看 App 详情”和“获取 PC 详情链接”后可查看 App 端二维码以及复制拼团活动 PC 端的链接，转发到站外社交渠道进行推广，或者装修到店铺内进行曝光。

2.8 当商品已经参加了拼团活动，必须要等拼团活动结束释放商品（或者退出拼团活动后释放商品）后方可参加下一场活动。

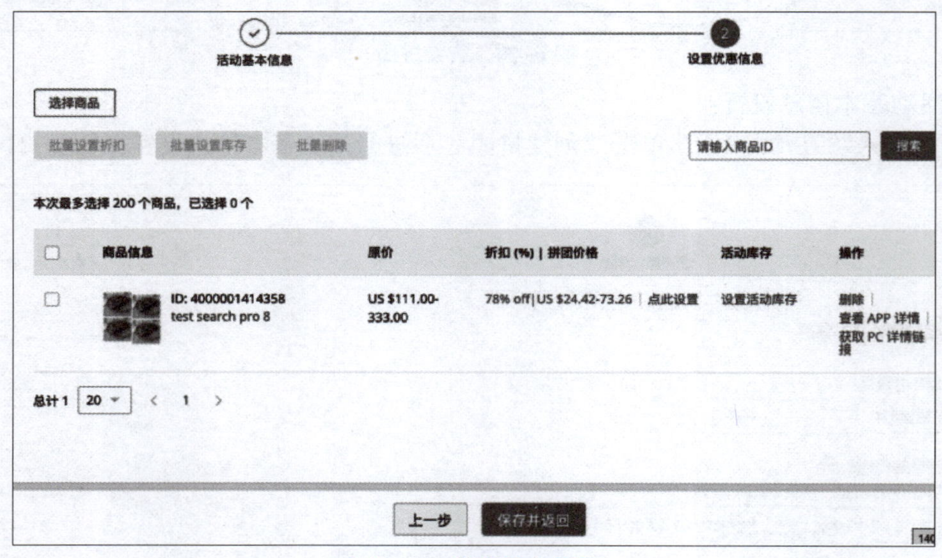

图 6–22 优惠信息设置

3. 活动状态介绍

（1）活动状态分为未开始、生效中、已暂停、已结束。

（2）未开始状态会展示倒计时，可编辑（进入活动基本信息页）、管理商品（进入优惠信息编辑）或暂停活动。

（3）生效中状态可查看活动详情、管理商品、暂停活动，可支持在生效中的状态修改商品折扣信息。

（4）已暂停状态可重新生效活动、查看活动详情。

（5）已结束状态可查看活动详情。

任务二　站内付费营销工具应用

项目引例

用200元人民币创造600美元收入

时间拉回到2015年的夏天，在深圳的地铁站入口旁，25岁的梁应聪已经来回踱步近半个小时，此刻，他正为自己的人生选择而苦恼、犹豫不决。毕业一年以来，他通过自学，从淘宝美工、客服开始接触运营，经过一年时间的运营实操，已能比较轻松面试到一个天猫店铺店长的职位，但去还是不去，却成了他的难题。

去，晋升为管理者，薪资也会有可观涨幅。不去，则有另一个机会——速卖通运营职位，虽然待遇不尽如人意，但速卖通作为新兴崛起的跨境平台却发展得如火如荼。梁应聪相信，相对国内趋于饱和的电商市场，在新兴的速卖通，只要自己努力，花一年时间就可以获得数倍于在国内电商平台的成长和提升。

最终，他的青春，选择了无限的可能——去成为一名速卖通基础运营，转战跨境电商，这个决定在他看来一点也不Crazy，当你相信自己的选择，一切就合乎情理。

故事的开头已经重新书写，入职深圳灏翰传奇公司的梁应聪，如愿成为一名速卖通平台运营。经过三年左右时间的努力，目前已是公司在速卖通平台店铺的负责人，这个“店长”身份晚来了三年，对他而言却更具有含金量。梁应聪在对比之前在天猫运营的经历后，愈发坚定了一个观点：无论是国内电商生意还是跨境电商贸易，优秀的产品和价格是亘古不变的道理。

梁应聪运营的店铺类目为消费电子，大部分产品涉及信号发射频段的问题，为此梁应聪研究了多国频段法规，与产品团队一起，跟进产品的研发，不仅开发出适合多国频段的设备，同时结合运营，让每一个国家的消费者都能买到适合自己并且能及时使用的产品。

在参加寻找超新星活动中，梁应聪成绩一路领先，最终更是以234元的直通车投入，营收600美元的战绩，被众筹卖家誉为大神。其实对直通车，梁应聪并不觉得陌生，从淘宝直通车到速卖通直通车，两者有相同之处，而再多的技巧在他看来，都没有准备工作重要。好的准备，是成功的一半，梁应聪对此深以为然。

引例分析

大多数开车效果不佳的卖家同学，都容易陷入误区。在推广前对自己的运营缺乏全盘认识。看到直通车转化不达预期，就停止推广，既不利于积累数据以作分析，更无法培养自己对精准关键词的嗅觉。对如何做好推广基本功，梁应聪以产品信息为例给出了建议。

要重视产品信息的完整度。首先，要明白推广目的。推广目的之一是打造爆款，为店铺带来更多精准流量从而形成转化，这些离不开产品信息的完整度。如产品标题，它关乎建立推广计划时所匹配关键词的精准度。好标题是推广的关键。其次，要重视产品价格。价格取决于产品是否存在优势，要分析产品的市场平均售价（不建议大家做价格战）。最后，产品主图将直接影响单击，一张好主图能给产品带来意想不到的收获。

一、直通车推广

【任务描述】学生能独立进行直通车推广及价格设置。

【任务分析】分析产品大数据，挑选合适的产品进行直通车推广。

【相关知识】

直通车是阿里巴巴全球速卖通平台会员自主设置多维度关键词，免费展示产品信息，通过大量曝光产品来喜迎潜在买家，并按照点击付费的全新网络推广方式。简单来说，速卖通直通车就是一种快速提升店铺流量的营销工具。

（1）直通车主要分为重点推广计划和快捷推广计划，重点推广一个计划只能推广一个商品，快捷推广则一次可添加多个商品。

（2）开启方法："充值"→"营销活动"→"直通车概况"→"我要推广"，选择"重点推广计划"或者"快捷推广计划"（图 6-23 和图 6-24）。

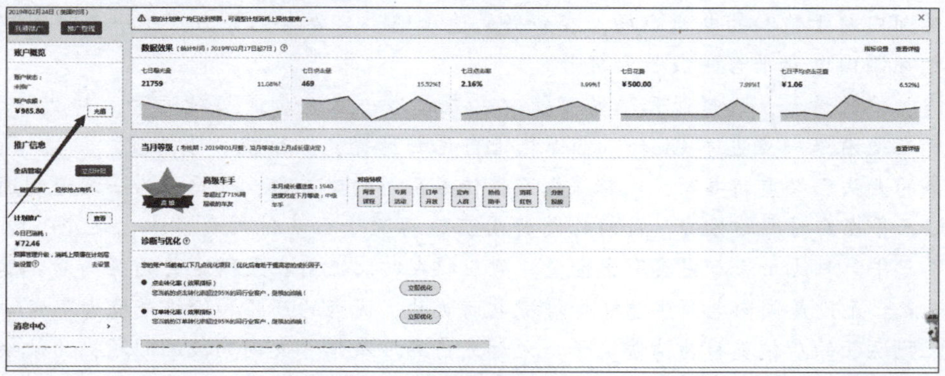

图 6-23　推广计划 1

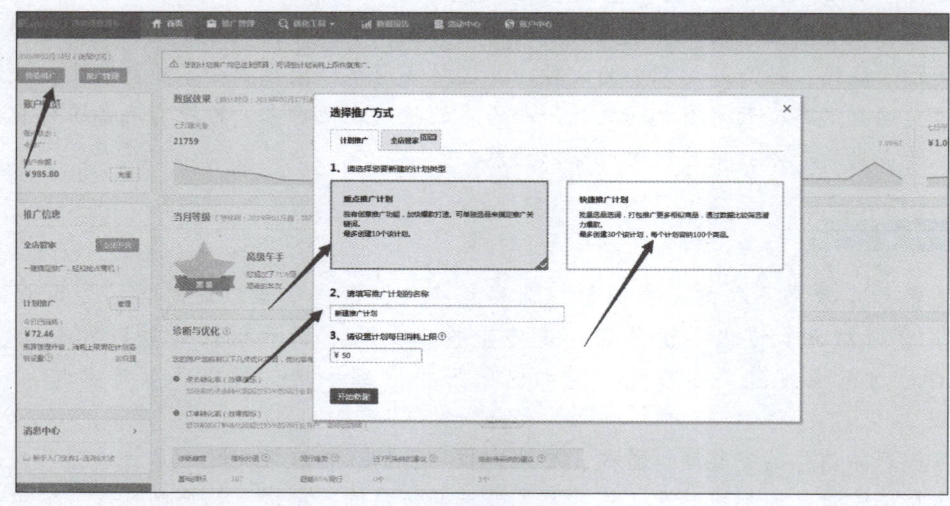

图 6-24　推广计划 2

常用测款招式——测品前的准备：

1. 优化好标题图文

2. 保持推广持续性累积数据

第一式：

添加测试商品（图 6-25）。建立快捷推广计划，添加你想测试的 3~5 款商品（须为同类目产品）在一个推广计划组。

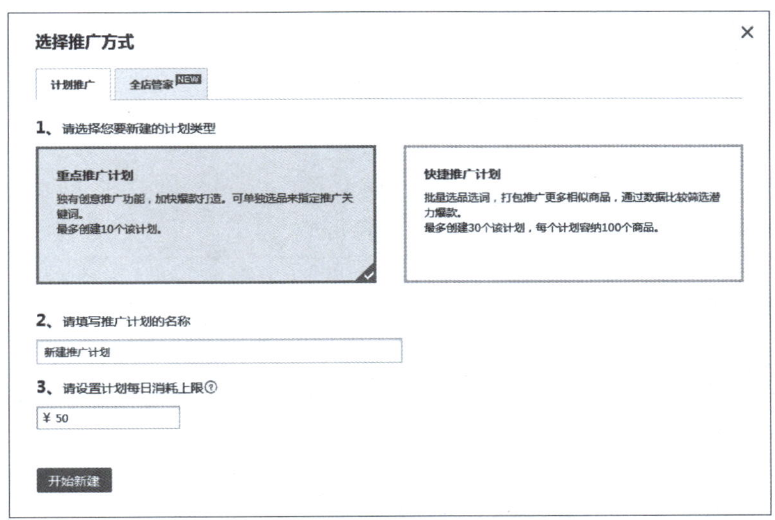

图 6-25　选择推广方式

第二式：

为测试商品选词（图 6-26）。添加完商品后会到选词步骤，对直通车系统匹配词进行筛选。

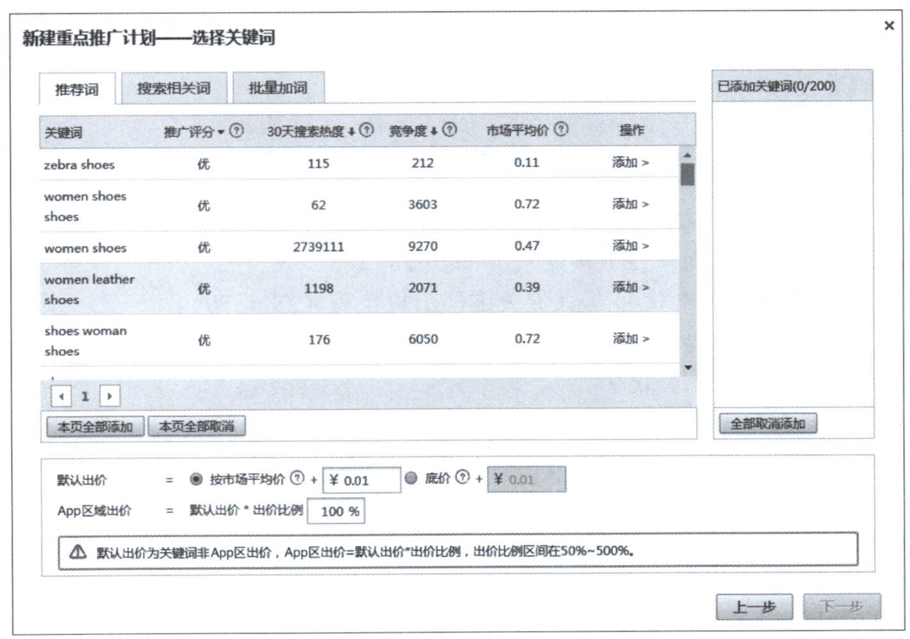

图 6-26　选择关键词

注意两个要点：

（1）符合你商品描述特征的词语全部选择，无关词语勿选。

（2）通过各种选词工具，找出符合商品的精准词、长尾词推广。

第三式：

添加完计划后对关键词进行出价（图6-27），调整每个关键词的出价策略。出价主要基于两个参考：

（1）进入主页最低出价。

（2）进入主页平均出价。

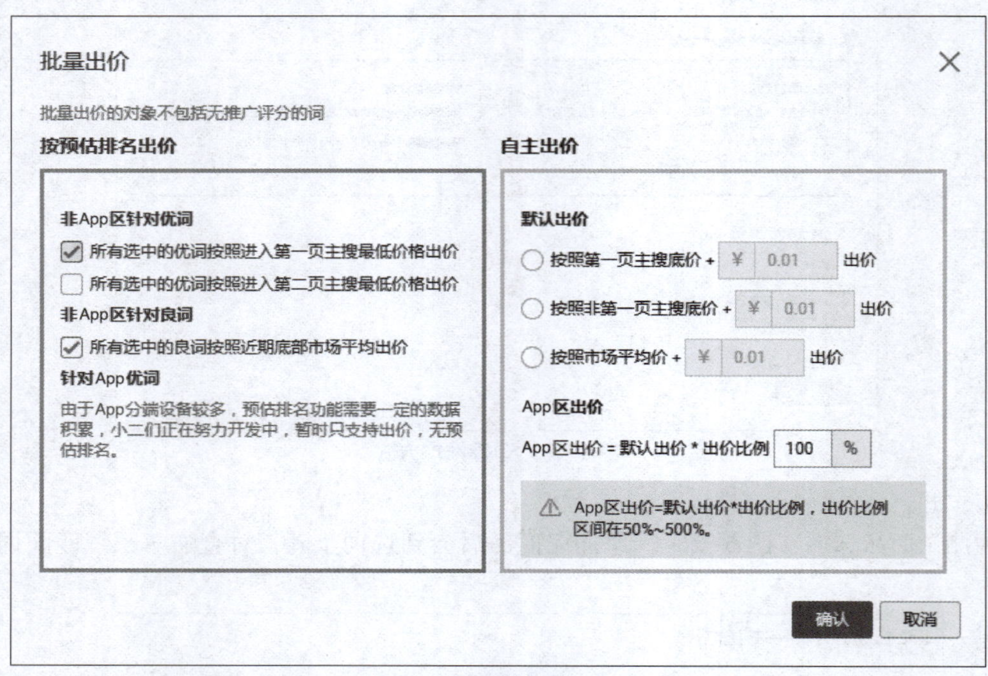

图6-27 关键词出价

二、大促开车锦囊（指每年三月月底、八月中促以及“双11”）

（1）大促准备期——大促期间，我们首先要争取添加大批量的关键词，争取每一个关键词都能带来浏览量，从而获得更多流量（图6-28）。

（2）大促进行时——“双11”大促关键词出价技巧（图6-29）：

①基于平均价，勇敢溢价。

②根据单击与转化，调整出价。

③提升商品评分，减少投入成本。

④App的流量高于PC端，目前App端出价高于PC端即可。

（3）大促后期——通过数据分析，锁定潜力爆品。节后营销延续，巩固店铺流量。

【任务实施】

1. 知道直通车扣费规则
2. 知道直通车重点推广计划以及快捷推广计划如何选品
3. 知道直通车出价以及排名规则

4. 知道直通车调价策略

图 6-28　大促准备期出价

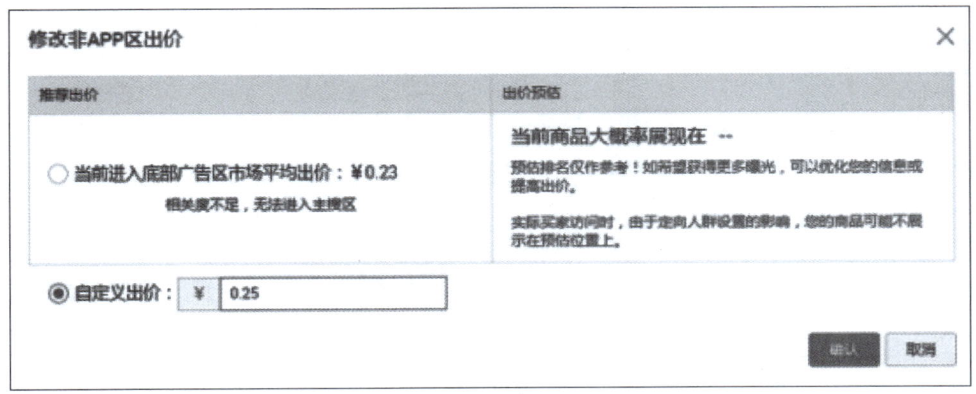

图 6-29　大促进行时出价

三、联盟营销

【任务描述】学生能了解联盟营销规则，独立进行设置联盟营销及出价。
【任务分析】分析产品大数据挑选合适的产品进行联盟推广。

【相关知识】

Aliexpress（AE）联盟营销，是帮助商家做站外推广引流的效果类广告产品，按成交计费（CPS），即只有当买家通过联盟推广的链接进入店铺购买产品并交易成功，商家此时才需要支付佣金（图 6-30）。

图 6-30　联盟营销

一、开启方法

到 AE 商家后台→“营销活动”→“联盟营销”版块→阅读服务协议→单击“确认服务协议”即表示加入成功。店铺的所有商品自确认开通后都会以默认的店铺佣金比例被推广（图 6-31）。

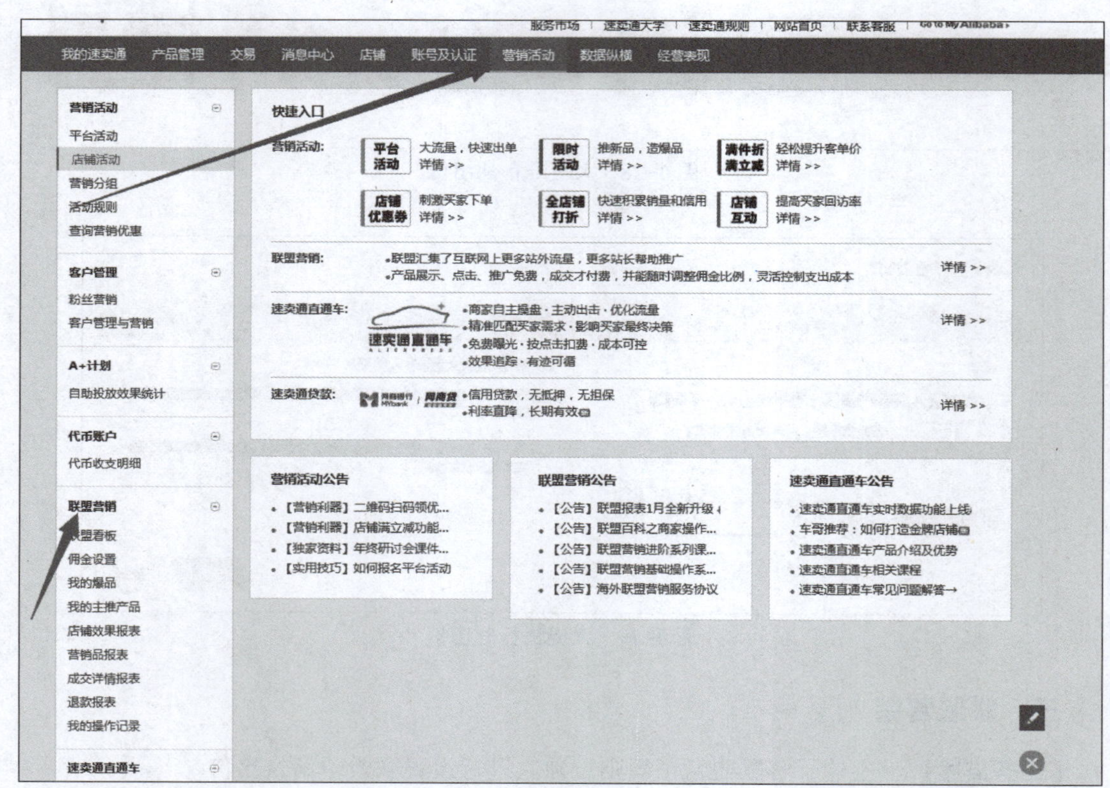

图 6-31　联盟营销开启方法

加入联盟的生效时间：加入联盟立即生效。即加入联盟后，商品会立即以店铺默认的佣金比例 3%，有机会被所有渠道都推广到；也可以再针对商品去设置为主推或爆品，给予更高佣金推广。

状态确认：开通后在“营销活动”→“联盟营销”中可进行操作管理，即表示已加入成功。

加入的门槛和限制：现在联盟暂时未做控制。所有速卖通商家都可以申请加入联盟，后续联盟会计划针对有风控危险等的商家增加准入上的限制。

二、我该选择哪些商品加入联盟

可以参考选择如下商品推广：即站内或站外已经有数据证明好卖的款、想进一步提升销量的款、想做产品迭代的款等。联盟是为商家带来流量的一种推广方式，但商家的商品才是第一位的，所以商家需要持续地分析优化商品。

（1）AE 网站、商家店铺内或海外同类型网站热销品。

（2）AE 网站、商家店铺内或海外同类型网站热搜品（看搜索趋势有上升空间）。

（3）店铺内缺流量但高转化品。

（4）应季新品。

（5）清库存品。如果在店铺内历史无任何浏览的商品不建议推广。

针对不同商品需要采取不同的佣金比例：

（1）针对网站热销品该部分已经热卖的款，可以用较保守的佣金策略来推广。

（2）针对缺流量但高转化品，可以在参考热销款的佣金比例值基础上增加一定的佣金来推广。

（3）应季新品。该部分商品如需要快速打爆，可以前期采用激进的推广方式来测款（比如 50%），每天监测数据，一旦有积累之后可以再调整为日常的佣金推广，但该部分商品缺失的流量需要同时用其他的方式补足，如平台活动或 P4P 推广等。

对于大部分人反馈的成本问题，建议可以采用两种方式来控制：

（1）前期将联盟推广成本核算在商品成本内。

（2）通过库存来控制。核算一个商品能接受亏多少钱，设置一定库存来避免亏本太多的问题。

三、全球各网站推广

全球各网站推广页面如图 6-32 所示。

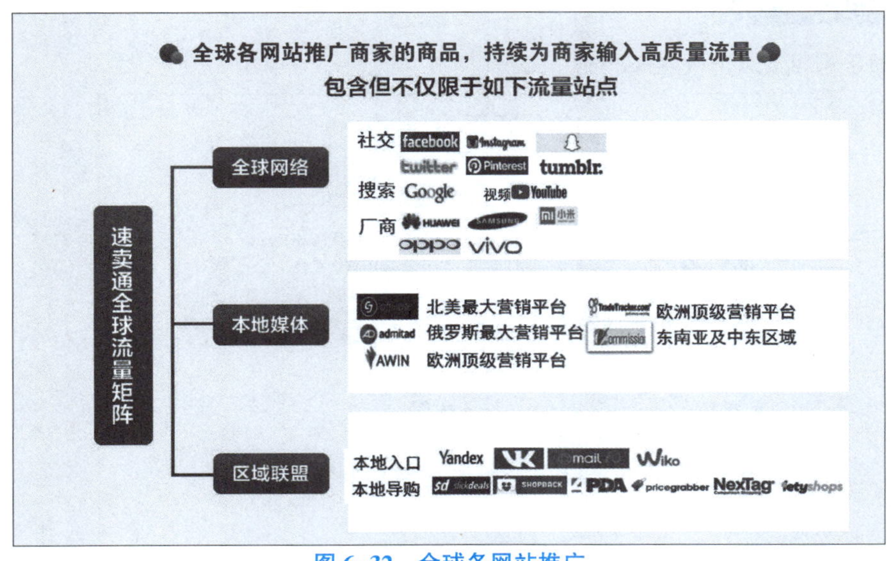

图 6-32　全球各网站推广

四、多种推广方式可供选择

多种推广方式页面如图 6-33 所示。

图 6-33　多种推广方式

【任务实施】

1. 知道联盟能带来多少订单和成交总量
2. 知道重点推广的单品效果如何
3. 知道哪个渠道或国家的流量比较多
4. 知道到底支付多少联盟佣金
5. 知道联盟的流量和成交总量占整店有多少

任务三　平台活动

【任务描述】学生能了解平台活动规则，独立进行平台活动的设置。

【任务分析】分析产品大数据挑选合适的产品进行平台活动的报名。

【相关知识】

速卖通平台活动见图 6-34。

速卖通平台活动

1. 普通卖家
- 新版Flash Deals(普货)
- 俄罗斯爆品团
- 日常主题活动
- 俄罗斯秒杀团

2. 金银牌卖家
- 核心商家尖货Flash Deals
- 无线金币频道兑换
- 全球试用频道

3. 俄团
- 俄罗斯团购爆品团清仓活动
- 俄罗斯团购精品馆爆品团

4.大促
- 周年庆3.28
- 无线端大促
- “双11”

图 6-34　速卖通平台活动

Flash Deal（图 6-35），打造爆款的利器，有着 1 天千单的记录。其包括 Daily Deals、Weekend Deals、Featured Deals，每周五开始招商，每周四审品，一周 7 天展示，每天更换。对产品的要求：满足近 30 天的销量大于 1，包邮，运动鞋折扣 35% off 起、运动娱乐 50% off 起就可以报名参加。

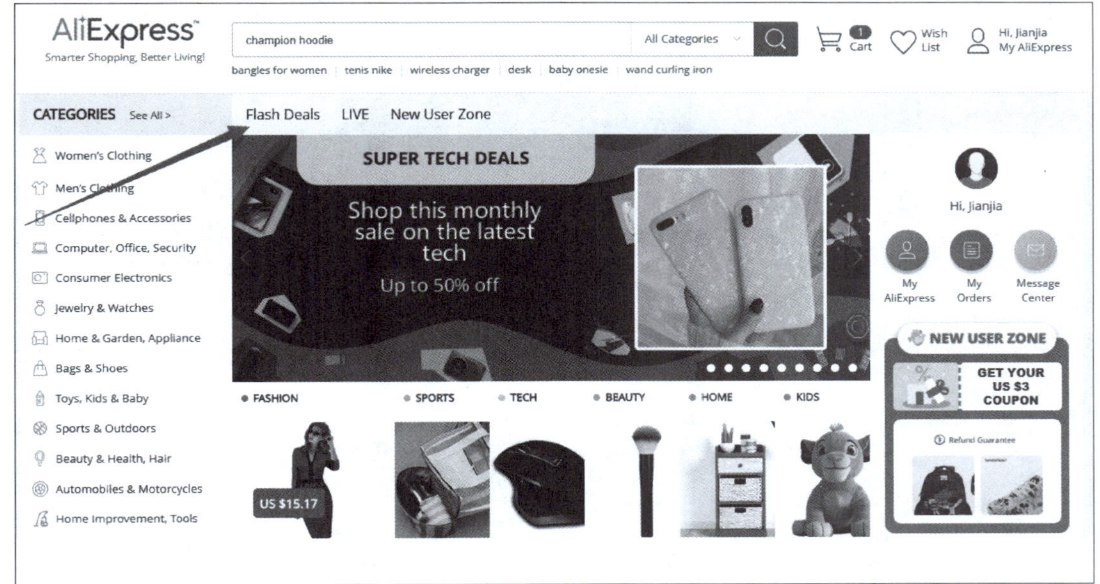

图 6-35　Flash Deal 介绍

Flash Deal 报名技巧（图 6-36）：

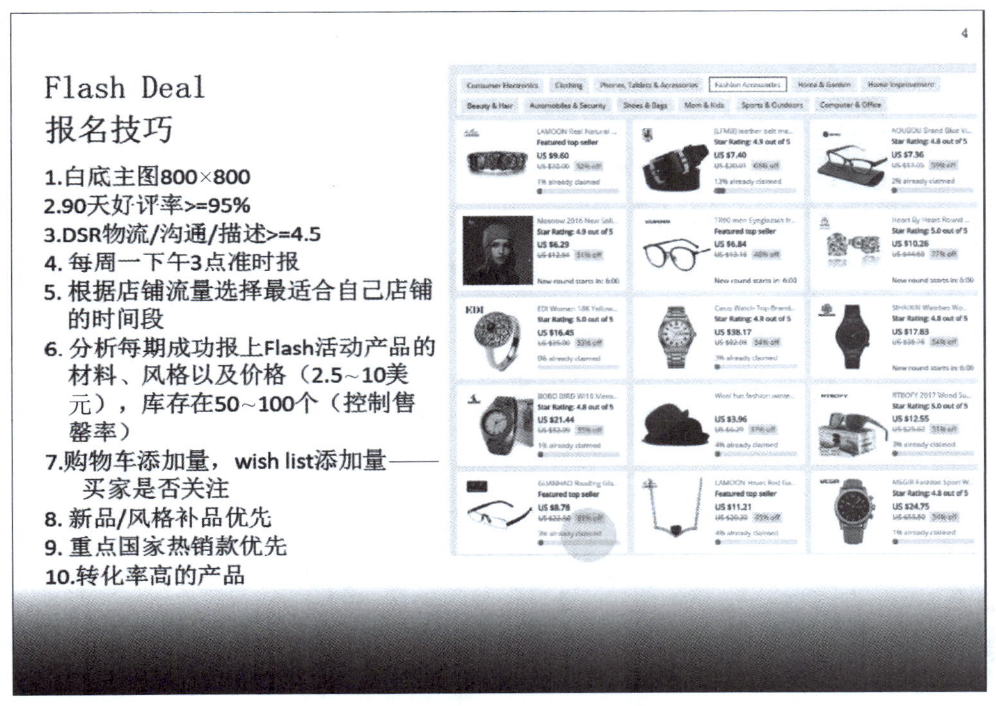

图 6-36　Flash Deal 报名技巧

俄罗斯团购（图 6-37）：一周更新 3 次，每期展示 4 天，提前 15 天招商，提前 5 天审品。以运动行业为例，需满足这些要求：好评率达 92%以上，运动全行业 40% off 起；近 30 天的俄语系销量大于 1；最小促销数为 150；必须是单 SKU 商品；俄语系国家包邮。

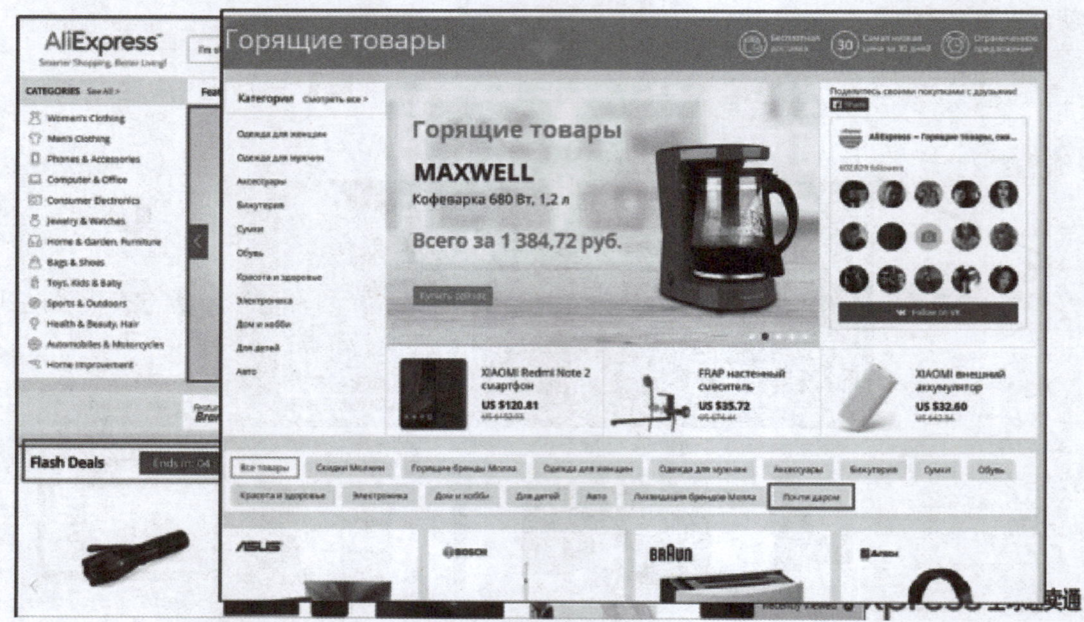

图 6-37 俄罗斯团购

俄罗斯团购报名技巧（图 6-38）：

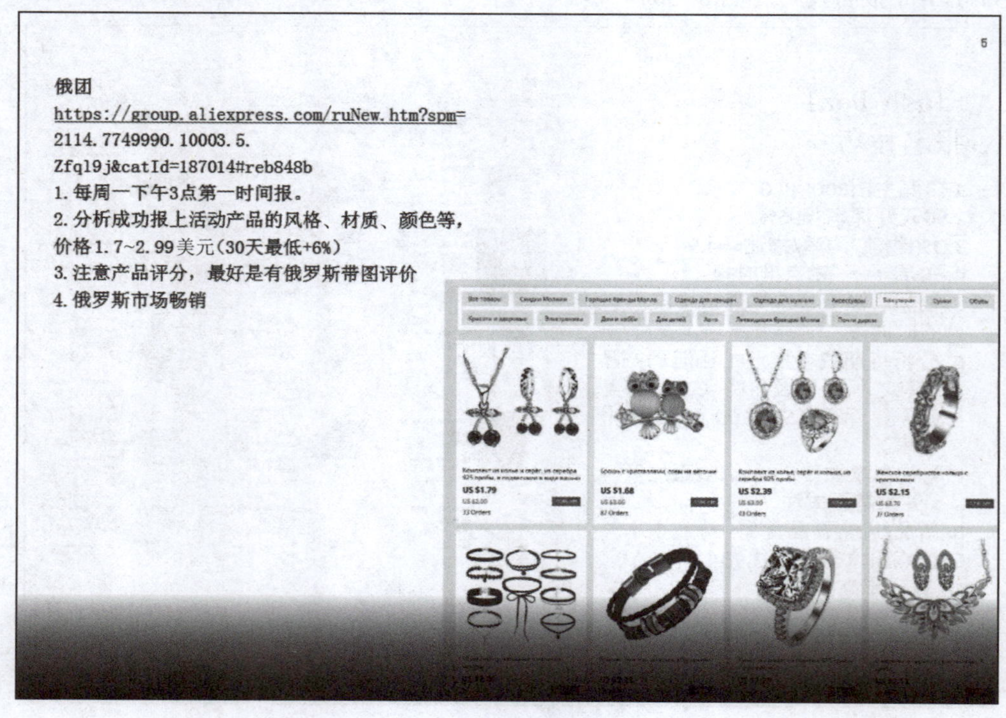

图 6-38 俄罗斯团购报名技巧

全球试用频道（图 6-39）：全类目；商家必须在 5 天内发货（含）；平台对主要欧美国家包邮，含白俄罗斯、美国、以色列、澳大利亚、英国、意大利、土耳其、波兰、乌克兰、法国、俄罗斯、西班牙、荷兰、德国；每个卖家可以报名 2 个产品，每个产品库存不低于 5 个；产品会在活动结束后 3 天释放；试用订单金额全部为 0.01 美元。

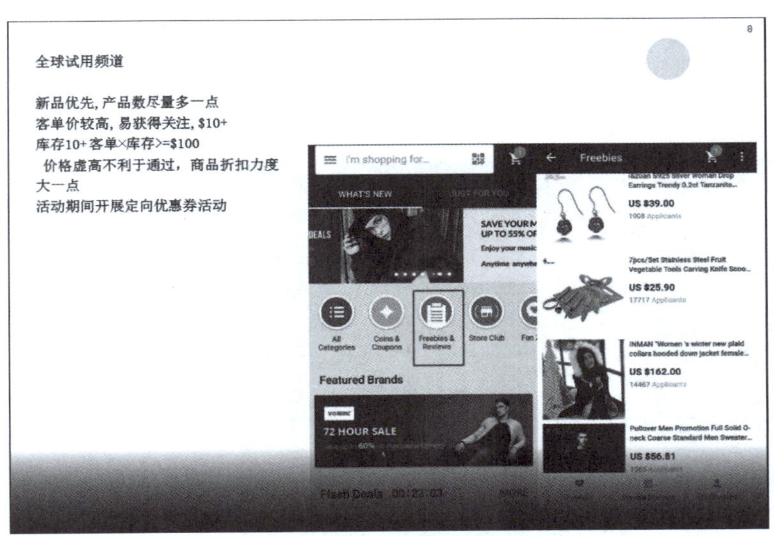

图 6-39　全球试用频道

Weekend Deal：每周五预览，周六周日售卖，每周四招商，周四审品。要求只是全行业 25%off 起。不要看它要求就这么点，但是它却带来过 3 天 2 000+单的成绩。

除了上述的几个活动，下面要介绍的几个也是不容小觑的。

（1）行业主题性促销（图 6-40）：

适合推新品的日常行业促销，需要按照主题产品报名。这项活动要结合买家对产品的购买需求，发现行业的潜力新品类，推进行业的发展。

图 6-40　行业主题促销

（2）行业大促（图6-41）：

行业大促针对性地挖出行业产品线，是热门运动类导购。在促销当日，全网流量引入活动页面，这将给产品高曝光。而专门为买家购买提供的行业专属优惠券，将让买家购买更集中，使行业购买率更高。

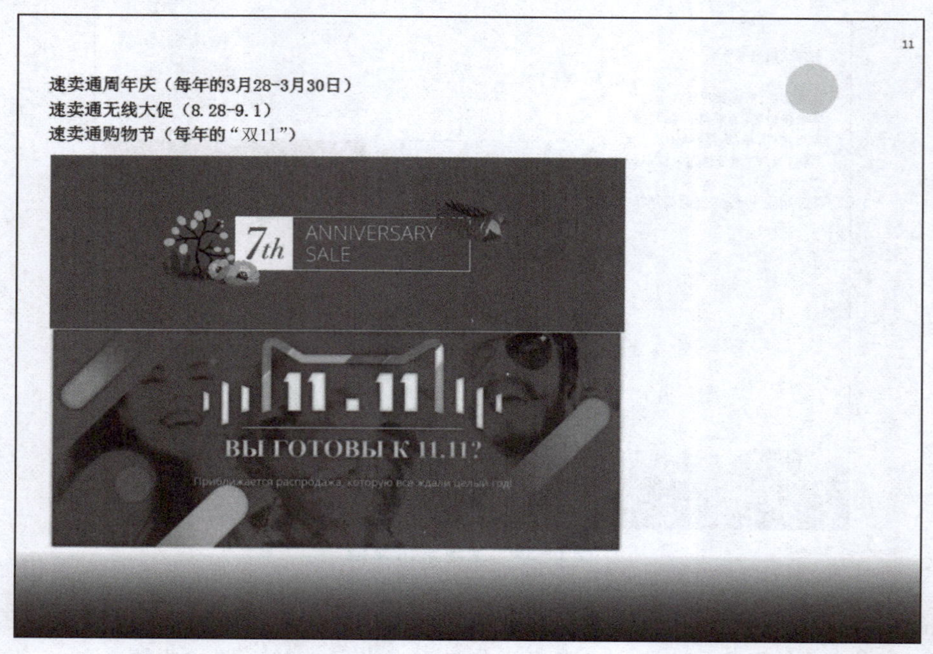

图6-41 行业大促

开启方法：“我的速卖通”→“营销中心”→“平台活动”（图6-42）。

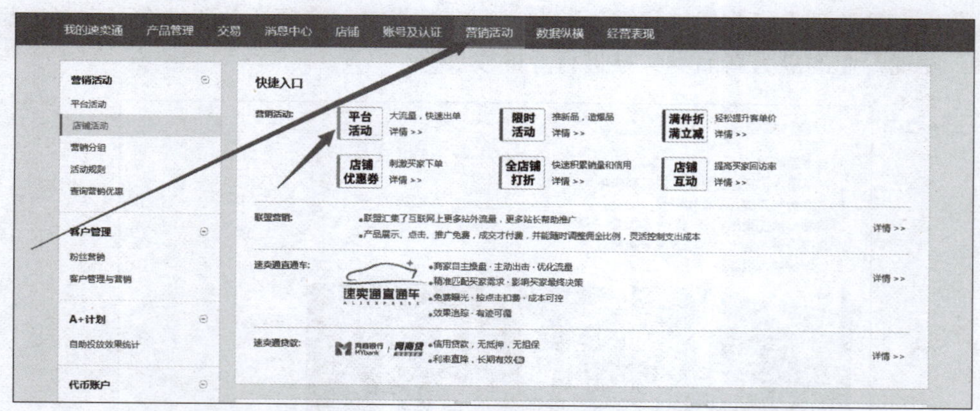

图6-42 营销活动开启

【任务实施】

1. 学生自主学习速卖通各个平台活动报名规则
2. 知道通过数据筛选活动报名产品
3. 知道平台活动价格设置规则
4. 知道各个活动展示位置时长和排名

任务四 SNS 营销

【任务描述】社交网络营销是跨境电商营销的重要手段，通过国际社交媒体平台的投放广告，可以直接针对目标受众进行定位，以提高广告效果和转化率。此任务要求了解主流的 SNS 平台及营销推广技巧。

SNS，全称 Social Networking Services，即社会性网络服务，主要作用是为一群拥有相同兴趣与活动的人建立线上社区，旨在帮助人们建立社会性网络的互联网应用服务。这类服务往往基于网际网路，为用户提供各种联系、交流的交互通路，如电子邮件、即时消息服务等；这类网站通常通过朋友一传十十传百地把网络展延开去，类似树叶的脉络，也被称作“病毒营销”。

SNS 在中国快速发展的时间并不长，但现在已经成为备受广大用户欢迎的一种网络交际模式。SNS 营销是随着网络社区化而兴起的营销方式。利用 SNS 网站的分享和共享功能，通过病毒式传播的手段，可以让产品被更多的人知道。

一、国外主流社交软件之 Facebook

Facebook（www. facebook. com）是全球最大的社交网络平台，拥有超过 22 亿的用户，为跨境电商 SNS 营销提供强大的数据支持。

不少从事跨境电商的朋友在考虑 SNS 营销时，首先想到的就是 Facebook，但是千万不要着急着手发广告发帖，因为 Facebook 在为企业提供更周全的服务的同时，也越来越严苛。

Facebook 公共主页

Facebook 有个人主页和公共主页，公共主页主要有六种类型：地方性商家或地点、公司组织或机构、品牌或产品、艺人乐队或公众人物、娱乐、理念倡议或社区小组。一般跨境电商营销推广会选择“品牌或产品”。

创建主页需要填写相关的信息，第一部分为主页简介，可包含产品关键词，但最好不要多次重复，应填写尽可能多的相关词汇，以提高主页的搜索排名；第二部分为网址填写，可以是店铺链接或产品官网地址；第三部分为主页账号设置，应添加主页网址的后缀，例如 Nike 的主页账号为：http：//www. facebook. com/nike。

此外，在填写“首选主页受众”时，添加合适的国家/地区，年龄、性别、兴趣，根据主页类型选择相应的受众特征，缩小受众范围，以便 Facebook 对受众进行精准定位，让更多人关注主页。

二、国外主流社交软件之 Instagram

Instagram 的灵感源自柯达 Instagramatic 系列相机，其操作简单、便携，可随时随地记录生活。Instagram（以下简称 ins）是一款支持 iOS 和 Android 的移动 App，仅支持手机，因为它的初衷就是抓拍记录生活中每一个值得纪念的瞬间。

2012 年 ins 被 Facebook 以 10 亿美元收购，当时 ins 仅有大约 3 000 万的用户，2016 年 5 月，ins 对应用进行了升级，采用更加简洁的用户界面，同年 6 月宣布其用户数量已突破 5 亿，活跃用户数超 3 亿，这也是为什么要在 ins 上做营销的主要原因。

Instagram 营销

（1）利用 bitly. com 追踪 ins 的流量来源，将链接放到个人资料中，以后就可以查看到该链接的流量来源了，这对做营销的卖家来说，是非常重要的环节。

（2）每次更新帖子时，将简介这个地方换成登录页面的地址，这样用户就可以很快找到卖家，有利于获得更多网站订阅，或者将简介换成产品活动的链接，用户单击后可以直接购买该产品。

（3）寻找机会与其他品牌做交叉推广。几乎所有产品种类都在 ins 上做广告，寻找一些与自己产品互补或者相关的品牌合作，相互推广，互换流量，当然要寻找和自己实力相当的卖家，才能提高合作的成功率。

（4）将用户带到你的销售漏斗中。想办法获得粉丝的真实邮箱，以进行更进一步的营销，这类方法不一，譬如可以举办活动让粉丝留下邮箱等联系方式。

（5）在 ins 上做付费广告，广告方式与 Facebook 类似，但是总体来说，ins 上的广告效果比 Facebook 好一点。

（6）找合适的网红帮助推广，很多人认为找网红要花费很多，其实不然，网红发帖可以说是 ins 上最便宜的营销方式，并且只要找对人，带来的效果就是显而易见的。

（7）把图片和视频混合起来发，ins 支持一分钟以内的小视频，随着用户习惯的改变，现在有趣的小视频更能吸引到他们。

三、国外主流社交软件之 YouTube

在 YouTube 上，每个月有超过 10 亿的独立访客，每天则有超过 3 000 万的使用者。YouTube 的执行长 Susan 曾说，每分钟在 YouTube 被上传的影片总长度加起来达400 个小时。如此大的数据量，给跨境电商又提供了一条营销之路，在 YouTube 的海量视频中，要让用户搜索到你的视频，必须做的就是搜索引擎优化，也就是 SEO。

Google、百度、搜狗等搜索引擎公司都会有自己的算法规则，尽可能地抓取用户的习惯，以便投放更精准的广告，同样，YouTube 也有自己的一套算法规则，如何根据规则的指引，最大化地优化内容、增加被搜索人群检索的概率，就是 YouTube 营销的重头戏。YouTube SEO 规则主要有以下方面：

1. 标题

标题在搜索中权重最大，这与很多电商平台的规则一致。标题中应展示与视频高度相关的关键词，并带有吸睛的内容，标题的字符控制在 70 个左右。但是有一点值得注意，YouTube 一直在打压标题党，现在根据用户观看视频的时长来确定权重，观看越久，权重越高。因此，制作优质的视频配上优质的标题，才是在 YouTube 上营销正确的选择。

2. 说明

YouTube 说明用来描述视频内容，字符通常控制在 160 个左右，可以简化视频的主要内容，或者根据视频强调要点进行补充说明，该功能可以加深观看者对视频的理解，使他们能更好地浏览视频。同时，也可以在说明部分插入相关流量导向的链接，引导观众访问相关页面。

3. 标签

添加视频标签可以在很大限度上增加视频被检索到的概率。标签关键词通常由类目词+核心词、品牌+类目词、品牌+核心词组成。市场上有很多整理关键词的工具，或者在

Google Trends 上面搜索、监测关键词是否为热搜词，选取与视频内容尽可能相关的热搜词作为标签。

四、国外主流社交软件之 Pinterest

作为近年来美国社交网的一匹黑马，Pinterest 被称为欧美主妇的天堂，不过随着 Pinterest（以下简称 pins）的发展，现在男性用户也慢慢增多，男女用户比例为 4∶6。pins 采用瀑布流的形式展现图片，无须用户翻页，新的图片即可不断地自动加载在页面最底端，让用户不断发现新图片。

Pinterest 营销

Pinterest 营销方法相对简单一些，除了上文提到的数据分析是重头戏以外，以下几点也应注意。

第一，图片一定要赏心悦目，pins 是一个以图片为主的平台，只有好看的图片才能让受众有单击图片的欲望。

第二，优化 Board，将 Board 进行分类，不同产品要有不同的 Board，并且除了推广产品，还可以创建一个休闲娱乐的 Board，让用户觉得你是一个实实在在的人，而不是发布图片的机器。

第三，在编辑 pins 和 Board 时，要使用合适的关键词，新账户大类词搜索权重不会太高，多使用长尾关键词，在编辑 pins 的时候可以插入产品链接，所以在选择 pins 的时候要挑与产品高度相关的图片，才能更好地获得关注。

五、SNS 推广技巧

SNS 推广需要花一定精力去运营，相当讲究一些技巧。这里介绍三个小技巧给卖家参考。

1. 增加好友技巧

通过购买市面上的邮箱导入好友；购买红人粉丝店铺产品，并分享该产品，反向加强自身账号影响力；进行同等量级账号交换好友。

2. 阶段性推广分为以下四个阶段

（1）店铺发布初期：提高访问量，促成转化发生。

（2）店铺增长期：总结各项渠道，流量以提升转化率为目的。

（3）店铺稳定期：稳定销售额（本身产品有自然生命周期会出现下降）。

（4）店铺突破期：突破瓶颈，提升销售额。

3. 重点商品推广

通常大于 100 美元的订单决定了店铺的销售额，因此网站广告引流和营销重点应该是大于 100 美元的客户和潜在客户。SNS+CRM 营销，将 100 美元以上的老客户加入 SNS 群，加强了黏度，对之前阶段性推广也有关键性作用。

任务五　跨境电商直播

【任务描述】国内直播经济火爆，那跨境电商直播怎么样呢？经理让李明了解一下跨境电商直播的发展情况，搞清楚跨境电商直播的平台、方式等。

【相关知识】

一、跨境电商直播发展新趋势

目前全球疫情持续下，传统的线下外贸渠道受挫，但是各大跨境电商平台的流量数据却在暴涨，根据一项数据统计，2020年8月美国在线销售数据增长率是48%。

海外疫情持续下，“直播”却成为流量爆发最明显的渠道，预期未来3到5年内，通过直播、视频等引流会成为中小外贸企业在线引流最重要的渠道。其实直播带货模式在国内电商领域已经做得比较成熟了，疫情期间抖音、快手等短视频平台更是引来了难得的发展历史红利期。

关键意见领袖（Key Opinion Leader，KOL）是营销学上的概念，通常被定义为：拥有更多、更准确的产品信息，且为相关群体所接受或信任，并对该群体的购买行为有较大影响力的人。

社交网站不同层次的平台间相互交融互动、功能共享，这一大优点被很多品牌看中，从而利用其进行KOL营销。KOL已经进入社交视频时代，内容形式更加丰富。短视频、直播吸粉力量强，占据越来越多的用户时间。

国内掀起的直播热，不仅培育了一大批新兴网红，也让产品通过直播销售得更加广泛。这波热潮也蔓延到了海外，遍布东南亚和欧洲地区其他国家。

二、跨境电商直播发展的基础与挑战

（一）跨境电商直播发展的基础

从当前来看跨境电商纷纷拥抱直播电商有其内在逻辑：

（1）用户消费习惯发生改变。麦肯锡2020年的一份报告显示，在新冠疫情爆发后，美国76%的消费者迅速放弃了疫情大流行前的购物习惯，逐渐把更多注意力放到了社交媒体平台上，由此催生了依托于直播业态的电商零售新形态。据电商平台Shopify分析，在大流行高峰时期，与年龄较大的人群相比，年轻的购物者更有可能通过社交媒体渠道进行购物，这也是直播电商得以形成的重要原因。

（2）庞大的直播流量为直播平台发展电商业务奠定了良好的用户基础。无论是拥有10亿月活流量的TikTok，还是身为东南亚最大电商平台的Lazada、Shopee，抑或是北美电商市场翘楚的Shopify，它们都在各自市场中拥有相当的市场影响力和庞大的用户基础，这为其开展直播带货创造了可能性。

（3）海外网红做主播，有利于快速转化。直播带货过程中的商品，比起线上图片更为真实直观，让海外用户了解产品的真实属性，如面料、尺码和颜色。如果配以较好的产品说明和主播互动，更有利于快速购买转化，增加用户黏性。而在互动环节，用户的即时反馈也有助于商家优化产品、提升服务等。主播本身具有一定的粉丝流量基础，海外网红做主播，可以很容易与用户建立信任感，有利于快速引流并推动用户下单形成订单。

（二）跨境电商直播发展的挑战

1. 语言挑战

对于跨境卖家而言，语言是首要障碍，很多卖家店铺的后台设置都是中文版，而直播则直接面对镜头和消费者，如何把产品特性和优势准确无误地表达出来是最大的痛点与挑战。如果买家有一定的语言基础还能亲自对接，如果毫无英语背景，那这个“直播硬骨头”就比较难啃了。尽管卖家可以选择和某些中介机构合作，但团队内依旧需要有懂英语、了解产品、熟悉市场的内部成员，在此基础上，人才储备是很多卖家需要计划的第一步。

2. 内容创作挑战

解决语言问题后，优质内容输出则是直播中遇到的第二个挑战，能做直播不代表就可以做好直播，尤其是对产品的内容打造、与消费者的及时互动以及品牌的形象塑造。每一个环节都需要卖家对本地市场的了解，包括消费群体的年龄、喜好、习俗、文化、流行趋势、消费习惯等。对直播而言，好的内容与专业性是流量的两大重要法宝，从这个角度看跨境卖家在直播带货上的未来发展，可谓是路漫漫其修远兮。

三、海外跨境电商直播平台

要做好海外直播，首先要知道目前海外的主流直播短视频平台有什么。相比国内直播的野蛮生长，国外基本上都是在几大巨头的掌控之下——Facebook、Twitter 推特、Youtube、Instagram 等。和国内的网红营销相比较，国外的直播更偏娱乐性。

海外的直播视频在赢利模式上也跟目前的国内直播有大的区别，海外的直播更注重娱乐性，也没有太多的直接类似于打赏和刷礼物等的收费模式。在海外的中小企业做视频营销和直播营销最近几年也非常常见，但是海外的视频传播核心还是关注企业的传播内容，通过传播跟企业相关的有价值、有意思的视频，在社交媒体扩张营销力和品牌传播，最终产生转化率。

对于国内外贸企业来说，选择做视频直播可以有下面几类选择，首先还是选择各大跨境电商平台的直播平台，比如说阿里巴巴国际站、阿里巴巴速卖通、亚马逊、lazada 等电商平台目前都有自己的电商直播平台。

Amazon Live

Amazon Live 是供买卖双方将购物视频内容实时流式传输给 Amazon 客户的渠道。在短时间内，Amazon Live 积累了数百个视频，涵盖了从智能小工具到时装、玩具和家庭用品的各种产品。

Amazon Live 将交互式的实时视频带到 Amazon 购物体验中，使 Amazon 托管人和各个品牌都可以与购物者进行实时互动，并以交互方式展示/演示产品。

在现场表演中，品牌商可以花钱让亚马逊主持人讨论和演示其品牌的产品。早期采用者通常会插入诸如闪电交易、时尚发现之类的促销活动以及诸如 Prime Day Steals 之类的季节性交易。卖方可通过名为 Amazon Live Creator 的新应用进行直播。

Amazon Live 提供了一种新的发现方式。购物者可以在 Amazon 网站（http：//Amazon.com/Live），产品详细信息页面上的 http：//Amazon. com 应用程序，Amazon Store 等上查看直播。主持人可以立即通过实时聊天与购物者互动。直播中讨论的所有产品都显示在转盘的前面和中间，以方便购买。

如何使用 Amazon Live？

直播功能适用于所有美国亚马逊供应商和在亚马逊品牌注册中心注册的美国亚马逊卖

家。有一项由品牌自行管理的免费服务，该服务受特定准则的约束。

从 App Store 下载 Amazon Live Creator 移动应用程序（仅在 iOS 中可用），确定您要在直播中展示的产品，通过手机或外接摄像头上线。通过自助服务选项，无需花费任何费用即可在 Amazon 上直播产品。

TikTok

近年来随着国内直播带货模式的成熟，抖音海外版 TikTok 也仿照国内，上线了自己的 TikTokShop，也就是海外版的抖音小店，并允许卖家通过亚马逊等第三方平台发货，逐步建立了完整的线上电商闭环。由于经过了国内市场的验证，这一发展模式很快便被亚马逊、速卖通、Lazada 等海外平台争相效仿。

2020 年 10 月，TikTok 与 Shopify 合作，允许部分账号开通购买链接。同年 12 月 18 日，TikTok 美国和沃尔玛合作，上线了第一次直播带货，由 10 名 TikTok 达人展示美国本土品牌。TikTok 与 Shopify 的合作最初只对美国的商家开放，2021 年 2 月 24 日，TikTok 正式宣布与 Shopify 的合作伙伴关系扩展至英国市场，以帮助英国地区的 Shopify 通过 TikTok 平台创建和运营短视频广告。

据外媒报道，除了已建立合作的美、英两地，Shopify 的 TikTok 频道预计还将在澳大利亚、加拿大、德国、法国、意大利、西班牙、以色列、印度尼西亚、日本、马来西亚、韩国、泰国和越南共 15 个地区上线。不过，接近字节跳动的人士也告诉志象网，至少目前在英国，TikTok 还未形成明确的方案，团队也处于初建阶段。

在东南亚市场，TikTok 也进展神速。2021 年年初，TikTok 的印尼直播间还推出了小黄车，支持用户跳转到 Shopee 上购物。据亿邦动力网的报道，购物车功能将在 2021 年第三季度全面开放。

而未来，TikTok 在东南亚的电商不只与类似 Shopee 这样的主流电商平台合作，形成自己的电商闭环也在 TikTok 的规划之中。有印尼 TikTok 账号的用户已经留意到，已经有部分主播获得了权限，开始为直播带货功能预热。

TikTok Shop 卖家大学是一个帮助卖家在 TikTok 上开展业务的培训中心，主要提供有关卖家工具、平台政策和商店更新内容的全套课程。该网站详细介绍了品牌/商家入驻、注册流程、视频展示等内容，例如 TikTok 卖家必须提供包括位置、电话、邮件、商店和仓库位置等信息以及相关证件，同时商家和品牌也可以与 TikTok 合作来推广他们的产品。卖家大学的页面显示，选择通过个人页面进行销售，可以通过直播或短视频展示产品，并在内容中嵌入“小黄车”，当客户浏览你的内容时，可以通过点击“小黄车”来重定向到相应的产品详情页。与此同时，注册成为卖家的用户还可以在个人资料页面的第二个标签上展示自己的产品。

案例：

Queen Carlenexo 是一名居住在北美的网红，在 TikTok 上，她拥有超过 11 万名的粉丝。而她的日常，与国内 KOL 类似，也经常在 TikTok 上分享自己在亚马逊上搜寻到的生活好物，同时她还建立了个人博客，通过博客可以链接到亚马逊购买。像 Queen Carlenexo 一样的跨境网红已经带火了不少亚马逊店铺。2020 年 12 月 12 日，TikTok 上的一名 KOL Raviaclayton 上传了一条紧身裤视频，同时带上了 tiktok leggings 和 amazon leggings 两个热门标签，通过这两个标签，成功带火了这款紧身裤，使其跻身亚马逊 Best Seller 之一。

四、跨境电商直播与变现模式：

【习题】

【技能拓展】

1. 在敦煌平台店铺找到并设置流量快车产品。
2. 在速卖通或敦煌平台设置全店铺打折、发放优惠券等活动。

推广与营销

【德育园地】

国货霸榜亚马逊 国外也过“双 11”

近几年，中国制造在全球范围内刮起热浪，越来越多的国货在海外市场受到消费者的强烈追捧。2020 年 12 月中旬，美国亚马逊网站最新销售榜单中出现了一个带有中国印记的身影，国货饮料品牌元气森林闯入美国亚马逊气泡水畅销榜 Top10，同时包揽赛道新品榜 Top3，成为首个也是唯一进入该榜单的中国品牌。元气森林铝罐气泡水自 2021 年 5 月上线后，短短半年就与其他国外本土巨头品牌展开争夺战，此举不仅颠覆了传统饮料赛道，现如今这款国货已经成为海外消费者了解中国的国货代表。此次在短时间内成为“黑马”的元气森林，无论是品牌创立时间或是亚马逊上线时间都算较短，足以看出国货出海的无限潜力。

2021 年“双十一”购物节不再是属于国内购物者的狂欢，也成为外国人囤圣诞礼物的购物季。据阿里巴巴集团统计，11 月 1 日至 3 日外国消费者购买圣诞树、圣诞礼物的销量同比增长 51. 91%。随着速卖通、Lazada 等平台的发展，帮助中国品牌出海，越来越多的海外消费者也开始在“双 11”进行购物，他们会在美西时间 11 月 11 日零点开始抢购。11 月 12 日，据天猫发布的速卖通“双 11”数据，速卖通国产宠物用品出口国 TOP5 分别是俄罗斯、西班牙、法国、美国、巴西。速卖通俄罗斯“双 11”预热单品 TOP5 分别是电视播放盒、节庆灯饰、国产手机、扫地机、车灯。速卖通西班牙“双 11”预热单品 TOP5 分别是国产手机、电视、扫地机、滑板机、蓝牙耳机。

协助国内购物节促销走向世界，必然需要平台的支持。2021 年以来，国内各大平台字节跳动、京东、阿里巴巴、腾讯等均加大力度布局海外市场。手握 Lazada、速卖通以及国际站三把出海“利器”的阿里巴巴，又将目光投向快时尚赛道。据悉，阿里已经上线了一款名为“allyLikes”的 APP，同时也有相对应的网站，目标人群瞄准专注衣物购买的女性。2021 年 11 月，腾讯云正式发布跨境电商一站式解决方案，布局包括选品、建站、金融、物流、报关、退税、营销等 11 个跨境电商经营环节，这意味着，向来只以投资角色参与跨境行业的腾讯，要在跨境电商领域发力了。

2022 年 1 月 1 日起《区域全面经济伙伴关系协定》（RCEP）开始生效，这一新规无疑为中国跨境电商的向上势头又填了一把更旺的柴火。

近日，在利雅得迪拉布汽车公园举行的沙特国际汽车节上，全电动豪华车红旗 E-HS9 吸引了沙特人的注意，这是红旗 E-HS9 首次在沙特公开亮相，作为一款电动豪华旗舰 SUV，其具有全新和创新的功能，将于 2022 年下半年在沙特市场上市。由于红旗 E-HS9 豪华电动 SUV 的需求量很大，ALTAWKILAT Premium 一直热衷于让红旗的全电动 SUV 成为在沙特国际汽车节展出的第一款豪华车。许多客户预计，红旗 E-HS9 将成为未来几年最畅销的电动豪华车。中国国产电动车布局早、技术相较其他国家更为成熟，在沙特的电动车市场上相当具有竞争力。

国货在近几年成功“走出去”的成功案例并不少见，在科技潮品大疆、汽车企业奇瑞还有服饰品牌波司登等各个领域皆有中国制造的身影。中国品牌纷纷试水海外，打开销路的前提一定是立足品质本身。在国内保证高质量制作前提下，加上渐渐备受重视和鼓励的跨境电商助力，国货销路遍布世界的情景将越来越近。

[https://baijiahao.baidu.com/s?id=1721537550209440888&wfr=spider&for=pc]

思考：你觉得国货走出国门、走向海外，最重要的是什么？结合本项目内容，选品并进行跨境电商国际营销策划。

<table>
<tr><td colspan="3">在线课平台成绩（30%）</td><td>得分：</td></tr>
<tr><td colspan="3">知识掌握与技能提高（40%）</td><td>得分：</td></tr>
<tr><td>任务</td><td>评价指标</td><td>评价结果</td><td>备注</td></tr>
<tr><td>免费营销工具应用</td><td>1. 应用合理
2. 使用规范
3. 了解注意事项</td><td>A□ B□ C□ D□ E□
A□ B□ C□ D□ E□
A□ B□ C□ D□ E□</td><td></td></tr>
<tr><td>付费营销工具应用</td><td>1. 直通车应用
2. 联盟营销应用
3. 效果分析</td><td>A□ B□ C□ D□ E□
A□ B□ C□ D□ E□
A□ B□ C□ D□ E□</td><td></td></tr>
<tr><td>SNS 营销工具应用</td><td>1. 产品卖点与呈现设计
2. 传播文案撰写
3. 不同 SNS 平台分析</td><td>A□ B□ C□ D□ E□
A□ B□ C□ D□ E□
A□ B□ C□ D□ E□</td><td></td></tr>
<tr><td>职业素养思想意识</td><td>1. 数据意识、创新发展
2. 文化自信、职业理想
3. 团结合作、善于沟通</td><td>A□ B□ C□ D□ E□
A□ B□ C□ D□ E□
A□ B□ C□ D□ E□</td><td></td></tr>
<tr><td colspan="3">学生自评（10%）</td><td>得分：</td></tr>
<tr><td colspan="3">小组评价（10%）</td><td>得分：</td></tr>
<tr><td>团队合作</td><td>A□ B□ C□</td><td>协作能力</td><td>A□ B□ C□</td></tr>
<tr><td colspan="3">教师评价（10%）</td><td>得分：</td></tr>
<tr><td>教师评语</td><td colspan="3"></td></tr>
<tr><td>总成绩</td><td></td><td>教师签字</td><td></td></tr>
</table>

项目七

出货与客户服务

学习目标

知识目标

了解跨境电商出货注意事项

了解我国海关监管代码及其含义

了解跨境电商纠纷的原因及类型

掌握货物包装方法及要点

掌握跨境电商客服工作职责与技巧

技能目标

能打印发货标签并能正确包装货物

能选择出货方式并进行海关申报

能进行跨文化沟通并及时回复站内信

能正确处理订单纠纷

素养目标

形成“理性对待客户”“有理有据有节”的客服意识

养成和善友好的品质

提高职业素养和敬业品质

教学重点

跨境电商出货的流程；货品包装方法及要点；客户服务工作的思路与技巧

教学难点

纠纷处理、中差评处理

【项目导图】

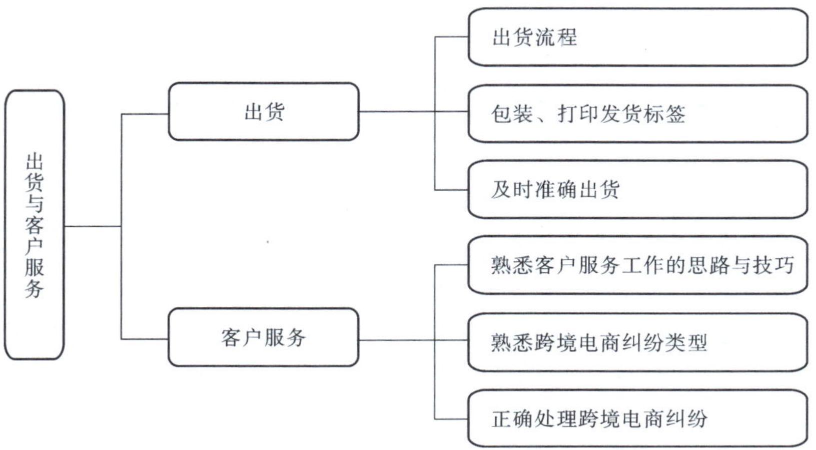

项目引例

自 2002 年开设首家在线 eBay 商店以来，Champions On Display 为热情的体育迷们提供了 NFL、NCAA、MLB、NBA、NASCAR 和 NHL 的商品、服装和球队周边。Champions On Display 本身便是由一群体育爱好者为了造福广大体育爱好者而设立的。公司目标是通过提供高品质的体育商品和优质的客户服务，为所有年龄段的体育爱好者创造卓越的在线购物体验，同时激发专业运动员和校级运动队的运动热情，并助其取得优秀成绩。

当 Champions On Display 的联合创始人 Darrin Walters 开始在 eBay 上销售商品时，他便很快意识到尽管公司具有巨大的潜力，但仍然需要在销售和库存管理方面的发展，才能将业务提升到新的高度。Walters 知道，Champions On Display 必须运用电子软件来协助进行库存控制，但由于内部技术支持有限，公司需要借助外部专业团队才能实现这一目标。

（案例来源　雨果网 https：//www. cifnews. com/article/39576）

随着企业规模的发展，企业对于出货管理和客户服务有了越来越高的要求，这就要求我们在实际业务中熟练掌握这方面的相关知识。本项目将详细地讲解出货流程与客户服务工作的思路与技巧。

任务一　了解跨境出货流程

【任务描述】跨境电商发货，首先要了解出货流程，梳理出货过程中的注意事项，避免出现不合理的安排或损失。

当客户的货款到达跨境电商平台第三方支付服务商账户中，通过平台的风控系统以后，就会显示发货按钮，此时卖家就进入出货流程。出货的时间卖家可以自行设定，一般推荐在收到货款后的 24 小时以内。国际物流运输需要一段时间，越快的发货，可以越早让客户收到货物。特别是对于平台大促、重要的节假日一定要提前做好出货准备。

【相关知识】

一、出货流程图

出货一般可分为以下几个步骤：订单登记→订单确认→单据打印→拣货配货→校验出库→物流配送。

(1) 订单登记。

买家已经下单并付款，但可能还没有通过风控审核，这个时候可以先登记订单进入订单处理流程，未付款的订单属于客户催付的范畴，只有付款成功的订单才进入订单流程。

(2) 订单确认。

这一步骤的主要内容是确认买家所购买的货物是什么，是否有货，有货的话确定买家的联系方式、地址、物流选择；缺货的话则需反馈给客服，与客户沟通解决。

(3) 单据打印。

订单确认无误后，即可按公司的出货流程，以及所选择的物流方式打印对应的单据，包括发货标签和商业发票等。

(4) 拣货配货。

按照订单的内容，去仓库选拣相应的货物。一般情况下，在这一步同时把产品打包好。如果买家购买了多个产品，按照他们的需求及物流方式来配货，比如拆成几个包裹分别走小包运输，或是一起发 DHL 等商业快递。

(5) 校验出库。

校验出库环节非常重要，是最后一道关卡，作为保险防止之前的工作出现错误。此步骤需检查订单、单据、货物质量等各方面是否存在问题。

(6) 物流配送。

在校验环节没出问题，客户方面也没有任何问题后，就可以将货物发给物流公司或物流公司指定的仓库了。

二、出货注意事项

出货是一项非常严谨的工作，出货工作的质量会直接影响客户收到货物的质量，进而决定客户的满意度。出货过程中需要注意：

(1) 站内信和留言信息。

客户在购物付款后，可能对订单相关信息有一些需要修改的请求，较为常见的有：修改收货地址、更改包装盒、调换颜色和尺寸、调换其他同类产品等。一般遇到这些情况，客户申请退款然后重新订购是一种非常理想的解决方案，但是，不推荐这么处理。一方面，由于客户对平台操作不熟悉，退款处理缓慢；另一方面，跨境电商平台考核商家的退款率，一旦过高会对商家信誉产生影响。那么，这就要求在出货的过程中，仔细查看订单相关的站内信和留言信息，按照客户的合理要求进行处理。

(2) 包裹的合并和拆分。

客户有可能下多个订单，收货地址是同一个，那么我们就可以根据情况进行订单合并。对于中国邮政挂号小包这种运输方式，可以节省包裹的挂号费用，因为后者对于每个包裹都收取挂号费，而合并到一个包裹中，则只收取一次挂号费。国际物流具有很大的复杂性，同日发送同一收货地址的两个包裹未必能同时投递到客户手中，这就非常容易引起客户的不理解，从而引起投诉纠纷。合并包裹以后，可以确保同一客户同一地址的包裹能同时到达。当客户购买多件货物，重量已经超过某种国际物流的承载重量，我们就要进行拆包。我们以中国邮政挂号小包举例，其单个包裹最大承载重量是 2 kg，当多件商品重量超过这个重量时，我们就可以拆成几个包裹发送。

（3）包装材料的选取。

国际物流运输，路途遥远，经过环节多，花费时间长，这就要求我们针对产品选择合适的包装材料。易碎的物品需要使用气泡膜进行包裹，防止跌落损坏；鞋帽则需要用加固纸盒进行包装，防止变形。

三、海关监管代码

9610、1210、1239

首先四位代码，其中前二位是按海关监管要求和计算机管理需要划分的分类代码，后二位为海关统计代码。“96”代表“跨境”，“12”代表“保税”。其他类似的代码还有 0110，代表的是一般贸易。

9610 是一个海关监管代码，“9610”全称“跨境贸易电子商务”，俗称“集货模式”。适用于境内个人或电子商务企业通过电子商务交易平台实现交易，并采用“清单核放、汇总申报”模式办理通关手续的电子商务零售进出口商品。9610 报关出口针对的是跨境电商中的小包裹、多种类、高频次发货的 B2C 订单，先有订单，再通过国际快递、邮政小包等物流方式发货给海外买家。海关采用“清单核放”的方式进行货物出境监管，检查包裹实物和清单数据是否一致。

在 2014 年以前，出口报关大多采用 0110 一般贸易的监管方式报关出口，若按一般贸易出口对单个包裹报关申报，则会产生大量的单证文件工作，不仅耗费人力、物力，也不利于海关的监管。因此，海关总署在 2014 年出台了增设“9610”监管代码的政策，为广大跨境电商企业的业务提供政策支持。“9610”模式下，海关只需对跨境电商企业事先报送的出口商品清单进行审核，审核通过后就可办理实货放行手续，这不仅让企业通关效率更高，而且也降低了通关成本。

（1）清单核放：即跨境电商出口企业将“三单信息”（商品信息、物流信息、支付信息）推送到单一窗口，海关对“清单”进行审核并办理货物放行手续，通关效率更快，通关成本更低。

（2）汇总申报：指申报企业定期将电商出口的清单数据，向海关发起汇总报关的申请，单一窗口会将订单数据汇总成为报关单，9610 的报关单成为跨境电商企业出口退税凭证。海关为企业出具报关单退税证明，解决企业出口退税难题。

1210 俗称备货模式，操作起来比 9610 要简单的多，但目前只能在国内跨境电商试点城市，及跨境电商综合试验区的城市的保税物流中心执行。1210 保税备货模式，即跨境电商网站可以将尚未销售的货物整批发至国内保税物流中心，再进行网上的零售，卖一件，清关一件，没卖掉的就不能出保税中心，但也无需报关，卖不掉的还可直接退回国外。

“1239”全称“保税跨境贸易电子商务 A”，简称“保税电商 A”。与“1210”监管方式相比，“1239”监管方式适用于境内电子商务企业通过海关特殊监管区域或保税物流中心（B 型）一线进境的跨境电子商务零售进口商品。

9710　9810

“跨境电商 B2B 出口”是指境内企业通过跨境物流将货物运送至境外企业或海外仓，并通过跨境电商平台完成交易的贸易形式。对此，试点海关增列两个新的海关监管方式，代码“9710”（跨境电商B2B直接出口）和“9810”（跨境电商出口海外仓）（表7-1）。两种监管方式分别对应“跨境电商B2B出口”两种模式，其中“9710”适用于跨境电商B2B直接出口的货物，例如阿里国际站、中国制造网等业务场景；“9810”适用于境内企业将出口货物通过跨境物流送达海外仓，通过跨境电商平台实现交易后从海外仓送达购买者，例如亚马逊FBA等业务场景。

表7-1 “9710”和“9810”的区别

代码	9710	9810
全称	跨境电子商务企业对企业直接出口	跨境电子商务出口海外仓
适用范围	适用于跨境电商B2B直接出口的货物	适用于跨境电商出口海外仓的货物
企业管理	应当依据海关报关单位注册登记管理有关规定，向所在地海关办理注册登记	向所在地海关办理注册登记外，开展出口海外仓业务的跨境电商企业，还应在海关开展出口海外仓业务模式备案
通关管理	跨境电商企业及其委托的代理报关企业、境内跨境电商平台企业、物流企业应当通过国际贸易“单一窗口”或“互联网+海关”向海关提交申报数据、传输电子信息，并对数据真实性承担相应法律责任。 此外，跨境电商B2B出口货物应当符合检验检疫相关规定	

新监管模式试行后，跨境电商进出口额统计数据更加准确、规范化，不仅更加直观体现外贸出口结构和发展形势，助推外贸行业转型升级，而且为相关部门出台配套政策提供数据支持。

任务二　包装、打印发货标签

【任务描述】发货是非常具体细致的工作，从制定包装到打印发货标签、完善包装等，都需要去落实。

在跨境电商运输中，包裹需要经过很多环节，因此对于包裹的包装就显得尤为重要。货物完整地投递到客户手中，是完成交易的必备条件。

【相关知识】

一、货品包装方法及要点

一般来说，不同的货物包装要求是不同的，货物最终投递到客户手上要达到完好无损的品相。针对常规的商品，包装方法如下：

（1）做好单件包装。

一个包裹无论是单件商品，还是多件商品都要对单件商品做好彻底分离包装。尤其是一些易碎或者易破损的商品，要使用有效的缓冲物进行隔离，最好是专业的气泡膜或者充气袋。一定的空间和有效的隔离措施能够确保给予商品足够的缓冲，避免运送过程中因磕碰造成的对冲破损。

（2）进行商品打包。

将已经包装好的单件商品或多件商品，有序放入快递袋或纸箱中。这里需要注意的是包装的材料选择。对于像衣服这类不易变形的商品，可以使用快递袋打包；对于像鞋子这类易变形的商品，要使用纸箱打包。通过这种区别性的打包方式，最大限度上保护商品品相。

（3）强化包裹封装。

打包好包裹以后，要对包裹进行加固封装。快递袋的封装，要用 5 cm 宽以上的胶带进行十字交叉粘贴。箱子的封装是非常有技巧的，要选择宽的胶带或者封箱带将箱子整个拉紧封装。如果是封箱带，则用十字交叉的方法拉紧，最好是多个方向做一下包装；如果是胶带，至少需要 5 cm 宽，最好是箱子上下左右所有的接口处都缠一遍。

以上就是包装的通用做法，那么在具体的实际操作中，我们要注意以下一些细节点：

（1）避免使用不恰当的包装材料。

不同国家的文化存在着一定的差异，对于一些图案和文字的理解可能存在歧义，不当的图案和文字，可能对买家形成冒犯，甚至在报关安检时违反一些国家的法律。

（2）避免使用破损变形的纸箱。

破损变形的纸箱牢固程度不足，对商品的包装保护作用有限，容易在运输中遭到进一步破损。

（3）避免使用劣质的填充物。

应使用专业的填充物，如气泡膜和气泡袋。一方面，专业的填充物可体现卖家的专业性，给买家优良的购物体验；另一方面，专业的填充物才能够起到良好的缓冲效果，保护商品。

（4）避免商品之间留下太大空隙。

在摆放商品的时候，要做到整齐有序，商品之间紧密接触，不要让商品之间留下太大空隙，避免晃动造成空隙越来越大，缓冲材料失去功效。

（5）避免地址信息暴露在外。

注意对地址信息的标签进行防水防污保护，防止在运输过程中信息变得模糊不清，影响商品投递。

二、发货标签填写与打印

发货标签的填写和打印通常可以通过两种方式实现，一种是利用跨境电商平台自身的打印功能进行打印；另一种是通过第三方的 ERP 软件进行打印。这些方式的利用，极大地提升了卖家的发货速度。

接下来以速卖通平台国际小包订单发货标签打印为例进行讲述。

（1）在速卖通后台国际小包订单页面筛选“等待卖家发货”的订单，如图 7-1 所示。

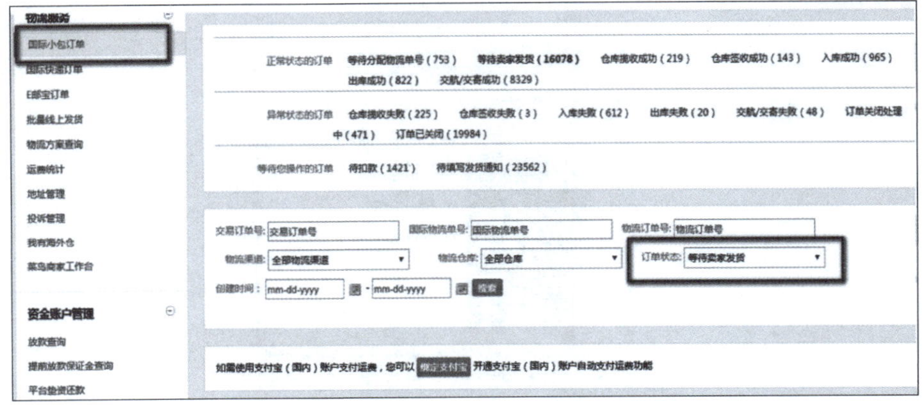

图 7-1　筛选订单

（2）单击“批量云打印标签”选项卡，如图 7-2 所示。

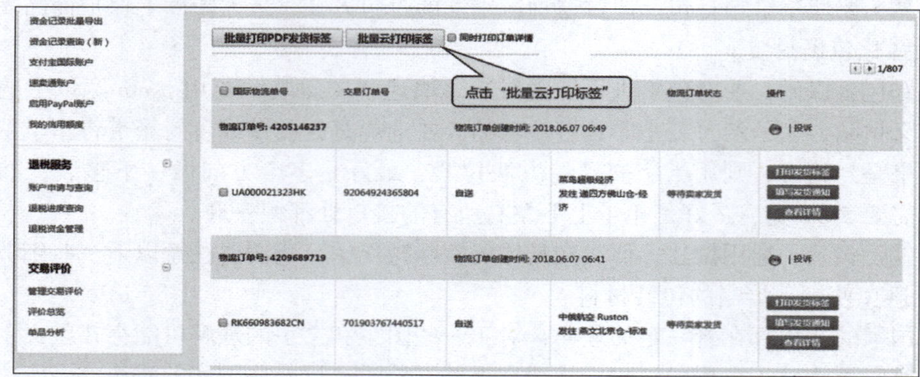

图 7-2　批量打印

（3）下载“菜鸟云打印客户端”，如图 7-3 所示。

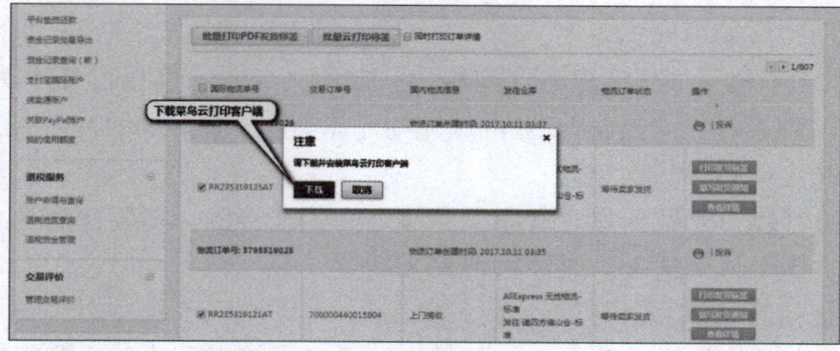

图 7-3　下载“菜鸟云打印客户端”

（4）安装“菜鸟云打印客户端”，如图 7-4 和图 7-5 所示。

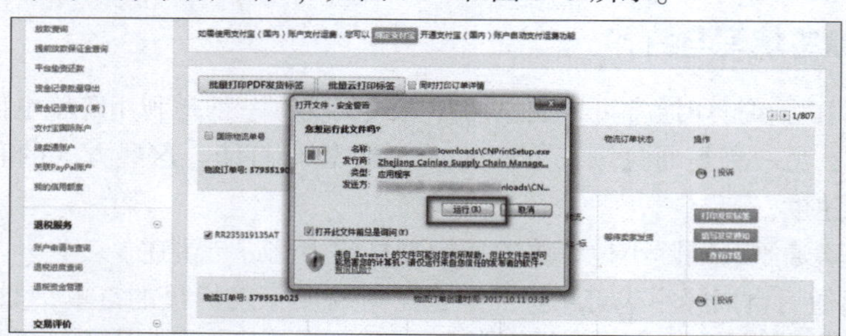

图 7-4　安装“菜鸟云打印客户端”1

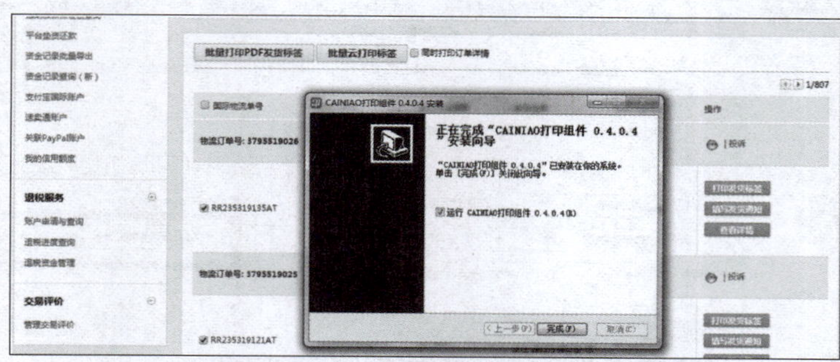

图 7-5　安装“菜鸟云打印客户端”2

（5）查看已经连接安装好的打印机，如图 7-6 所示。

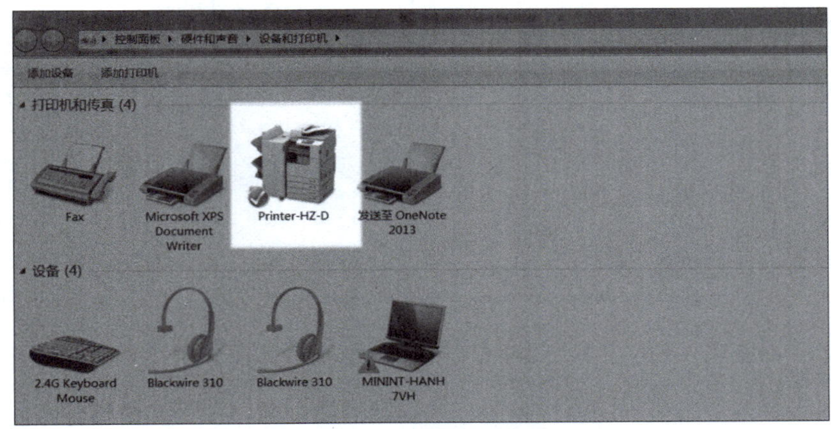

图 7-6　查看打印机

（6）单个打印发货标签。进入国际小包订单页面，单击右侧“打印发货标签”按钮或者进入订单详情页单击“打印发货标签”按钮，如图 7-7 和图 7-8 所示。在这一步需要注意：在打印之前，要刷新国际小包订单页面，这样可以确保打印组件正常运行。

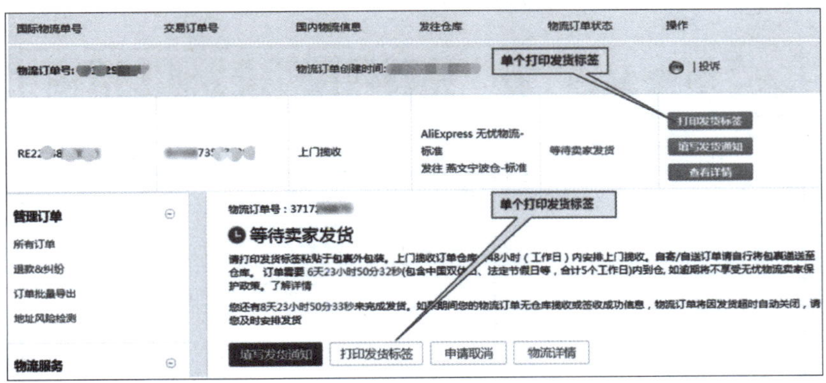

图 7-7　打印发货标签 1

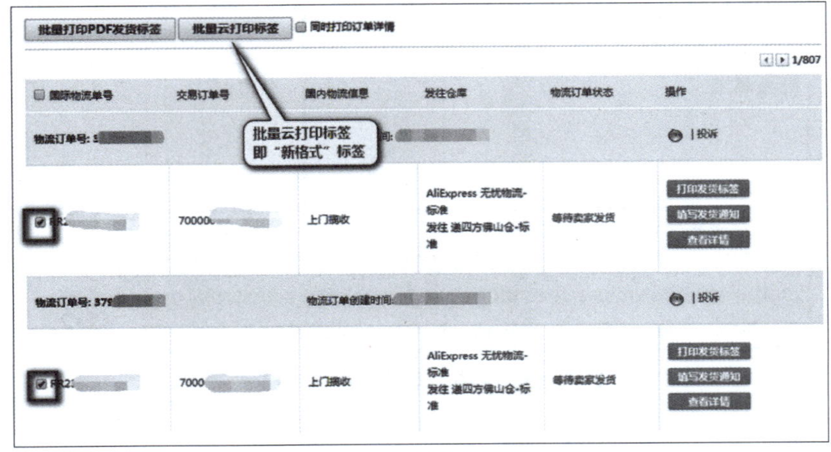

图 7-8　打印发货标签 2

（7）单击“确认”按钮，打印完成，如图 7-9 所示。

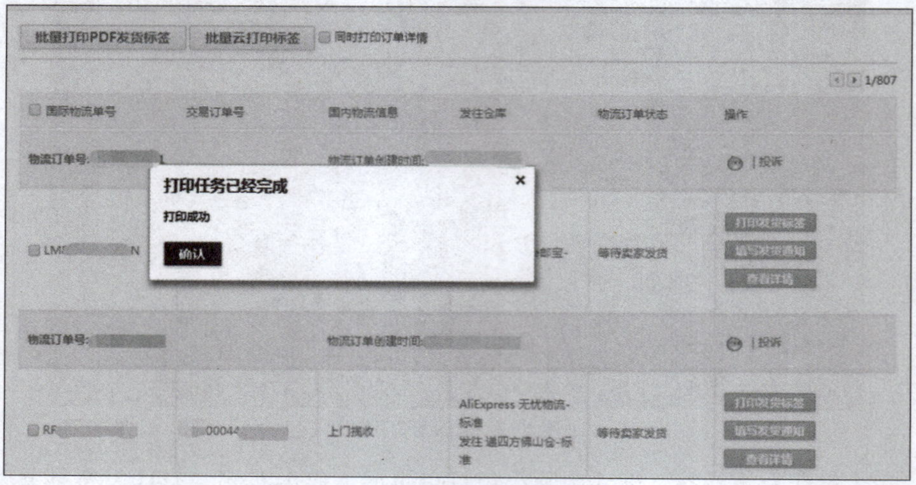

图 7-9 打印完成

经过上面的一系列步骤，发货标签就打印填写好了。下面就是一些打印好的案例。

（1）中国邮政挂号小包案例，如图 7-10 所示。

图 7-10 中国邮政挂号小包打印单

（2）4PX 新邮挂号小包案例，如图 7-11 所示。

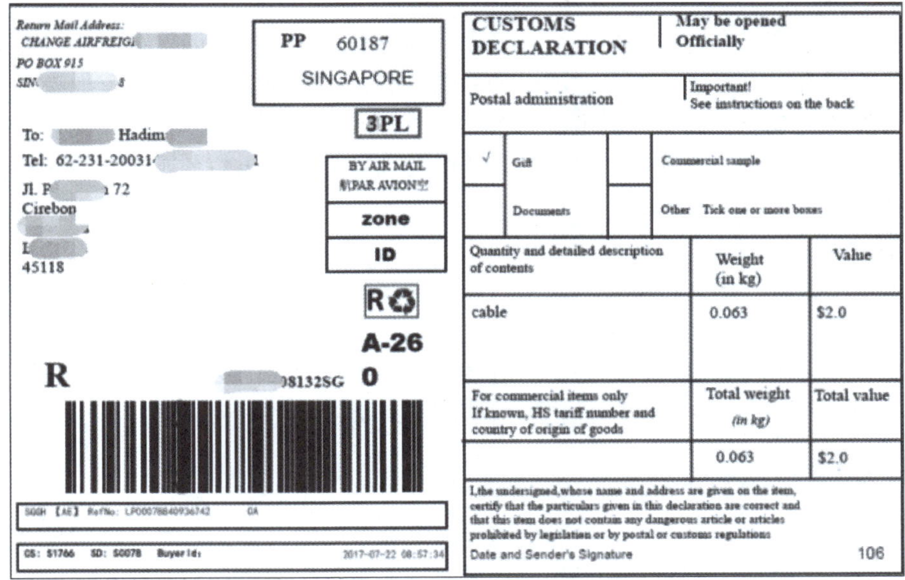

Return Mail Address:
CHANGE AIRFREIG
PO BOX 915
SIN 8

PP 60187
SINGAPORE

3PL

To: Hadim
Tel: 62-231-20031 1
Jl. P 72
Cirebon
I
45118

BY AIR MAIL
航PAR AVION空

zone

ID

R

A-26

R 08132SG 0

CS: 51766 SD: S0078 Buyer Id: 2017-07-22 08:57:34

CUSTOMS DECLARATION		May be opened Officially	
Postal administration		Important! See instructions on the back	
√ Gift		Commercial sample	
Documents		Other Tick one or more boxes	
Quantity and detailed description of contents		Weight (in kg)	Value
cable		0.063	$2.0
For commercial items only If known, HS tariff number and country of origin of goods		Total weight (in kg)	Total value
		0.063	$2.0

I, the undersigned, whose name and address are given on the item, certify that the particulars given in this declaration are correct and that this item does not contain any dangerous article or articles prohibited by legislation or by postal or customs regulations

Date and Sender's Signature　106

图 7-11　4PX 新邮挂号小包打印单

任务三　跨境电商客户服务

【任务描述】客户服务是跨境电商工作的重要组成部分，要了解跨境电商客户服务的工作范畴和惯例等，分析跨境电商客服的工作思路和技巧。

随着跨境电商的迅速发展，订单数量迅速增长，这给客户服务带来了极大挑战。跨境电商交易环节众多，买卖双方在语言、文化、法规等方面存在着各种各样的差异，了解客户服务工作范畴、工作惯例、思路与技巧显得尤为重要。

【相关知识】

一、客户服务工作范畴

客户服务是跨境电商企业在实际运营过程中重点关注的工作，其服务质量在一定程度上决定了顾客的购物体验，从而影响顾客的复购和销售业绩。客户服务的工作范畴包括解答客户咨询、解决售后问题、促进销售、管理监控等几个方面。

（1）解答客户咨询。

在跨境电商平台进行购物的买家，有些对于产品的特征并不熟悉，尤其是一些电动工具的使用方法和产品的组装方法，这就要求客服人员进行详细的讲解。另外，在服务方面，运输方式、海关报关清关、运输时间等也是客户关注的问题，需要客服人员进行一一解答。

（2）解决售后问题。

有些客户在进行购买下单之前会详细咨询自己所关注的问题，但是仍然有些买家客户在下单之前很少与卖家进行咨询，直接进行购买，对于这些客户，卖家通常默认为他们已经非常了解产品的相关知识了。当产品通过国际物流投递到买家手上时，那些不熟悉产品特性的客户，常常会提出一系列问题，这就需要卖家进行售后问题的解决。

（3）促进销售。

买家在跨境电商平台进行购物，当进行选择的时候，一旦有疑问就会向客服人员进行咨询。一个优秀的客服人员能够充分地说出产品的特点，从而说服买家购买。如果一个客服人员能够充分发挥主观能动作用，就可以为企业创造惊人的销售业绩。另外，优秀的客服人员具备营销的意识和技巧，能够把零售客户中的潜在批发客户转化为企业的忠诚客户，这对于增加企业的价值是无法估量的。

（4）管理监控。

客服人员作为客户的直接接触人，通过和大量客户的沟通，能够及时发现企业在产品开发、采购、包装、仓储、物流、报关等环节上的问题。这就要求企业充分发挥客服人员的管理监控职能，让客服人员定期将遇到的所有客户问题进行分类归纳，并及时反馈到各部门负责人那里，为这些部门工作流程的优化和效率的提高提供参考资料。

二、跨境客户服务工作惯例

跨境电商服务的客户群体来自世界上不同国家和地区的人们，面对各种差异，这就要求客服人员在工作中遵循一定的工作惯例，从而提升客服工作的质量和效率。

（1）尊重客户的文化信仰。

世界上不同国家、民族和地区有其传统的风俗和习惯，并存在着各种差异，即地域差异、时间差异、语言差异、思维方式差异、风俗习惯差异、信仰差异。例如，中国重仁义、日本讲茶道、巴西爱足球等。客服人员在工作中了解这些，有利于更好地理解客户的思维方式和购物习惯。

（2）使用合适的沟通工具。

跨境电商平台鼓励交易双方使用站内信或订单留言进行沟通。一方面，这可减少买卖双方沟通渠道的选择，避免错失重要信息；另一方面，订单留言是纠纷判责中参考证据的重要组成部分，可保证订单沟通信息的完整。

国外有使用邮件的习惯，他们习惯于通过邮件来与各方进行沟通，无论是完成工作还是与亲人联系。所以，卖家客服也可以通过邮件与买家联系，发推广信、营销邮件、节假日祝福或通知邮件。但是，若涉及订单确认事宜，建议卖家在订单留言和站内信中与买家沟通。原因在于，如果订单发生纠纷，平台是不认可邮件沟通记录的。

（3）提高回复的时效性。

虽然与买家存在着时差的障碍，有丰富购物经验的海外买家也知道这种障碍的存在，但是，强烈建议客服人员在日常工作中做到 24 小时内回复买家的咨询问题和疑问。这样可以极大地提升买家的购物体验，对于卖家的服务印象深刻，促使其进行复购和推荐。

三、客户服务工作的思路与技巧

在掌握了客户服务工作范畴和工作惯例之后，我们就理解了客服工作的核心基本概念，接下来，重点学习客户服务工作的思路与技巧。

（1）疏导买家的情绪。

大多数跨境电商的买家在下单购买之前是不与卖家进行联系的，直接下单。大部分联系卖家的买家邮件或留言都是在售后出现的。按照一般的逻辑，买家在售后发起联系，往往是因为所购买的产品出现了问题，或是订单本身在完成的过程中出现了障碍，例如货不对板、产品瑕疵、运输不能及时完成等。买家往往是带着问题而来，通常怀着不满与抱怨的情绪。客服人员在第一次的接触过程中，要保持耐心，搞清问题的关键点，积极疏导买家的情绪，向买家展示一种努力解决问题的态度，并提供专业的帮助。

（2）明确责任的划分。

在与客户的沟通过程中，简单地承认错误并直接提出退款、重发等解决方案，往往会让客人感觉卖家不够专业。面对客户的投诉时，我们需要为客户找到一个合理的能够接受的理由，明确责任的归属。有一个技巧就是，当责任归属为第三方时，我们要表现出勇于承担责任并进行补偿的态度。只要能够让客户感受到我们真诚的态度，完美地为他们解决一个又一个的问题，这样客户就可能成为我们长期的忠诚客户。

（3）提供合理的解决方案。

让客户提供问题解决方案是一种非常不专业的做法。在出现问题的第一时间，卖家积极地提出解决方案，既能给买家留下专业、负责任的印象，又能够最大限度地降低处理问题的成本和难度。一般情况下，应为客户提供两个或两个以上的解决方案，这样，一方面，让买家有可选择的空间；另一个方面，可以体现卖家解决问题的灵活性。

（4）呈现可信的证据。

初次在跨境电商平台进行购物的客户，对于卖家的了解比较少，双方之间的信任难以建立。这就要求我们客服人员在遇到问题时，提供一些大家都认可的证明材料，尤其是物流方面的资料。当买家咨询物流信息时，要及时提供订单号和追踪网址，从而让其查询到最新的物流信息。特别是对国外买家而言，如果能够提供买家所在国的本土追踪网站，并且能够找到买家母语所展示的追踪信息，这对增加买家对卖家的信任有巨大的帮助。

（5）注意语言的技巧。

对客服人员而言，熟练掌握目标买家国家的语言是一项必备技能，特别需要准确地掌握所售产品的专业词汇。在日常与买家的沟通过程中，需避免低级的拼写与语法错误。正确使用买家的母语，一方面展示了卖家对买家的尊重，另一方面也可以有效地提高买家对卖家的信任感。在邮件沟通中，注意分段书写，尽量使用结构简单、用语朴素的短句，这可以让买家迅速找到重点。

任务四　了解跨境电子商务纠纷类型

【任务描述】跨境电商世界中，纠纷是不可避免的，要分析纠纷的类型，并学会正确应对。

由于跨境电子商务在实际运行中的特殊性，买卖双方在沟通上存在着语言、时间、距离等方面的障碍，所以双方非常容易形成不同的意见，这就导致纠纷在跨境电子商务运行中频繁发生。比较常见的纠纷类型有知识产权纠纷、运输纠纷、支付纠纷、退换货纠纷、购买评价纠纷。

一、知识产权纠纷

知识产权纠纷是指知识产权人因行使知识产权或不特定第三人侵犯自己的知识产权与不特定第三人产生的争议。常见的知识产权纠纷有以下四类：

（1）归属权纠纷。

归属权纠纷是指主体之间就谁是真正的知识产权人、谁应该具有知识产权所发生的争议，如是单方知识产权人还是共同知识产权人等纠纷。

（2）侵权纠纷。

侵权纠纷是指知识产权人与不特定第三人因侵权行为发生的争议，如未经知识产权人许可，擅自使用其知识产权，导致双方发生的纠纷。

（3）合同纠纷。

合同纠纷是指知识产权转让、许可使用等合同中各方当事人因合同而引起的争议，如受让方超越合同授权导致双方发生的纠纷。

（4）行政纠纷。

行政纠纷是指当事人对知识产权行政管理机关所做出的决定不服而引起的争议，如对有关行政机关的处理决定不服而产生的纠纷。

在以上四类纠纷中，侵权纠纷最为多见，主要表现在商家销售未经授权的品牌产品，从而给特定品牌带来损失，这种侵权品牌产品包含国内和国际两种。在跨境电子商务平台上经营店铺，如果恶意侵权严重，不但会遭到品牌权利持有人的投诉和诉讼，还会遭到平台屏蔽店铺、屏蔽产品、罚款和关闭店铺等处罚。

二、运输纠纷

运输纠纷是指交易双方在货物运输整个过程中形成的争议。在这个过程中主要有海关扣关纠纷、卖家私自更改物流方式纠纷、货物未送达纠纷等。

（1）海关扣关纠纷。

海关扣关纠纷即交易订单的货物由于海关要求所涉及的原因而被进口国海关扣留，导致买家未收到货物引起的纠纷。海关要求所涉及的原因包括但不限于以下几点：

- 进口国限制订单货物的进口
- 关税过高，买家不愿清关
- 订单货物属假货、仿货、违禁品，直接被进口国海关销毁
- 货物申报价值与实际价值不符导致买家须在进口国支付处罚金
- 卖家无法出具进口国需要的卖家应提供的相关文件
- 买家无法出具进口国需要的买家应提供的相关文件

货物被进口国海关扣留时，常见物流状态为：

- Handed over to customs（EMS）
- Clearance delay（DHL）
- Dougne（法国，会显示妥投，但是签收人是Dougne）

全球速卖通在接到纠纷裁决之日起2个工作日内会提醒买家和/或卖家7天内提供海关扣关原因信息和证据，根据信息和证据确定责任并进行裁决。卖家在货物发出之后应及时关注物流情况，出现异常时与买家和物流公司保持沟通，及时了解扣关原因并尽可能提供相关信息及证据。

（2）卖家私自更改物流方式纠纷。

卖家未经买家允许，更改买家下单时选择的物流方式引起的纠纷。如果遇到买家申请更改物流运送方式，一定要在平台认可的聊天工具上进行协商，比如通过站内信和订单留言的

方式进行沟通协商。因为一旦进入纠纷协商环节，平台只认可指定的工具上的沟通信息。这种纠纷方式多发生在买家支付了高额的国际快递运费，但是卖家却选择了经济类的包裹运送方式，从而导致货物延期到达买家手中。

（3）货物未送达纠纷。

除海关扣关外，还有买家购买的货物未投递到指定地址所引起的纠纷。这种情况比较复杂，存在着多种原因导致买家无法收到货，其中比较常见的如下：

- 不可抗拒因素导致货物无法输送，例如：雪灾、地震、战争等
- 买家度假、外出，导致快递无法投递
- 运送过程中货物丢失

在日常的运营过程中，为了降低此类事件的纠纷率，卖家要密切关注国际形势，对于无法保证正常运输的国家和地区，可以采取屏蔽销售的办法，以防止财货两空的局面。另外，谨慎选择物流承运商，保证包裹能够顺利投递，降低包裹在运输过程中丢失的概率。

三、支付纠纷

支付纠纷指买卖双方在支付订单过程中引起的纠纷。信用卡作为一种支付工具，在国外有广泛的应用，非常容易被别人盗刷。在交易过程中，有时会存在买家盗刷别人信用卡进行订单支付的行为。这种订单有时能够通过平台的风控系统，从而进入卖家的订单确认发货系统。当被盗刷信用卡的实际持有者发现被盗刷，就会向银行提起投诉甚至是诉讼。当裁定盗刷行为通知到平台，这种情况下平台一般会退回货款到信用卡中，一旦卖家对这笔订单进行发货，就会带来损失。

四、退换货纠纷

买家收到货物后应经买卖双方达成协议后退货，如买家未与卖家协商即自行退货则会引起纠纷。

如买卖双方达成退款协议且买家同意退货的，买家应在达成退款协议后 10 天内完成退货发货并填写发货通知。全球速卖通将按以下情形处理：

（1）买家未在 10 天内填写发货通知，则结束退款流程并完成交易。

（2）买家在 10 天内填写发货通知且卖家 30 天内确认收货，速卖通根据退款协议执行。

（3）买家在 10 天内填写发货通知，30 天内卖家未确认收货且卖家未提出纠纷的，速卖通根据退款协议执行。

（4）在买家退货并填写退货信息后的 30 天内，若卖家未收到退货或收到的货物货不对版，卖家也可以提交到速卖通进行纠纷裁决。

买家未与卖家协商即自行退货，买家应提供退货原因及相关证明，若买家无法提供，则卖家有权拒收买家退货，平台亦可拒绝向买家退款。

五、购买评价纠纷

购买评价纠纷指买家针对交易整个过程、货物和服务等不满引起的纠纷。整个购买评价纠纷贯穿于前面几种纠纷类型中，对于货物颜色和产品质量不认同提起的纠纷较为常见。

货物颜色不认同是指买家认为所收到的货物的颜色与销售平台上显示的颜色不符。关于

这个色差问题，有时从两个方面来进行判断，一个方面，卖家的图片和描述不准确导致买家形成误判，如果是这个方面导致的纠纷，责任理当由卖家承担；另一个方面，买家的显示设备技术问题导致的误判，通常是指由于显示屏的分辨率的不同导致的色差，这个方面的原因导致的纠纷，一般由买家承担相关责任。

小贴士

ODR是什么？

ODR，即 Order Defect Rate，是亚马逊用来度量卖家业务表现的一个关键性能指标。它通过统计卖家在一定时间内的订单中发生的缺陷情况，以反映卖家的服务质量和顾客满意度。亚马逊非常重视ODR，因为它直接反映了卖家的服务质量和顾客满意度。一个较高的ODR可能会导致卖家受到警告、限制或关闭账户等处罚措施。相反，保持较低的ODR有助于提升卖家在平台上的信誉，获得更多的曝光和销售机会。

ODR的计算涵盖了三种订单缺陷：

负面评价：包括卖家所收到的1星或2星的评价。

争议：顾客对订单提出的争议或A-to-Z保障索赔。

退款：包括由于卖家的原因导致的全额退款。

ODR的计算公式为：

=负面评价数+争议数+退款数总订单数×100

=总订单数负面评价数+争议数+退款数×100

任务五　中差评的原因分析与处理

【任务描述】出现中差评对店铺和 Listing 会产生比较严重的负面影响，要分析其原因并学会正确处理。

跨境电商购物存在很多阻碍沟通的因素，如产品质量、物流服务、售后服务等在商品描述和沟通环节上存在着信息失真的可能，交易双方对于这些理解各不相同，如果无法达到自己要求和/或预期的效果，就很可能给中差评。

在电商平台上，买卖双方都可以给予双方评价，在这里，我们主要讨论买家给予中差评的情况。卖家要减少买家的这种行为，迫切需要做到以下几点：

网上购物有很大的便捷性，但买家如果觉得买的东西没有达到自己的要求或预想的效果，就很可能会给卖家以中差评，按大多数平台的规则，中差评都会给卖家带来不好的影响。因此，卖家首先要预防中差评。

1. 严把商品质量关

“以质量求生存”不是一句口号，产品的质量关系到卖家能否长期生存和发展。产品质量太差，得不到消费者的支持，就很难在网上立足。这就要求卖家进货的时候一定要把好关，如果质量有问题，一开始就不能发货。同时，在发货的时候再检查一遍，保证货物的包装等没有问题。

2. 进行实物拍摄

现在很多卖家都是用杂志或其他网站或厂家提供的模特图片，而不去拍实物图，造成图片失真，由此产生很多纠纷。买家无法看到实物，因此图片就成为买家判断商品外观的重要依据。图片应尽量和商品接近，商品描述要全面客观，同时，对于颜色写上“模特图可能有色差，对颜色敏感者慎拍”字样。

3. 提升售后服务

接单并不是一个业务的结束，而是真正服务的开始，当买方下单后，卖家应尽快发货，发货后把快递单号和物流信息查询方式告知买方。如果中间买家有什么疑问，应尽快答复，让买家感到自己是被重视的，卖家是很负责的。

4. 满足客户需求

在交易前，可查看下买家的信誉度，买家对别人的评价以及别的卖家对买家的评价，再综合各类买家的不同特点区分对待。比如，美国买家对于物品的外包装非常重视，因为他们有时会把在跨境电商平台购买的物品作为礼物送给亲友。那么，针对美国客户群，卖家就可以定制精致美观的包装。

一、中差评的原因分析

买家给予的中差评原因主要来源于两个方面，一个是与产品相关；另一个是与服务相关。

（1）产品图片与实物的差异。

有时候为了使自己的产品看起来比较吸引眼球，卖家会在图片处理上或多或少地添加一些产品本身没有的效果。这样就会给客户一个美好的心理预期，让他们满怀期待地等待。然而，一旦收到实物后感觉与图片的差别过大，买家就会非常失望，他们通常会在第一时间询问，为什么在颜色或者形状上有差别。

此时必须警惕，因为收到货物的 30 天内，买家可以进行评价，并且在未确认收货之前，买家还可以对自己不满意的订单提起纠纷退款。对于这类投诉，卖家要更加主动地去解释。提供原有的图片，如果只有因小部分的修图处理造成的色差，合理的解释还可以赢得买家的信任，而且在这个过程中要多表现自己对买家的重视，适当给予下次订单的优惠和折扣。真诚的道歉可以将小事化了，向买家争取好评。

卖家在上传产品图片的时候可以上传一些多角度的细节图，或者可以放一张没有修图处理过的照片上去，尽量让买家有全面的视觉印象，避免不必要的投诉和差评。

（2）标题写了 Free Shipping，却需要承担部分运费或其他费用。

很多卖家为了吸引买家下单，都会在标题中写上“Free Shipping”，但很多卖家的运费模板设置的并不是全球包邮，这样那些设置需要交运费的国家就会有争议，因为标题是免邮费的，却需要缴纳部分运费。另外，一些国家的进口政策也会导致额外的费用。比如，美国高于 500 美元申报价值的货物，就要按照重量收取进口关税；加拿大和澳大利亚则是高于 20 美元的货物要收取关税；英国、德国等欧洲国家货物的申报价值必须是在 20~25 美元，一旦超出将会有更多的关税产生，买家必须支付关税后才能拿到货物。比如，买方留言如下：

Why I should pay 25 pounds for the package, you told me that was free to ship, how could you 1ie to me? I am very disappointed.

还有一些比较极端的客户会因为需要支付额外的费用拒绝签收。这些都是潜在的差评和纠纷，因此我们在发商业快递的时候，要注意填写的申报价值，对于货值很高的快件，要提前和客户沟通好。

二、跨境电商纠纷案例分析

提供优质的网购服务存在的一个难题就是客户在购买时无法直观地观察和试用，这就导致在实际销售过程中产生了很多的售后问题，客户就会对商家的产品或服务进行中差评。这些评价会展示在产品销售页面上，并将对后续新客户的购买决策产生重大的影响，甚至直接导致他们放弃购买，而且对于产品和店铺的搜索排序也会产生重大的影响，高于行业平均的中差评率有可能会遭遇平台隐性降权的危险。因此，在实际的运营过程中，我们要重视对于客户中差评的处理，尽量通过一些手段或提供一些解决方案，让客户不要给出中差评。

影响客户对产品和服务做出判断的重要依据是客户对于产品和服务的预期与满意程度，这在一定程度上取决于买卖双方在纠纷中达成的一些协议。客户对产品或服务给出中差评的情况是多种多样的，纠纷的处理情况是重要的影响因素，一般常见的纠纷类型有如下几种：

（1）产品材质与描述不符。

由于买卖双方对于材质的认知存在着一些偏差，这种类型的纠纷在快速消费品行业较为常见，比如在服装、鞋帽、配饰、皮革等行业。

在图 7-12 中，可以清晰地看到，买家收到凉鞋后，认为材质和预期不符，申请退货退款。卖家拒绝买家提出的退货退款方案，解释说明因为这批货物是新生产出来的，所以外观底漆看起来不一样，鞋子是没有质量问题的，卖家提出的一个解决方案是退款 3 美元，作为补偿。对于这个方案，买家拒绝接受。

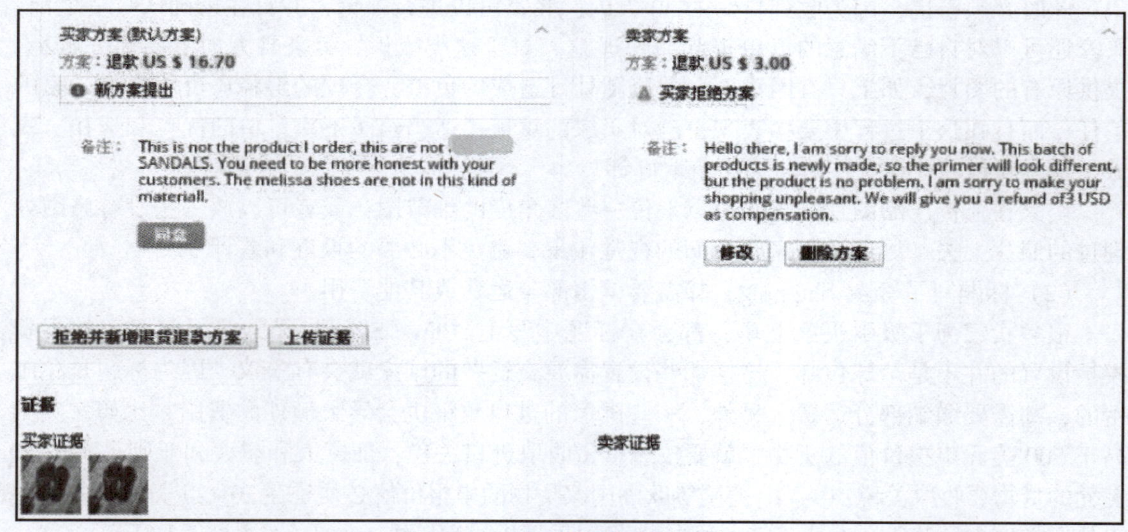

图 7-12　产品材质与描述不符

问题发展到这一步，买卖双方无法达成统一的意见，只能等待平台介入来进行判责了。

（2）产品颜色与描述不符。

对于网络购物，在不同的显示设备上对于色彩的呈现和实物是有差别的，但是往往客户认识不到这一点，这就导致有时收到实物与自己的期望不一致。

如图 7-13、图 7-14 和图 7-15 所示，在这个案例中我们可以看出，买家收到货后发现衣服存在色差，与描述不符，因此感觉不是特别满意，就提起了纠纷，申请全额退款，但是最终买家又取消了纠纷。通过这个案例，我们可以学习到，客户的认知是可以改变的。在这个案例中，客户一开始感觉到色差，但是，后续又接受了这个现实。

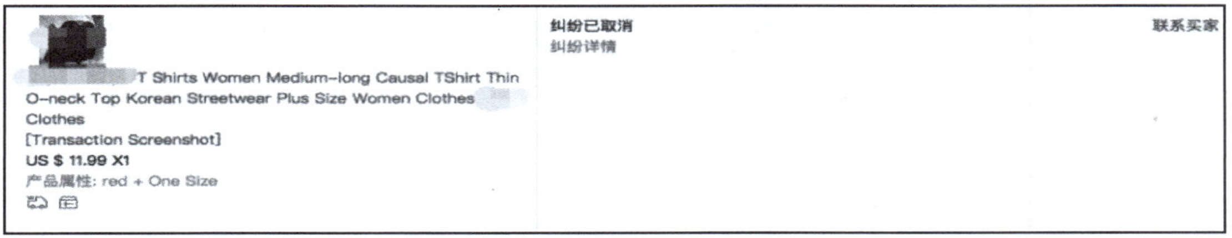

图 7-13　产品颜色与描述不符 1

图 7-14　产品颜色与描述不符 2

图 7-15　产品颜色与描述不符 3

在实际业务操作中，我们要保持一个积极沟通的心态，耐心地分析问题、说明情况，一般客户都是理解的。我们要及时告知客户不同显示设备色差问题，客户认知到这一信息以后，就有利于问题的解决。

（3）产品尺寸与描述不符。

在跨境电商运营中，不同国家的客户对于尺寸的理解是有一些区别的。中国卖家一般比较习惯用中国码来标注产品，但是一些欧美客户常用欧码，这就导致双方标准的不统一，涉及换算问题。

作为卖家在制作产品详情页时，对于详细准确的尺寸表，要根据客户来源制作对应适用的尺寸表。如果客户来源不统一，那最好以厘米为单位标注清楚相关尺寸。

图 7-16 中的这个案例是比较常见的尺寸与描述不符的纠纷情况，买家收到鞋子后，发现尺码不对提起纠纷，申请全额退款。卖家拒绝了买家的全额退款申请，解释说自己提供了尺码表，里面有详细的尺码信息，是客户自己没有准确测量自己的脚长以及选错尺码而导致的尺码错误。

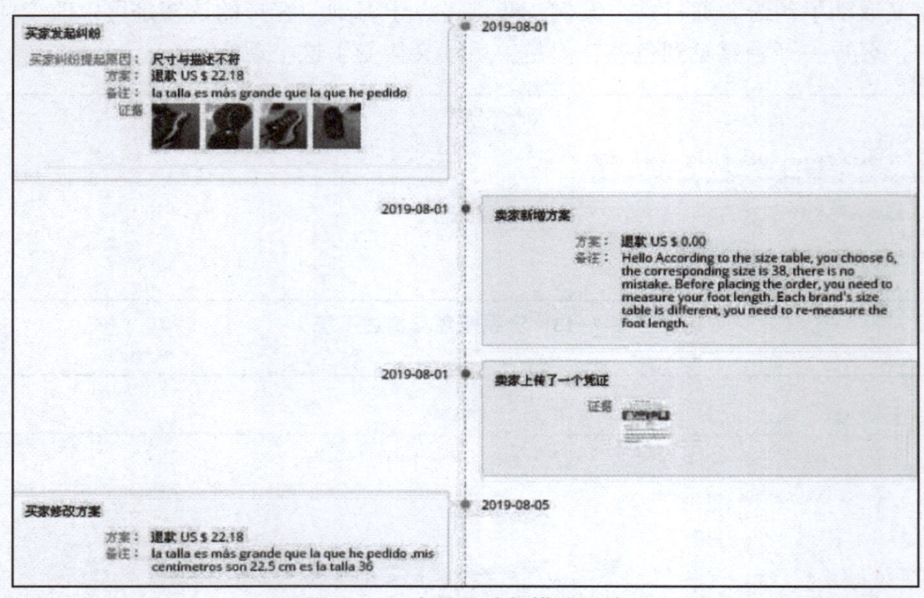

图 7-16 产品尺寸与描述不符

在这样的情况下，客户面临两种选择，一种是可以修改纠纷退款申请，比如申请部分货款作为补偿，有些卖家会同意给出补偿；一种是直接申请平台介入进行判责。在这个案例中，客户选择了平台介入处理，最终结果如图 7-17 所示。

订单问题	AE 判断	卖家举证要求	卖家改进意见
尺寸与描述不符	成立	建议协商：请积极与买家联系协商解决方案，若在此期间，双方协商达成一致，请您务必在响应中写明一致意见，平台将按照一致意见处理此纠纷	-

平台方案：
方案1： 全额退款 22.18 USD 不退货

响应期限： 3 天

若在此期间，买家选择部分/全额退款或者您与买家最终未能达成一致意见，平台将按照给出的退款比例操作关闭此纠纷；如果买家选择退货退款，平台将会要求您提供退货地址。

注意：您可以通过"拒绝并新增方案" "同意买家/平台方案" "上传证据" "修改已有方案的备注" 等方式来解决此纠纷。

图 7-17 处理结果

对于这个案例，需要了解的是，如果是客户个人原因导致的一些售后问题，我们是可以拒绝客户的全额退款申请的，但是，从双赢的角度来看，这未必是一种最优的方案。比如此案例中，可以同意部分退款作为补偿，提供 3~5 美元的退款。从字面表述来看是客户过错，但是如果让客户满意此次购物，得到一个好评，损失一点费用其实也是一个很好的选择。

案例最终的平台判决结果是全额退款给客户，但是还是鼓励商家和客户积极沟通，如果有更好的解决方案，就不用全额退款。后续遇到同类情况，我们需要灵活处理，从一个双赢的角度考虑问题比较妥当。

（4）产品图案与描述不符。

这种纠纷类型，一般都是卖家的相关责任，在生产或拍摄环节出现了问题，导致网上销售的产品和客户收到的实物不相符。

针对图 7-18、图 7-19 和图 7-20 中的案例，我们可以看出，客户收到货物后，发现图案与描述不符，于是提起纠纷申请全额退款。这个纠纷的处理有一定的特殊性，如果买卖双方针对纠纷退款问题无法达成一致意见，由平台直接介入处理，如果判定是商家责任，就由平台出资赔付客户。案例中的情况就是平台介入赔付的，因为商家所经营的类目符合“售后宝服务”范畴，这样就减轻了商家的经营压力。

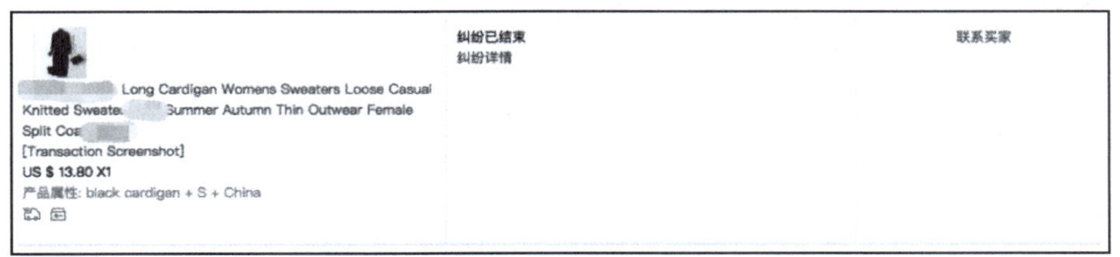

图 7-18　产品图案与描述不符 1

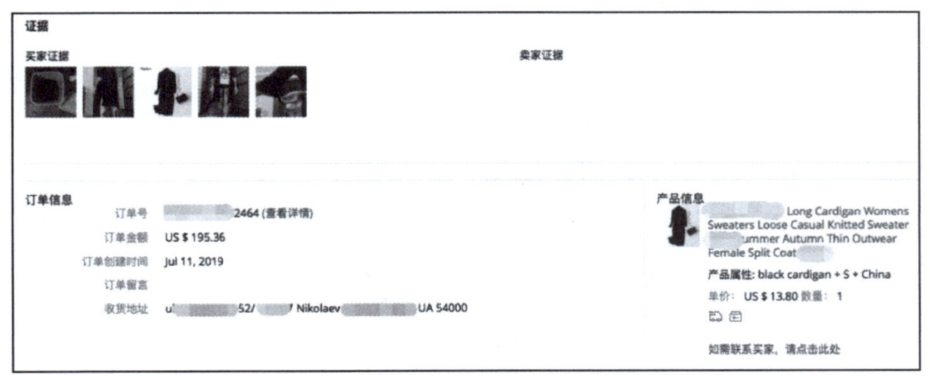

图 7-19　产品图案与描述不符 2

订单号：9002　2464
买家纠纷提起原因：图案与描述不符
纠纷状态：纠纷结束
退款 US $ 11.00(US $ 11.00)，由AE平台出资
提醒：案件已按照平台方案结案
售后宝满意度调研
了解处理流程
平台判定问题：

图 7-20　产品图案与描述不符 3

售后宝服务介绍：

售后宝服务指为提升平台竞争力、保障买家体验，平台在综合消费者反馈和各行业情况下，就特定类目商品的订单在买家因特定货不对版提出纠纷时，对卖家提供的赔付处理服务。该服务由平台出资免费为符合条件的卖家提供，具体权限开放条件、适用的货不对版纠纷情形以速卖通卖家规则为准。售后宝服务不免除任何卖家根据平台规则，与买家协议及法律法规规定下的义务或责任。

平台对符合速卖通卖家规则约定条件的卖家以订单为维度提供售后宝服务，即如卖家销售的商品是指定类目，且该订单纠纷符合速卖通卖家规则确定的特定货不对版纠纷，那么平台就为该卖家就此订单提供售后宝服务。对此，平台保留自主决定关闭或新增任一类目（子类目）的权利。

适用于“售后宝服务”的纠纷类型还有如图 7-21 所示中的勾丝问题、如图 7-22 所示中的做工粗糙问题、如图 7-23 所示中的材质轻薄问题等。遇到这类问题，我们要积极和生产部门相关人员进行沟通，注意品控问题，虽然纠纷不需要商家赔偿费用，但是长此以往对运营是不利的，无法取得客户的信任，从而无法实现销售、赚取利润。

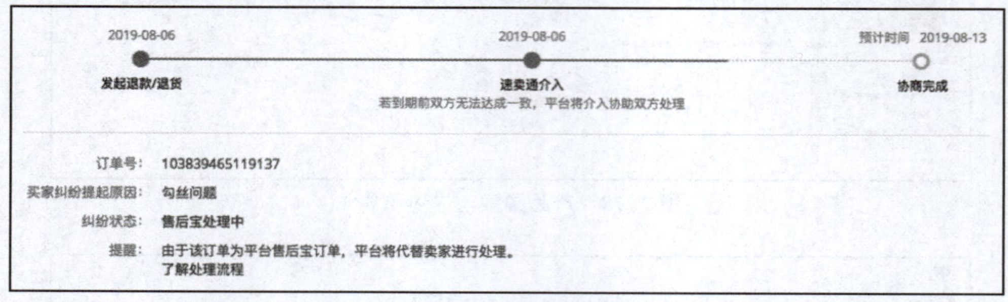

图 7-21　勾丝问题

订单号： 900276126932464
买家纠纷提起原因： 做工粗糙
纠纷状态： 纠纷结束
退款 US $ 7.00(US $ 7.00)，由AE平台出资
提醒： 案件已按照平台方案结案
售后宝满意度调研
了解处理流程
平台判定问题：

图 7-22　做工粗糙问题

订单号： 104107426628670
买家纠纷提起原因： 材质轻薄
纠纷状态： 纠纷结束
退款 US $ 9.34(RUB 603,00 руб.)，由AE平台出资
提醒： 案件已按照平台方案结案
售后宝满意度调研
了解处理流程
平台判定问题：

图 7-23　材质轻薄问题

（5）运单号无法查询到物流信息。

商家选择物流承运商的方式一般有两种：一种是自选物流承运商；另一种是选择平台的承运商。选择不同种类的物流承运商，当遇到“运单号无法查询到物流信息”纠纷时，处理流程是不一样的。

我们看图 7-24、图 7-25、图 7-26 和图 7-27 中的案例，这是一个比较典型的“运单号无法查询到物流信息”的纠纷，商家是 2019 年 6 月 28 日发的货，买家是 2019 年 8 月 7 日提起的纠纷，从发货到提起纠纷，有一个月的时间跨度，买家在此期间无法查询到物流信息，买家提起纠纷是一种常见的维权行为。针对买家提起的纠纷，商家还有 3 天 6 小时左右的时间考虑是接受买家纠纷申请全额退款，还是拒绝买家申请。在这个情况下，商家要尽快联系物流承运商，查询该运单下包裹的物流状况，如果是丢包了，那就同意买家申请退款；如果是运输正常，还在途中，就可以拒绝买家申请退款，向买家说明情况，请耐心等候，最好给出预计送达时间；如果是通关延误、物流中转等问题，建议和买家积极沟通，说明情况，争取买家取消纠纷。

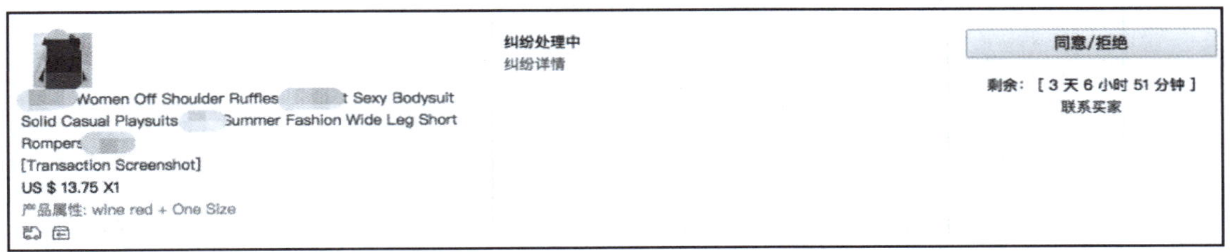

图 7-24　运单号无法查询到物流（自选承运商）1

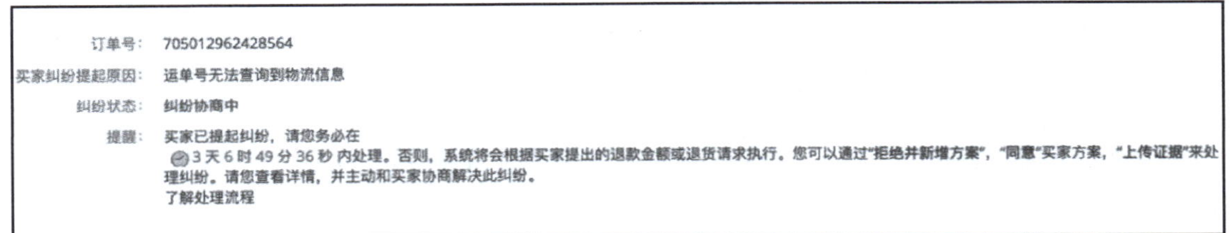

图 7-25　运单号无法查询到物流（自选承运商）2

接受方案

买家方案（默认方案）

方案：退款 US $ 13.75(RUB 892,23 руб.)

新方案提出

备注：Защита заказа закончилась, товара нет, хочу вернуть деньги

同意

拒绝并新增仅退款方案　上传证据　请先"拒绝并新增方案"后再上传证据

我的方案

等待您提供方案

您可以同意买家方案/拒绝并新增一个方案来响应纠纷。

订单信息

订单号　705012962428564 (查看详情)

订单金额　US $ 13.75 (RUB 892,23 руб.)

订单创建时间　Jun 27, 2019

订单留言

收货地址　ulitsa Rostov-Na-Donu blast RU 344015

产品信息

en Off Shoulder Ruffles Jumpsuit Sexy Bodysuit Solid Casual Playsuits mmer Fashion Wide Leg Short Rompers

产品属性: wine red + One Size

单价：US $ 13.75 数量：1

如需联系买家，请点击此处

图 7-26　运单号无法查询到物流（自选承运商）3

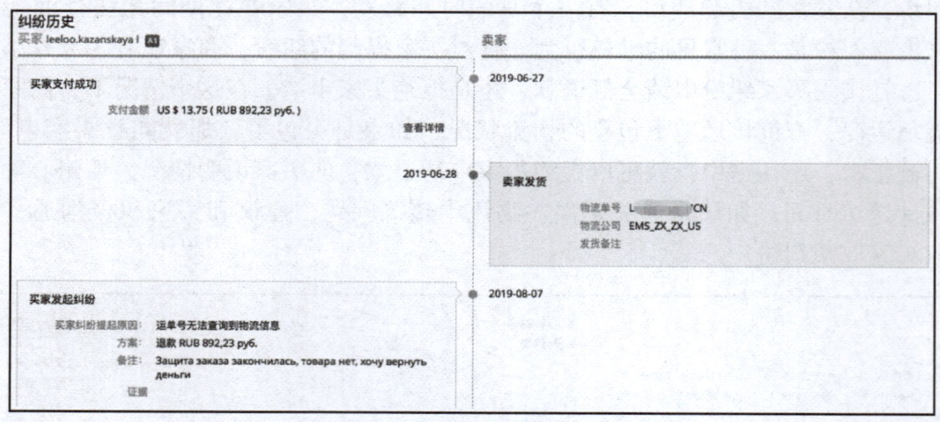

图 7–27　运单号无法查询到物流（自选承运商）4

以上案例通常在商家自选物流承运商的情况下发生，如果商家选择平台的承运商，那么类似情况的纠纷处理流程，就有所不同。

图 7–28、图 7–29、图 7–30、图 7–31 和图 7–32 中的案例，也是运单号无法查询到物流信息的纠纷情况，买家提起纠纷申请全额退款。但是，在这起纠纷中，由于商家在物流服务中选择了平台的物流承运商“速卖通无忧物流”，因此，速卖通平台将代替商家介入处理该物流纠纷。若因物流原因造成的损失，速卖通将对商家给予赔偿。这里面的逻辑是，商家选择“速卖通无忧物流”导致了物流方面的纠纷赔偿，商家赔偿买家客户损失，速卖通赔偿商家损失。

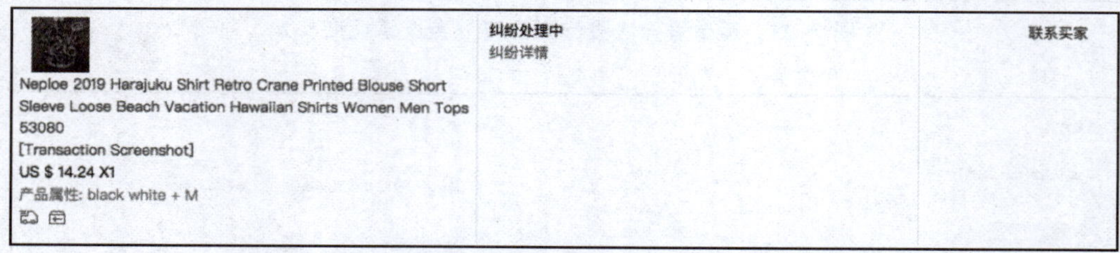

图 7–28　运单号无法查询到物流（平台承运商）1

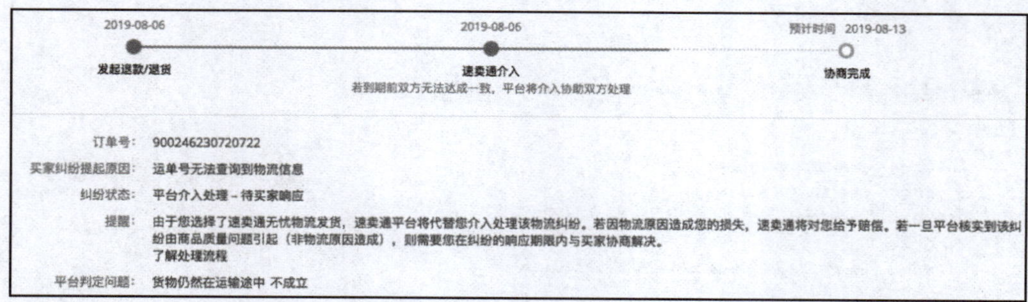

图 7–29　运单号无法查询到物流（平台承运商）2

虽然损失由平台承担，但是我们仍然需要做好客户的安抚工作。毕竟客户购物是想购买产品，而不是赔偿。如果沟通比较顺畅，赔偿过后，可以鼓励客户重新下单，重新选择物流商进行运输。

接受方案

平台建议方案

方案：不退货不退款

新方案提出

备注：　货物仍然在运输途中 不成立

买家方案（默认方案）

方案：退款 US $ 14.24(EUR € 12,74)

新方案提出

全额退款给买家

我的方案

无忧物流纠纷，请等待平台处理

图 7-30　运单号无法查询到物流（平台承运商）3

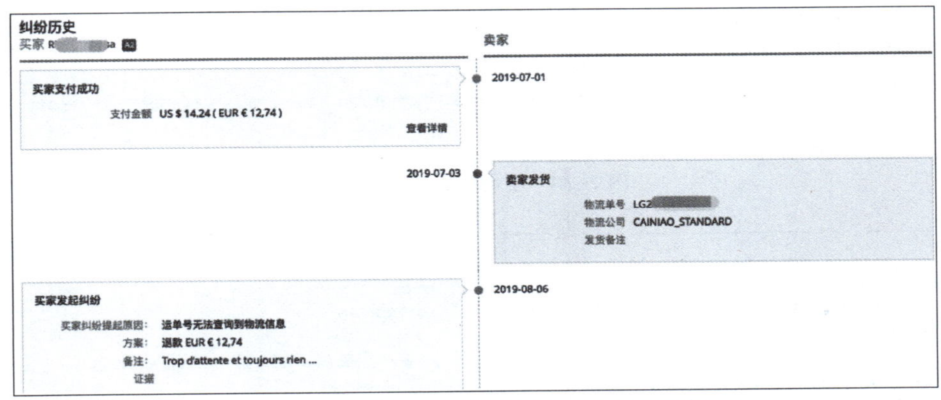

图 7-31　运单号无法查询到物流（平台承运商）4

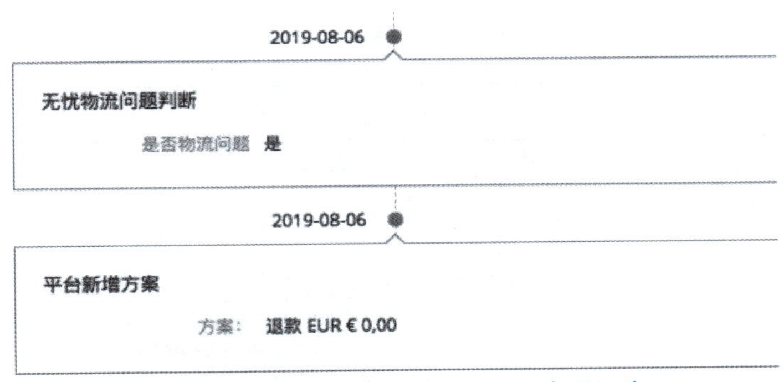

图 7-32　运单号无法查询到物流（平台承运商）5

（6）货物仍然在运输途中。

在货物运输过程中，运输的速度受到多方面因素的影响，比如雨雪天气、海关处理速度、码头工人罢工等。

图 7-33、图 7-34、图 7-35 和图 7-36 所示的案例，就是一个货物仍然在运输途中的纠纷，买家拍下订单后，迟迟收不到货，提起纠纷申请全额退款。这个纠纷应分两种情况来解决：一种是，买家未收到的货物物流运输，从卖家发货到提起纠纷时的时间，还在卖家承诺运达时间内，卖家可以拒绝买家的退款申请；另一种是，买家未收到的货物物流运输，从卖家发货到提起纠纷时的时间，超出卖家承诺运达时间，此时，要保持和买家积极沟通，说明延误原因，及时提供包裹的最新物流信息，评估所需的运达时间，争取买家的理解，从而取消纠纷。

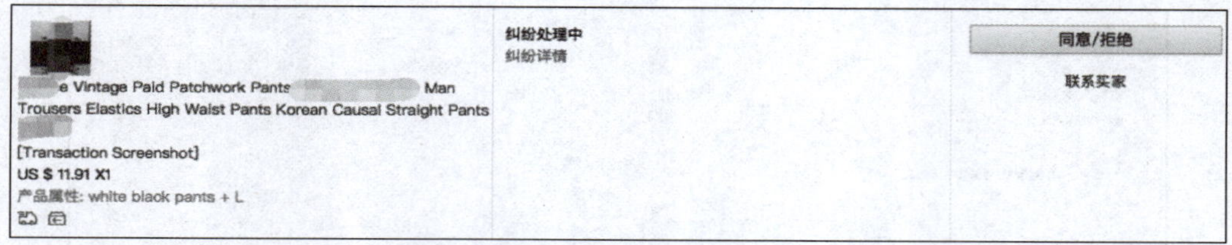

图 7-33 货物运输途中纠纷 1

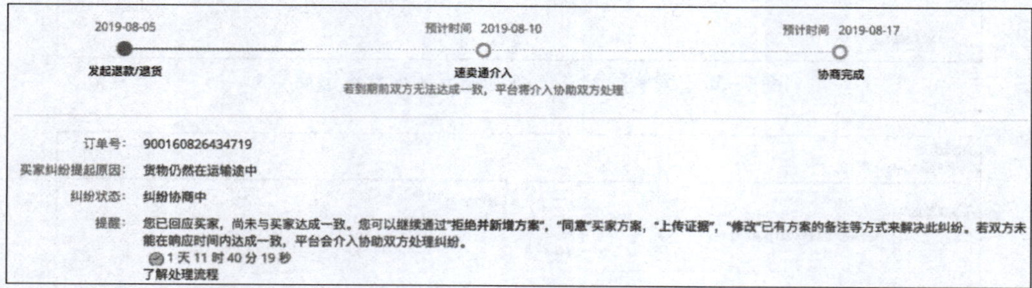

图 7-34 货物运输途中纠纷 2

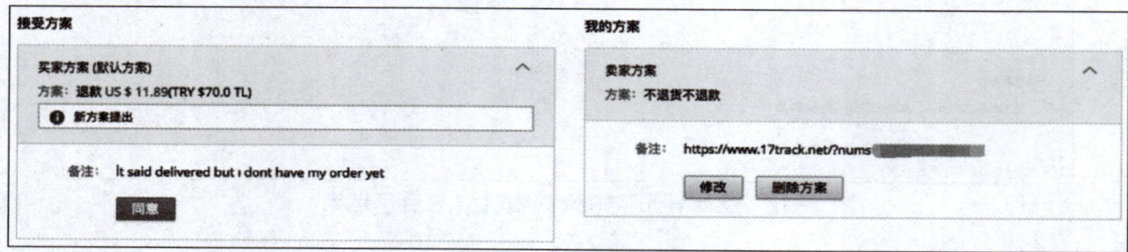

图 7-35 货物运输途中纠纷 3

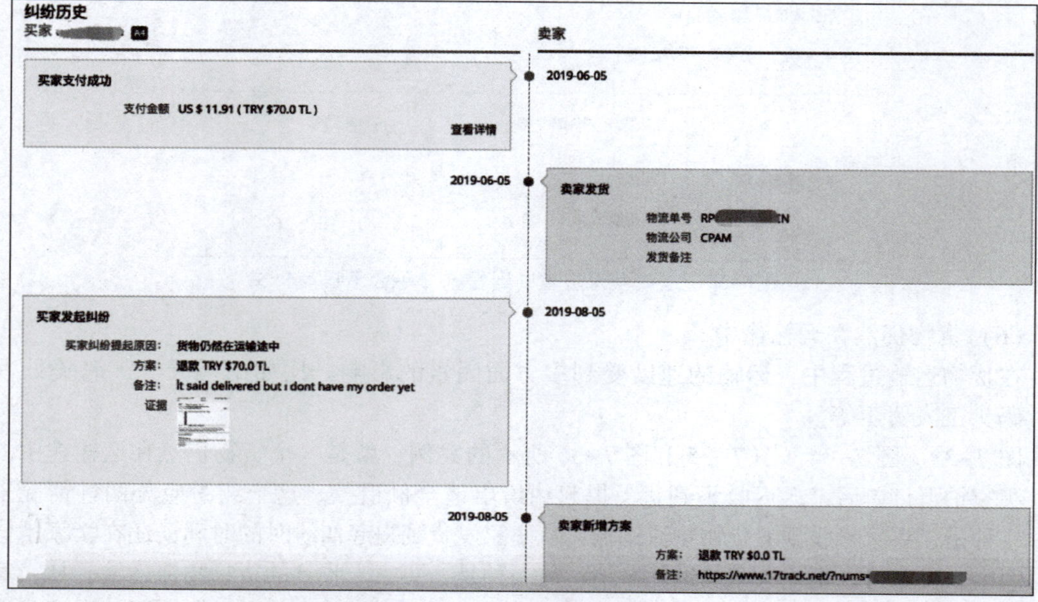

图 7-36 货物运输途中纠纷 4

（7）发错地址。

发生发错地址的情况，一般比较少，毕竟大多数商家是有专业人员来管理仓库和处理发货的。但是，不排除在使用打单软件时会出现系统错误和人员操作失误等。面对这个问题，我们要认真找原因，是属于商家的责任，还是买家客户的责任。

从图 7-37、图 7-38、图 7-39 和图 7-40 中，我们可以看出，买家因为商家发错地址而提起纠纷申请全额退款。出现这种情况，商家比较被动，尤其是把两个国家的客户地址相互发错了，可能就要面临两个纠纷了。那么，遇到这种情况，一定要去该订单留言下面去查询和客户的沟通信息，看里面是否有客户要求修改地址的情况，如果有这种情况，那就可以提供相关证据和客户沟通，争取取消纠纷。要提醒的是，对于客户要求改订单的这种行为，相关沟通一定要发生在订单留言下面或者站内信中，不要借助邮件、电话、社交软件等第三方沟通平台，因为一旦发生纠纷，平台不认可第三方沟通平台的证据。

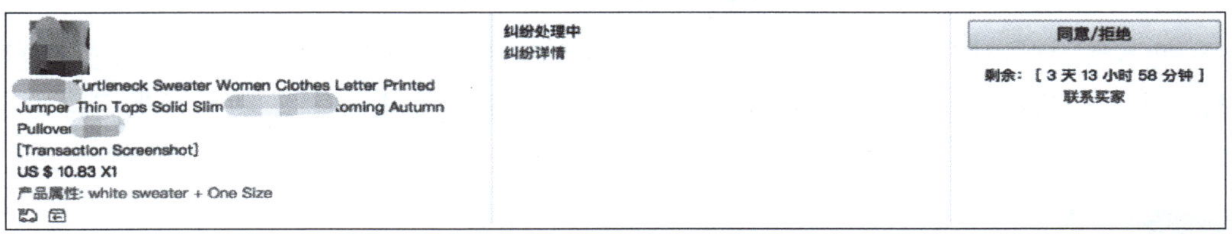

图 7-37　发错地址纠纷 1

2019-08-07　　预计时间 2019-08-12　　预计时间 2019-08-19

发起退款/退货　　速卖通介入　　协商完成

若到期前双方无法达成一致，平台将介入协助双方处理

订单号：103335093842619

买家纠纷提起原因：发错地址

纠纷状态：纠纷协商中

提醒：买家已提起纠纷，请您务必在 3 天 13 时 37 分 58 秒 内处理。否则，系统将会根据买家提出的退款金额或退货请求执行。您可以通过"拒绝并新增方案" "同意" 买家方案 "上传证据"来处理纠纷。请您查看详情，并主动和买家协商解决此纠纷。

了解处理流程

图 7-38　发错地址纠纷 2

接受方案

买家方案（默认方案）

方案：退款 US $ 10.83(EUR € 9,68)

新方案提出

备注：Product was lost in post

同意

我的方案

等待您提供方案

您可以同意买家方案/拒绝并新增一个方案来响应纠纷。

拒绝并新增仅退款方案　　上传证据　　请先"拒绝并新增方案"后再上传证据

订单信息

订单号　103335093842619（查看详情）

订单金额　US $ 10.83 (EUR € 9,68)

订单创建时间　Jun 26, 2019

订单留言

收货址址　Kildare Town 0000

产品信息

tleneck Swea Letter Printed Jumper Thin Tops Solid Slim Sexy Tight Bottoming Autumn Pullover

产品属性: white sweater + One Size

单价：US $ 10.83 数量：1

如需联系买家，请点击此处

图 7-39　发错地址纠纷 3

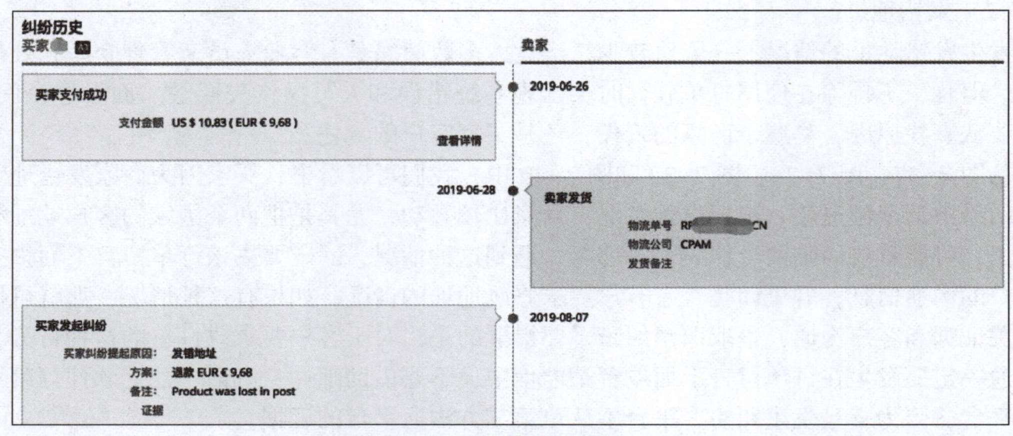

图 7-40 发错地址纠纷 4

如果不是因客户要求改地址导致发错，我们就可以和客户沟通取消纠纷，承诺尽快补发（一般2个工作日内），并选用国际快递运送，如果能送点小礼物，取消纠纷的可能性会更大一些。

【习题】

【技能拓展】

客户买了一个蓝色吊坠，此吊坠有蓝色、橙色和粉色三种颜色。但发货时采购员反映市场上的蓝色吊坠缺货，公司无法采购到，请给客户写一封站内信，告知客户蓝色吊坠没货了，询问是否可换其他颜色，也可做退款处理。

出货与客户服务

【德育园地】

跨境客服 AI 机器人

跨境电商客服工作往往是大家很容易忽略的一个点，不仅是因为客服工作麻烦且费时费力，更因为在有些卖家的观念中，顾客并不是上帝。但如果您面对的是欧美市场，那情况就大不相同。因为在欧美非常重视客户的权益，消费者权益是大于企业权益的。亚马逊30天不满意强制退货，许多客户稍有不满就会差评加退货，对店铺造成不好的影响。让我们看一组数字：

● 客户服务会影响96%的购物者对品牌的选择。

● 如果您提供积极的体验，91%的客户将更有可能重复购买。

● 您甚至可以从良好的客户服务中获得更多收益。一项研究表明，86%的消费者愿意因为更好的体验而消费更多。

● 消费者可能会因为一件事来到您的商店然后两手空空离开，也可能会在打算购买的基础上再购买一件商品。零售业提供良好的客户服务，大约86%的客户会购买更多。

● 但如果你提供了糟糕的客户体验，96%的消费者不会选择消费。

所以，想要一个良好的口碑，那就得在客服工作上下功夫。可以说，跨境电商想做好品牌，就必须做好客服，良好的客服工作能够提高品牌忠诚度。然而跨境电商客服通常会面临几个问题：

1. 时差

很多卖家都有过一觉醒来收到许多咨询信息，但是因为没有及时回复，顾客流失的情况。

2. 多平台

许多跨境电商人都聪明地不会把鸡蛋放在一个篮子里，多渠道、多平台、多账号已经成为一种趋势。那么同时处理多平台、多账号的客户信息就会非常麻烦，常常花费很多的时间，客户服务却没有做好。

3. 客服人员

客服工作是一件费时费力的事情，然而聘请人工客服又是一笔不小的开销，这让卖家左右为难。

其实，无论跨境电商规模大小，商家都可以借助"人工智能"的"洪荒之力"，实现人工智能与客户对话，将普通的重复性客服工作交给AI机器人来处理，而人工客服资源可以专注在那些更有价值、更有难度的服务内容上（如安抚客户投诉、促成下单、关联产品推荐等）。这种AI机器人与真人客服的混合模式可以做到自然流畅、准确可靠，是未来跨境电商客服发展的重要方向之一。SaleSmartly就是一款不错的聊天机器人，扫描下方的二维码学习一下如何使用吧。

思考：你觉得对一个创业者来说，持续地学习新知识、新方法、新工艺是必要的吗？为什么？

【项目评价表】

<table>
<tr><td colspan="3">在线课平台成绩（30%）</td><td>得分：</td></tr>
<tr><td colspan="3">知识掌握与技能提高（40%）</td><td>得分：</td></tr>
<tr><td>任务</td><td>评价指标</td><td>评价结果</td><td>备注</td></tr>
<tr><td>设计
出货包装</td><td>1. 包装设计合理性
2. 重量运费预估
3. 产品包装实操</td><td>A□ B□ C□ D□ E□
A□ B□ C□ D□ E□
A□ B□ C□ D□ E□</td><td></td></tr>
<tr><td>店铺纠纷
处理</td><td>1. 纠纷原因分析
2. 应对策略设计
3. 回复有理有据</td><td>A□ B□ C□ D□ E□
A□ B□ C□ D□ E□
A□ B□ C□ D□ E□</td><td></td></tr>
<tr><td>客服邮件
撰写</td><td>1. 邮件结构合理
2. 用词准确恰当
3. 应对逻辑清晰</td><td>A□ B□ C□ D□ E□
A□ B□ C□ D□ E□
A□ B□ C□ D□ E□</td><td></td></tr>
<tr><td>职业素养
思想意识</td><td>1. 服务理念、职业素养
2. 文化自信、包容豁达
3. 团结合作、善于沟通</td><td>A□ B□ C□ D□ E□
A□ B□ C□ D□ E□
A□ B□ C□ D□ E□</td><td></td></tr>
<tr><td colspan="3">学生自评（10%）</td><td>得分：</td></tr>
<tr><td colspan="3">小组评价（10%）</td><td>得分：</td></tr>
<tr><td>团队合作</td><td>A□ B□ C□</td><td>协作能力</td><td>A□ B□ C□</td></tr>
<tr><td colspan="3">教师评价（10%）</td><td>得分：</td></tr>
<tr><td>教师评语</td><td colspan="3"></td></tr>
<tr><td>总成绩</td><td></td><td>教师签字</td><td></td></tr>
</table>

项目八

跨境电子商务进口

学习目标

知识目标

了解跨境电商零售进口通关流程

掌握跨境进口电商的相关政策

掌握我国七大试点城市的跨境进口模式

技能目标

能分析跨境电商进口商品税

能分析跨境电商海关监管方式代码

能解读跨境电商进口的相关政策

能够明确企业开展进口销售业务应具备的条件

素养目标

提高国际视野和大国情怀

培养诚信经营的品质

教学重点

掌握相关跨境电商进口政策，了解不同试点城市的跨境进口模式

教学难点

通过对相关政策的解读，能够明确跨境进口电商企业开展进口销售业务所要具备的要求与条件

【项目导图】

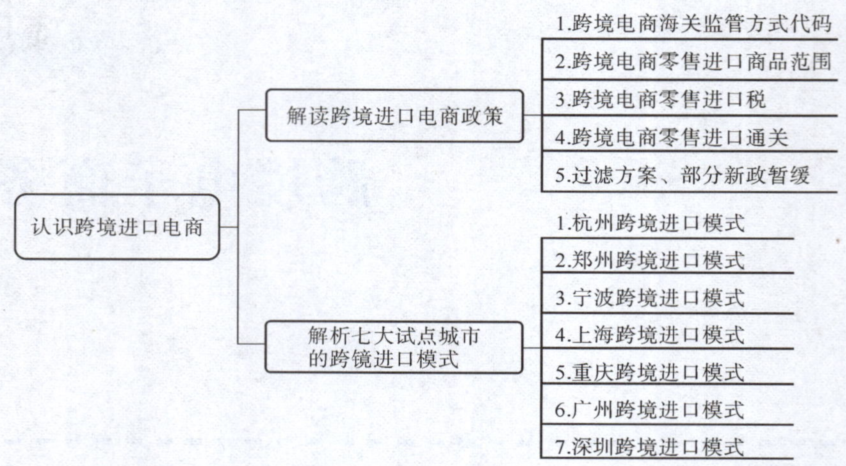

项目引例

2009年，曾碧波辞去eBay易趣工作，联合电商、IT技术领域的合伙人，共同打造了一个专门为国内用户代购美国货的平台——洋码头，以价低质优的品牌商品吸引消费者。洋码头拥有首创的“扫货直播”频道；而另一特色频道“聚洋货”，则汇集全球各地知名品牌供应商，提供团购项目及一站式购物。

洋码头同时还打造跨境物流体系——贝海国际。目前在海外建成了10大国际物流仓储中心，分别是纽约、旧金山、洛杉矶、芝加哥、墨尔本、法兰克福、东京、伦敦、悉尼和巴黎，并且与多家国际航空公司合作实施国际航班包机运输，每周40多驾全球班次航线入境，大大缩短了国内用户收到国际包裹的时间，满足了人们足不出户就能买到美国产品的愿望。

任务一　认识进口跨境电商

【任务描述】了解跨境电商进口的几种模式和业务流程。

【相关知识】

• 直邮模式，即跨境进口B2C模式。消费者在国内跨境电商平台网购后，商品从境外运输入境，并以个人物品方式向海关申报。缴纳行邮税后，再经国内快递发到消费者手中。

• 直邮集货模式，即跨境进口C2B模式。消费者境内下单，订单达到一定数量后，商家在海外集中采购，通过国际物流将货物运输至国内开展集货模式的保税仓，三单合一申报清关后通过国内快递送达境内消费者手中。

• 保税备货模式，即跨境进口BBC模式，也称“备货模式”。消费者在网购前，企业已经将商品以货物形式报关，存放于保税仓。有订单后，商品以个人物品方式申报，从保税仓快递到消费者手中。

● 海淘直邮，即行邮通道下的直邮模式。消费者在境外平台或境外实体店采购，通过国际快递运输至国内，商品以个人物品方式申报，提供收件人身份证正反面信息、购物小票和运单。

● 海关特殊监管区域，是指经国务院批准，设立在中华人民共和国关境内，赋予承接国际产业转移、联接国内国际两个市场的特殊功能和政策，以海关为主实施封闭监管的特定经济功能区域，具体包括出口加工区、保税区、保税物流园区、保税港区、综合保税区和跨境工业区等 6 类。

● 保税物流中心（B 型），是指经海关批准，由中国境内一家企业法人经营，多家企业进入并从事保税仓储物流业务的海关监管集中场所。B 型可设有对货物进行深入加工的保税仓库。

跨境进口电商业务流程如图 8-1 所示。

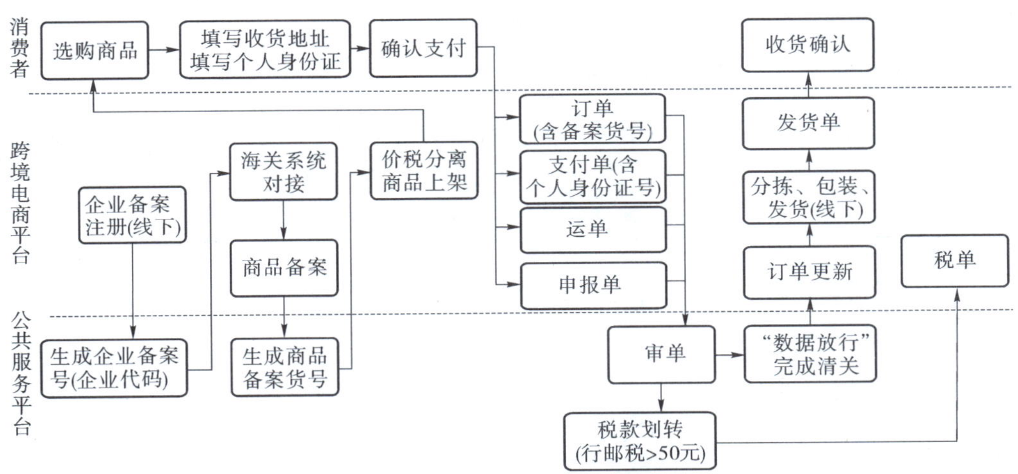

图 8-1　跨境进口电商业务流程

【德育园地】

科学精神—推翻日心说

任务二　解读跨境进口电商政策

【任务描述】获取跨境电商进口的相关政策，解读这些政策，掌握跨境电商进口通关流程。

【相关知识】

一、跨境电商政策梳理

国家对跨境电商的试点是从2012年开始的。2012年12月，海关总署联合发改委召开了中国跨境电子商务服务试点工作部署会，国家批准郑州、上海、重庆、杭州、宁波5个城市为第一批跨境电商进口试点城市。2013年，支持跨境电商便利通关并新增广州为第六个试点城市。2014年，开放国内保税仓，跨境电商成为行业，明确保税进口征收行邮税，并且新增深圳为第七个试点城市。2015年，国家规范了进口税收政策，降低了部分进口商品的关税，并提高了通关效率，开始鼓励发展海外仓。2016年，国务院批准在郑州等12个城市设立跨境电商综合实验区，并出台跨境进口电商零售进口产品新税制，而后商务部宣布跨境电商零售进口监管过渡期进一步延期至2017年年底。2017年9月20日跨境电商零售进口监管过渡期政策再延长一年至2018年年底。各种政策表示国家非常支持跨境电商发展，跨境电商已从蓝海走向红海。

跨境进口电商发展历程如图8-2所示。

二、跨境电商海关监管方式代码

2014年12号和57号文《关于增列海关监管方式代码的公告》为跨境电子商务专设了两个监管方式代码“9610”和“1210”。表8-1为跨境电商海关监管方式代码对比。

表8-1 跨境电商海关监管方式代码对比

监管方式代码	9610	1210
全称	跨境贸易电子商务	保税跨境贸易电子商务
适用范围	境内个人或电子商务企业通过电子商务交易平台实现交易，并采用“清单核放，汇总申报”模式办理通关手续的电子商务零售进出口商品	➢ 境内个人或电子商务企业在经海关认可的电子商务平台实现跨境交易，并通过海关特殊监管区域或保税监管场所进出的电子商务零售进出境商品 ➢ 用于进口时，仅限经批准开展跨境贸易电子商务进口试点的海关特殊监管区域和保税物流中心（B型）
适用范围特别说明	海关特殊监管区域或保税监管场所一线的电子商务零售进出口商品除外	海关特殊监管区域、保税监管场所与境内区外（场所外）之间通过电子商务平台交易的零售进出口商品不适用该监管方式
信息数据要求	经营企业、支付企业、物流企业需向海关备案，并通过通关服务平台向通关管理平台传送交易、支付、仓储、物流等数据	经营企业、支付企业、物流企业需向海关备案，并通过通关服务平台向通关管理平台传送交易、支付、仓储、物流等数据
适用的跨境进口模式	主要用于集货模式和直邮模式：郑州、杭州	备货模式： 8+2跨境进口试点城市的网购保税进口模式

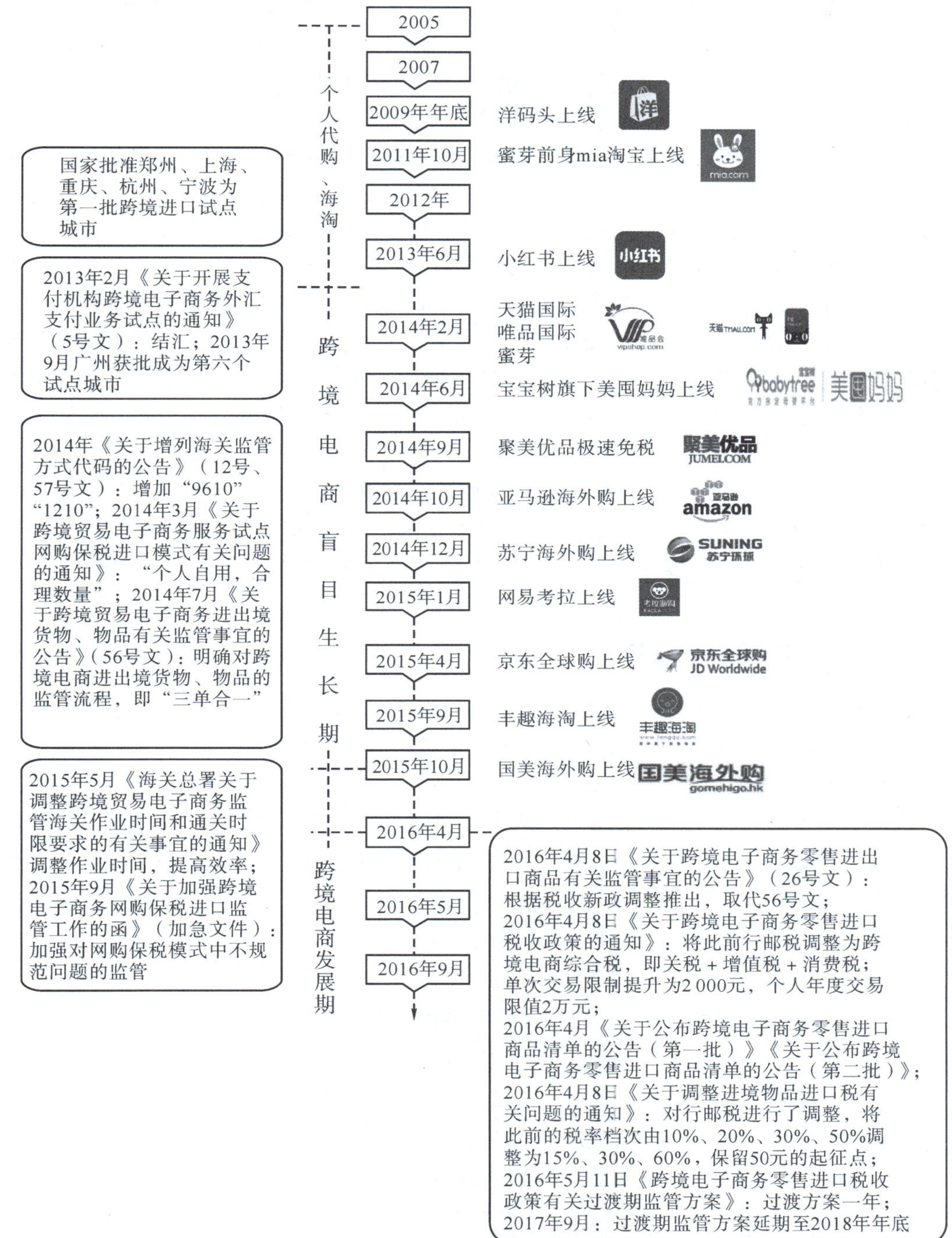

图 8-2 跨境进口电商发展历程

三、跨境电商零售进口商品范围

2016 年 4 月 8 日，《关于跨境电子商务零售进出口商品有关监管事宜的公告》（26 号文）与税收新政一起推出，以取代 2014 年的 56 号文。随后相继推出《关于公布跨境电子商务零售进口商品的清单的公告》和《关于公布跨境电子商务零售进口商品的清单（第二批）的公告》，即《正面清单》。清单是由一般贸易的 HS 编码和行邮通道中的《中华人民共和国进境物品进口税率表》结合而成的，既有贸易的 HS 编码特征，又完全是针对个人自用的商品类目。

第二批清单对某些商品的备注进行了修改。按照第一份清单的备注，如果某商品被定义为保健食品，那么其是不允许做跨境电商的；按照第二份清单的备注，就算某商品被定义为保健食品，只要其按照国家相关法规取得了批文，依旧是可以通过跨境电商进口的。这个修改，让此前不在清单上的保健食品重新回到了清单上。

第二批清单中出现了“仅限网购保税商品”的备注，这在第一批清单中是没有的。这些有“仅限网购保税商品”备注的货品都是《中华人民共和国禁止携带、邮寄进境的动植物及其产品名录》上的商品。例如，肉类是禁止携带、邮寄入境的，因此第二批清单上的“干、熏、盐制的其他猪肉”（税则号 02101900）就不能从事跨境电商直邮，只能做网购保税。

《正面清单》是用来约束跨境电商的，包括跨境电商中的直邮进口和保税进口。因此，跨境电商零售进口模式下的海外直邮受《正面清单》限制，而行邮通道下的海外直邮不受《正面清单》限制。显然，那些不在《正面清单》上的商品，未来会大量通过行邮通道入境。

四、跨境电商零售进口税

《关于调整进境物品进口税有关问题的通知》于 2016 年 4 月 8 日开始实施，调整了之前的行邮税，保留了 50 元的起征点。行邮税的改动给跨境电商企业带来了巨大的影响，可以说 2016 年 4 月 8 日是跨境电商企业的拐点。

一件商品从海外进入中国，合法的常规通道有三个：行邮通道、跨境电商通道、一般贸易进口通道。在这三个通道中，行邮通道与跨境电商的直邮模式非常类似。尽管两者存在非贸易与贸易的本质区别，但由于监管上很难将两者区分，所以有些跨境电商的商家会利用行邮通道来走货。而新政出台后，行邮通道的税收成本上升，这将有助于减少跨境电商商家的投机行为。表 8-2 和表 8-3 分别为旧新行邮税。

表 8-2 旧行邮税——《中华人民共和国进境物品进口税率表》（废止）

税号	物品名称	税率/%
1	书报、刊物，教育专用电影片、幻灯片、原版录音带、录像带，金银及其制品，计算机、视频摄录一体机、数字照相机等信息技术产品，食品、饮料，本表税号 2、3、4 税号及备注不包含的其他商品	10
2	纺织品及其制成品、电视摄像机及其他电器用具、自行车、手表、钟表（含配件、附件）	20
3	高尔夫球及球具、高档手表	30
4	烟、酒、化妆品	50

表 8-3　新行邮税——《中华人民共和国进境物品进口税率表》

税号	物品名称	税率/%
1	书报、刊物，教育用影视资料；计算机、视频摄录一体机、数字照相机等信息技术产品；食品、饮料；金银；家具；玩具，游戏品、节日或其他娱乐用品	15
2	运动用品（不含高尔夫球及球具）、钓鱼用品；纺织品及其制成品；电视摄像机及其他电器用具；自行车；税目 1、3 中未包含的其他商品	30
3	烟、酒；贵重首饰及珠宝玉石；高尔夫球及球具；高档手表；化妆品	60

注：税目 3 所列商品的具体范围与消费税征收范围一致。

五、跨境电商零售进口通关

2014 年 7 月海关总署下发《关于跨境贸易电子商务进出境货物、物品有关监管事宜的公告》，首次明确了对跨境电商进出境货物、物品的监管流程。

海关特殊监管区域和保税物流中心（B 型）将电子仓储管理系统的底账数据与海关联网对接，电商交易平台将平台交易电子底账数据与海关联网对接，电商企业、支付企业、物流企业分别把订单信息、支付单信息、运单信息推送给海关系统，即三单推送。只有当信息数据匹配且符合海关规定，海关才会放行。

六、过渡方案、部分新政暂缓

2016 年 4 月 8 日海关总署所公布实施的《关于跨境电子商务零售进出口商品有关监管事宜的公告》（26 号文）对跨境电商进口监管力度的加大，对保税模式进口货品需提交通关单，对首次进口的婴幼儿配方奶粉、化妆品和保健品需持有进口许可证。而跨境电商产品绝大多数是婴幼儿奶粉、化妆品和保健品，因此新政的出台使不少跨境企业难以达到通关要求，为了让跨境电商健康平稳发展，财政部会同海关总署、质检总局等部门于 2016 年 5 月起草了《跨境电子商务零售进口税收政策有关过渡期监管方案》。

图 8-3 为跨境电商进口通关流程。

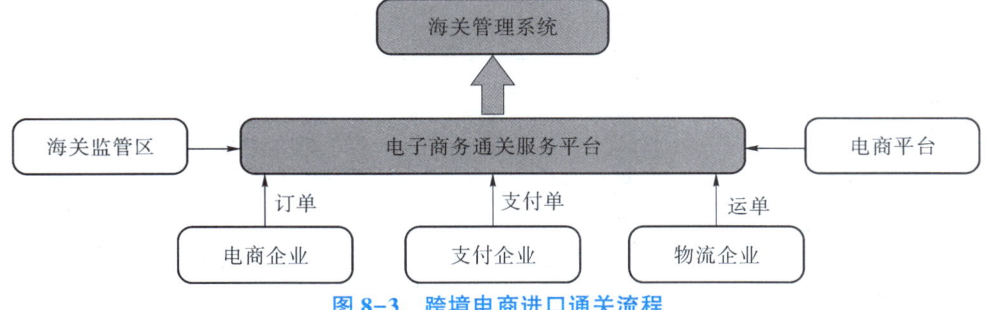

图 8-3　跨境电商进口通关流程

对于网购保税模式的新监管要求：在过渡期内，在试点城市继续按税收新政实施前的监管要求进行监管，即网购保税商品“一线”进入海关特殊监管区域或保税物流中心（B 型）时暂不验核通关单，暂不执行跨境电子商务零售进口商品清单备注中关于化妆品、婴幼儿配方奶粉、医疗器械、特殊食品（包括保健食品、特殊医学用途配方食品）的首次进口许可证、注册或备案要求。

对于直邮模式的新监管要求：过渡期内，暂不执行跨境电子商务零售进口商品清单备注中关于化妆品、婴幼儿配方奶粉、医疗器械、特殊食品（包括保健食品、特殊医学用途配方食品）的首次进口许可证、注册或备案要求。

2017 年 9 月 20 日，国务院常务委员会会议要求将跨境电商零售进口监管过渡期政策再延长一年至 2018 年年底。

任务三　解析七大试点城市的跨境进口模式

【任务描述】了解我国典型城市的跨境电商不同模式。

一、杭州跨境进口模式

2013 年 3 月 7 日，经国务院批复，杭州成为中国第一个跨境电子商务综合试验区。2013 年 7 月，杭州下城区启动了全国第一个跨境电商产业园，目前已有下城、下沙、空港、临安、江干、萧山、余杭、邮政速递 8 个产业园区。

综合试验区的核心是“六体系、两平台”。“六体系”包括信息共享体系、金融服务体系、智能物流体系、电商信用体系、统计监测体系和风险防控体系，“两平台”指线上“综合服务平台”（www. singlewindow. gov. cn）和线下“综合园区”平台。通过“六体系、两平台”，实现跨境电子商务信息流、资金流、物流“三单合一”，并以此为基础，以“线上交易自由”与“线下综合服务”有机融合为特色，重点在制度建设、政府管理、服务即成等“三大领域”开展创新，建立一套可推广、可复制的制度。

图 8-4 为杭州跨境贸易综合服务平台。

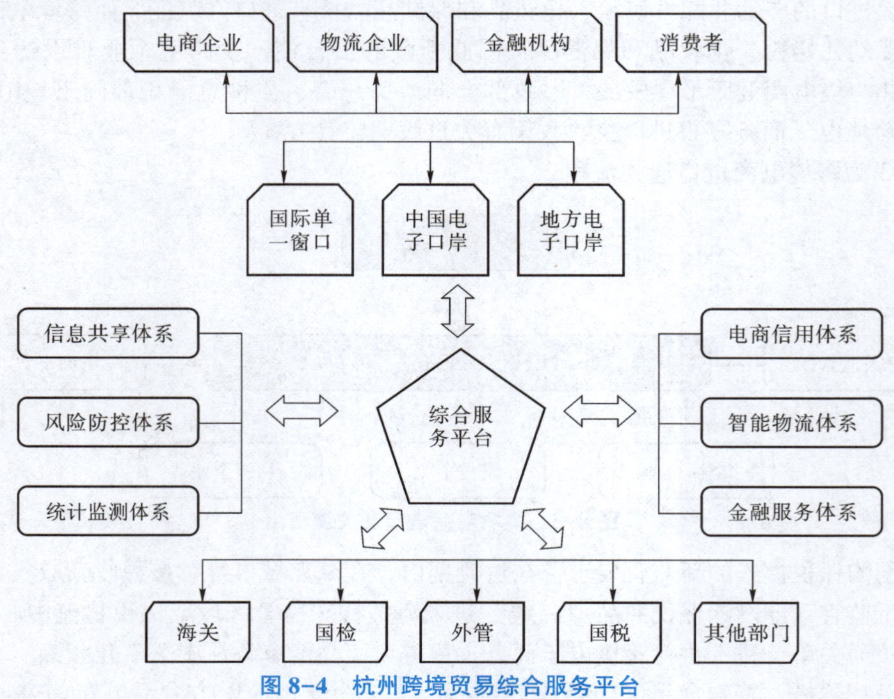

图 8-4　杭州跨境贸易综合服务平台

二、郑州跨境进口模式

2012 年国家选择郑州作为跨境电商试点城市。2014 年 5 月 10 日，习近平总书记对郑州跨境电商进行考察，鼓励其朝着“买全球卖全球”的目标迈进。郑州虽然不靠海、不沿边，但地处内陆腹地，是中原经济区的核心城市，有利于将中国内陆地区的产品通过跨境电商销往海外，同时也能便捷地将人民需要的海外日用品销售到内陆地区。

郑州跨境电商试点中由河南保税物流中心建立的 E 贸易平台是核心，其建立了“七个体系”。E 贸易是一个跨境电商综合服务平台，与其他试点城市不一样，E 贸易采用的是公私合作模式（PPP 模式）。E 贸易的运营主体是河南省进口物资公共保税中心有限公司，控股股东是国企郑州经开投资发展有限公司。目前国内跨境电商平台包括唯品会、小红书、达令、京东、网易考拉等。

郑州成为跨境进口量最大的试点城市，不仅得益于高效的通关流程和精简的管理流程，也得益于郑州大力发展航空运输以及四通八达的铁路优势。

图 8-5 为郑州 E 贸易平台业务流程。

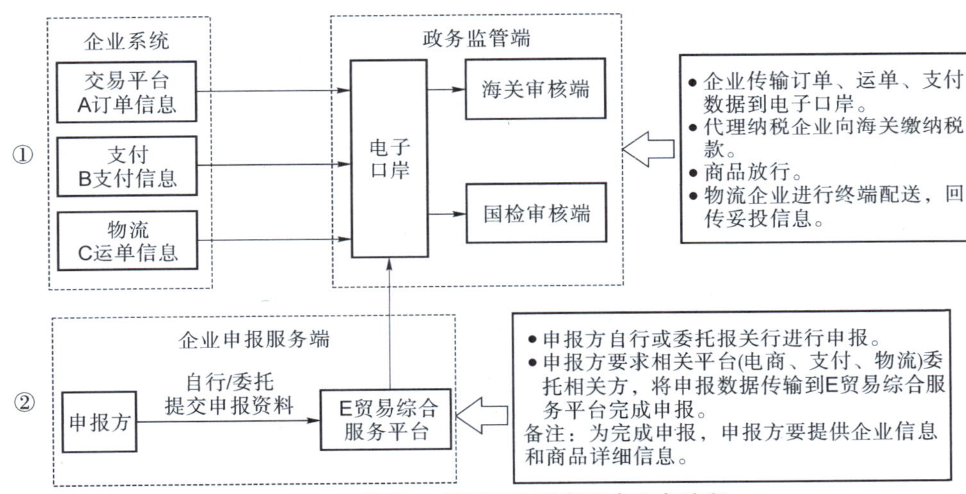

图 8-5　郑州 E 贸易综合服务平台业务流程

三、宁波跨境进口模式

宁波目前共有 5 个关区，分别是：北仑保税区、栎社空港保税物流中心、梅山保税港区、慈溪保税区、机场（表 8-4）。

表 8-4　宁波关区

关区	模式	规模
北仑保税区	以航运为主的保税备货模式	6 个公共仓
栎社空港保税物流中心	以空运为主的保税备货模式与直邮集货模式	2 个公共仓
梅山保税港区	以航运为主的保税备货模式	以自营仓为主
慈溪保税区	以航运为主的保税备货模式	1 个公共仓
机场	直邮模式	—

跨境购（www. kjb2c. com）是宁波跨境贸易电子商务服务平台，也是跨境进口业务线上单一窗口。宁波跨境购平台旨在搭建一套与海关、国检等执法部门对接的跨境贸易电子商务服务信息平台，实现B2C跨境贸易通关便利化，同时寻找合适的贸易商、品牌商、电商企业、通关服务企业、仓储企业、物流企业，共同营造良好的跨境贸易电子商务生态园。

跨境购不仅仅是一个公共服务平台，其还可将自身的logo印在企业商品图片上和包装盒上，为企业做背书。例如，在天猫国际上如果商品是从宁波通关，其展示图片都标有独一无二的跨境购logo。

图8-6为宁波跨境购平台购物流程。

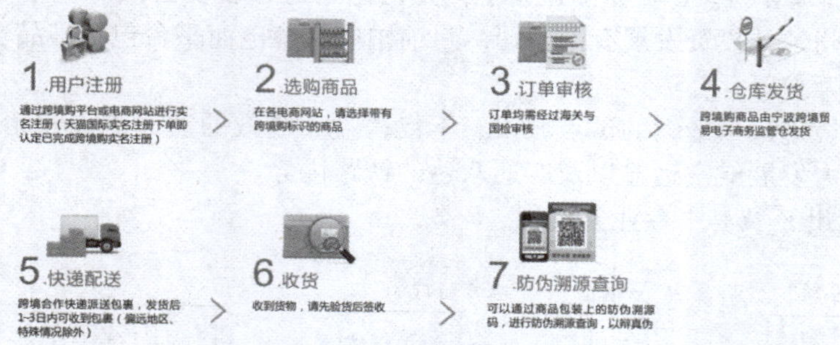

图8-6　宁波跨境购平台购物流程

图8-7为宁波跨境购平台审核流程。

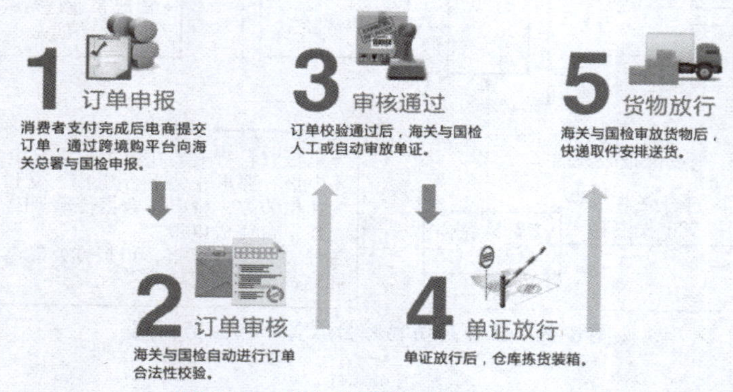

图8-7　宁波跨境购平台审核流程

宁波独创地将跨境电子商务企业的电商能力分为基本能力与高风险能力。获得基本能力认证的企业在可操作品类上会受到很大局限，大部分市场所热销的品类与产品都不能操作，如奶粉、化妆品、休闲食品等，而获得高风险能力认证的企业可操作这些品类，但也需要在海关、国检进行产品备案。宁波跨境电商园区采用二维码技术来实现商品溯源的功能，每个商品都有一个对应的唯一二维码，每个商品都包含商品名称、原产国（地）、进口商/代理商、生产日期、进口口岸、报关日期、报关单号这些商品详细信息。消费者收到商品后，找到包装上面的二维码，刮开涂层，可以进行防伪溯源查询。

四、上海跨境进口模式

上海跨境电子商务的公共服务平台由上海信投下属东方支付电子支付有限公司建设运营，2013年开通保税模式和直邮模式，取名跨境通（http：//www. kjt. com）。但是上海跨境通要求入驻该平台的所有跨境电子商务企业必须为境外公司，所有商家在其平台销售所得货款均须由东方支付电子支付有限公司定期结汇至各入驻商家的境外主体，商家一旦将商品放入跨境通仓储物流中心便不可在其他平台销售商品，只能通过跨境通销售。这些保守又垄断的政策使很多在上海地区开展跨境电子商务业务的企业的发展受到了严重制约。

2016 年 1 月，上海跨境贸易电子商务公共服务有限公司正式成立，构建了新的公共服务平台，实现了“一次申报、一次查验、一次放行”，改变了国营垄断的“跨境通+东方支付”格局，吸引了更多的跨境电商企业入驻。

五、重庆跨境进口模式

重庆作为“一带一路”西部战略城市及长江经济带西部中心枢纽，拥有内陆最大的保税港区，也是西部唯一一个跨境电商试点城市，是布局西部跨境电商的战略城市。

重庆的试点方案 2013 年 11 月才获得海关总署批复，是第一批 5 个试点城市中最晚通过批复的。地理位置上重庆和郑州类似：不靠海、不沿边，而且离海港都比较远。在这种情况下，郑州大力发展航空物流，重庆则全力推动铁路运输。2011 年 6 月，渝新欧开通运行，从重庆出发经甘肃兰州、新疆乌鲁木齐，向西过北疆铁路到达我国边境阿拉山口，进入哈萨克斯坦，再转俄罗斯、白俄罗斯、波兰，到德国杜伊斯堡，只需要 15 天。相比空运，渝新欧更便宜；相比海运，渝新欧更快。这样，重庆虽处内陆，却开发出一种具有特色的国际运输方式。2015 年渝新欧铁路首次运输了跨境进口奶粉。

重庆目前有两路寸滩保税港区和西永综合保税区开展跨境电子商务业务。两路寸滩保税港区是最早进行跨境 O2O 模式探索的，早在 2013 年 9 月，便成立了重庆保税商品展示交易中心，后拓展到整个重庆，复制到广州，激发了 O2O 热潮。

重庆跨境电子商务公共服务平台 e 点即成（http：//www. cqkjs. com），包括社会服务端（企业数据交换）、海关服务端（海关内网）、检验检疫服务端（检验检疫内网）、银行和支付管理端、应用支撑系统、系统接口体系、数据处理和存储系统、通信网络系统、信息安全系统、备份系统和运维管理等。

图 8-8 为重庆跨境电子商务公共服务平台 e 点即成。

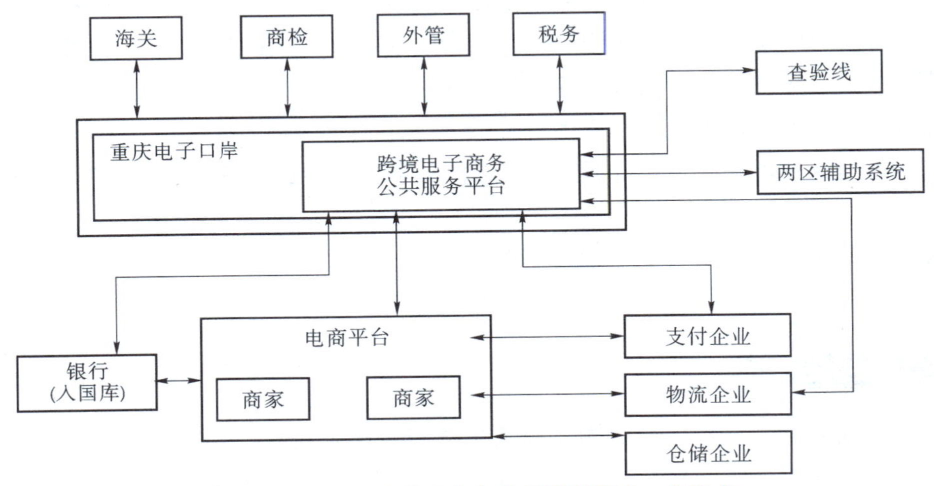

图 8-8 重庆跨境电子商务公共服务平台 e 点即成

六、广州跨境进口服务模式

广州，作为外贸进出口额占全国四分之一的广东省的首府，拥有得天独厚的地理和环境优势——白云国际机场、南沙港口，毗邻香港。目前广州将跨境电商试点主要集中在三个区域：南沙保税区、白云机场综合保税区和广州保税区。南沙保税区具有自贸区的性质，吸引了京东、苏宁等主流电商的入驻，唯品会的跨境电商总部也落户南沙。白云机场综合保税区位于花都区，具有国际航空枢纽优势，2014 年 2 月就开通了进口跨境电商保税业务，是三个片区中最早启动的。广州保税区位于黄埔区，距离市区近，可方便开设跨境电商体验区。此外，无论是南沙还是白云机场，每天都有来自香港的中港 QP（Quick Pass）车托运跨境电商货物前来清关。

广州是跨境电商 O2O 发展最迅猛的城市，风信子、摩登百货、天猫国际等一大批线下体验店相继亮相。除了线下体验店，广州还开启了跨境电商进口新方式——进口直购消费展。OPDE 集展览、供应链整合和促销、采购、宣传于一体，为跨境电商搭建与消费者、进口贸易商、渠道分销商、政府直接沟通的平台。

广州跨境电子商务发展初期并未有搭建公共服务平台的计划，由于没有公共服务平台，企业开展跨境业务需要到海关、国检办公室办理相关的企业备案与产品备案手续，使得企业在信息数据同步和业务办理上都有一些困难，目前广州已斥资建设公共服务平台。

七、深圳跨境进口模式

深圳的进口试点直到 2014 年 9 月才正式启动，是试点城市中起步较晚的。由于深圳的地理优势与广州相近，而广州启动得较早，所以一批跨境电商企业布局广州，深圳只吸引了小红书、华润万家等少数知名企业入驻。深圳的优势在于出口跨境电商。

深圳的跨境电商通关服务平台（www. szceb. com）于 2015 年 11 月上线，比杭州、宁波等试点城市晚了至少一年。深圳将跨境电商进口模式分为三种：网购保税进口、直购包裹进口、直购理货进口。公共服务平台延长作业时间至晚上 10 点，为企业提供 365 天"预约式"通关、货到海关监管场所 24 小时内办理通过手续等服务，最大限度地确保通关物流效率。

深圳的网购保税进口即保税备货模式，直购包裹进口即直邮模式，直购理货进口即直邮备货模式。

图 8-9 为网购保税进口业务模式。

图 8-10 为直购进口业务模式。

【实训练习】

1. 工作任务：杭州某电商企业想从事跨境进口电商业务，进行韩国化妆品销售。公司想入驻杭州下城跨境电商园区。作为跨境业务负责人，需了解跨境政策、入驻要求和入驻流程。

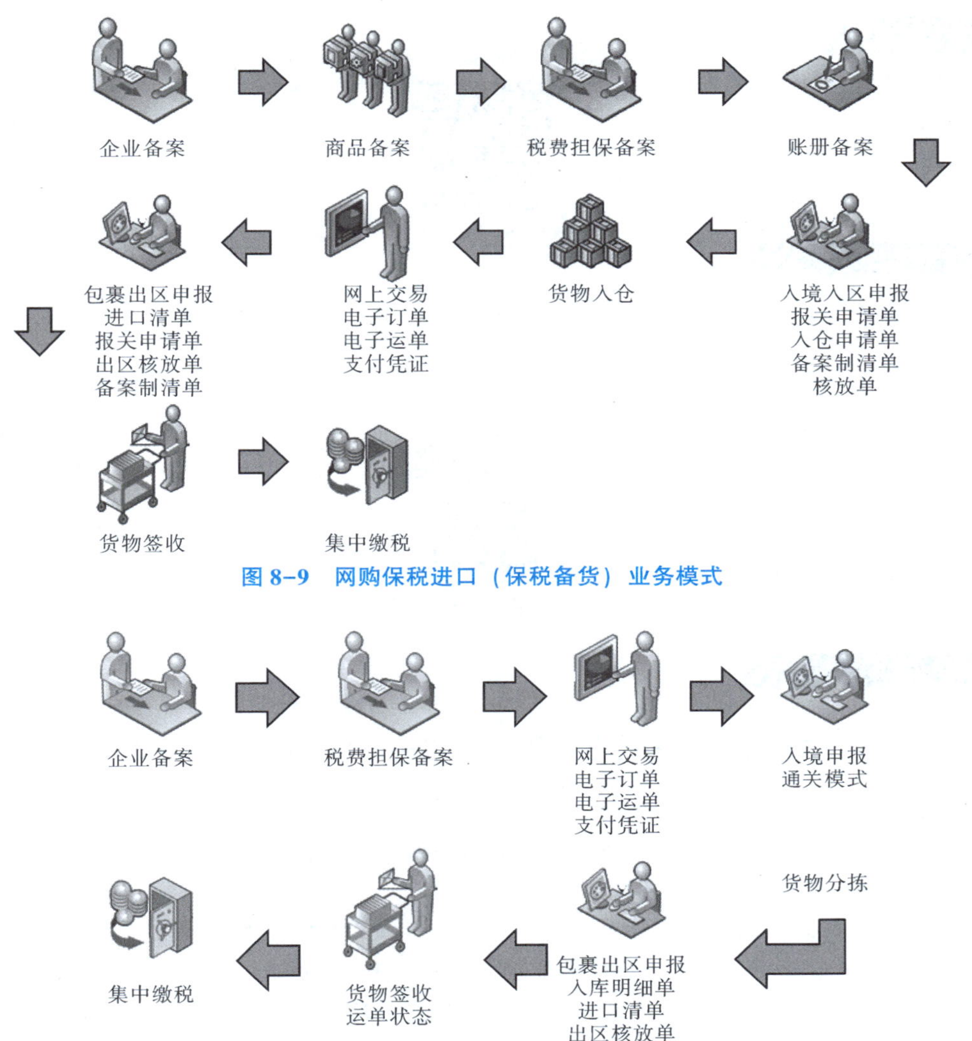

图 8-9　网购保税进口（保税备货）业务模式

图 8-10　直购进口（直邮）业务模式

2. 工作步骤：

➢ 登录杭州综合服务平台（www. singlewindow. gov. cn），查找入驻要求和流程。

➢ 查找国家政策文件：2016 年 4 月 8 日实施的《关于跨境电子商务零售进出口商品有关监管事宜的公告》（26 号文）、《关于跨境电子商务零售进口税收政策的通知》《关于公布跨境电子商务零售进口商品的清单的公告（第一批）》《关于公布跨境电子商务零售进口商品的清单的公告（第二批）》《关于调整进境物品进口税有关问题的通知》《跨境电子商务零售进口税收政策有关过渡期监管方案》等。

➢ 通过研读文件判断公司是否可以从事进口化妆品销售，需要获得哪些资质？化妆品税率是多少？

➢ 通过研读文件罗列进口化妆品销售后续发展所应准备的工作。

【习题】

【技能拓展】

调研你所在的地区，根据当地人民对进口商品的需求，写一份跨境电商进口商品需求分析报告。

跨境电子商务进口

【德育园地】

宁波成为全国首个跨境电商零售进口额千亿级城市

伴随着“双 11”带来的大量跨境进口商品成功申报入境，2021 年 11 月 11 日下午 4 点 20 分，宁波跨境电商零售进口累计交易额突破 1 000 亿元人民币。宁波也由此成为全国首个跨境电商零售进口额千亿级城市。

数字时代的到来，各大城市都在探索如何抓住新兴的数字贸易驱动力，加速城市转型发展。宁波自 2012 年年底成为首批跨境电商国家级试点城市以来，不断尝试摸索各种方法提升作业效率，改善营商环境，培育跨境电商进口行业。历时 8 年试点，这份亮眼的成绩单意味着跨境进口零售电商行业成为宁波在数字化时代成功培育出的新兴产业。

2012 年 12 月 19 日，宁波成为全国首批五个跨境贸易电子商务试点城市之一。经过近一年的筹备，2013 年 11 月 27 日，依托海关特殊监管区域（场所）的跨境电商网购保税进口业务在宁波保税区正式运行，第一个跨境电商进口包裹放行。从此，宁波跨境电商进口业务进入发展快车道。

在达到千亿元级别的宁波跨境进口商品清单上，最受国人欢迎的前四位商品分别是美妆用品、保健品、母婴商品、食品，总占比近七成。跨境电商零售商品来自 85 个国家和地区，其中，原产于日本、美国、澳大利亚、韩国、新西兰的商品最受欢迎，销售额合计占比达 75%。而销售的对象则多达全国 34 个省（市、自治区）。宁波保税区海关副关长朱敏敏告诉记者，试点之初，跨境进口的商品以日本、韩国商品为主，纸尿裤是核心主力商品，体积大、单值低，但中国消费者很喜欢，因此进口量也大。现在，纸尿裤的进口量已经跌出前五，位居前三的商品是美妆用品、保健品、母婴商品。与纸尿裤相比，这些热点进口商品体积更小，单值更高，更讲究营养、美丽、健康，更能体现人们对品质消费和美好生活的追求。

根据国家有关政策规定，通过跨境进口零售方式，消费者一年最多可以购买价值 2.6 万元的商品，单次购买的商品不能超过 5 000 元。这也意味着跨境进口零售电商所销售的商品大部分都是单值较低的商品，要在短期内达到千亿元确实不易。但中国持续的消费升级态势却让跨境电商进口行业一路高歌猛进，也令宁波在短短 8 年时间里就取得了累计进口千亿元的业绩。从这个意义上来说，宁波跨境进口的快速发展，也是中国消费强劲升级的一个体现和见证。

宁波成为全国首个跨境电商零售进口额千亿级城市，这份亮眼的成绩单，来自宁波市委市政府的高度重视，海关总署及宁波海关的全力支持，也有宁波市口岸办、宁波市商务局、宁波市跨境电商促进中心等部门以及各功能区的不懈努力，更离不开跨境电商从业企业的探索创新。扫描二维码，学习一下宁波采取了哪些创新举措来支持跨境进口发展的吧。

思考：是什么让宁波成为全国首个跨境电商零售进口额千亿级城市？

【项目评价表】

任务	评价指标	评价结果	备注
在线课平台成绩（30%）			得分：
知识掌握与技能提高（40%）			得分：
任务	评价指标	评价结果	备注
跨境电商进口模式	1. 进口不同模式 2. 优劣势分析 3. 保税备货案例分析	A□　B□　C□　D□　E□ A□　B□　C□　D□　E□ A□　B□　C□　D□　E□	
跨境进口业务流程	1. 海关监管方式 2. 计算进口税 3. 不同进口平台分析	A□　B□　C□　D□　E□ A□　B□　C□　D□　E□ A□　B□　C□　D□　E□	
跨境电商进口政策解读	1. 政策搜索整理 2. 政策分析解读 3. 政策应用	A□　B□　C□　D□　E□ A□　B□　C□　D□　E□ A□　B□　C□　D□　E□	
职业素养思想意识	1. 创新发展、中国梦 2. 文化自信、职业理想 3. 团结合作、善于沟通	A□　B□　C□　D□　E□ A□　B□　C□　D□　E□ A□　B□　C□　D□　E□	
学生自评（10%）			得分：
小组评价（10%）			得分：
团队合作	A□　B□　C□	协作能力	A□　B□　C□
教师评价（10%）			得分：
教师评语			
总成绩		教师签字